Ueber humanes Leben.

Von

Joachim Dietrich Brandis,

M. D. Königl. Dänischer Leibarzt, Etatsrath und Ritter vom Dannebrog, mehrerer gelehrten Gesellschaften Mitglied.

Schleswig,

Gedruckt und verlegt im Königlichen Taubstummen-Institut.

1825.

Dieses Buch war ursprünglich zum zweiten Theile meiner Pathologie bestimmt, wo ich zuerst die verschiedenen Manifestationen des vegetativen, animalischen und humanen Lebens darzustellen suchte.

Ob meine literarische Muße, die Ruhe mit der ich ein selbst durchlebtes Zeitalter, durch Begebenheiten belehrender als frühere Jahrhunderte, überschauen konnte, und mein Bestreben, mir die menschliche Natur deutlicher zu machen, mich meinem Ziele näher geführt haben, muß das Buch selbst, nicht die Vorrede aussprechen. Eine ernstlichere Frage könnte es seyn, ob ich nicht die Grenzen meiner Disciplin überschritten habe?

Das Leben überhaupt, und also auch das humane Leben, ist nur in seinen Manifestationen darzustellen, nicht als Substanz zu unterscheiden. Vielleicht haben die Anthropologen und Philosophen eben so sehr zu Verirrungen Anlaß gegeben, indem sie diesem Leben als eigene Substanz verschiedene formale *Eigenschaften* beilegten, und so gleichsam eine menschliche Seele anatomiren wollten, als die Physiologen, wenn sie den Organismum in verschiedene Theile trennten, und aus der Begrenzung der einzelnen Theile die Ursache dieser Begrenzung, und das vegetative und animalische Leben selbst erklären wollten: Wir können sagen, auf diese oder jene Einwirkung der Aussenwelt (Reiz) äußert sich das vegetative oder animalische Leben bestimmt in den einzelnen Theilen, um eine Einheit zu erhalten, auf eine andere Art äußert es sich, wenn diese Einheit gestört ist, aber die Ursache dieser Aeußerungen können wir in Form und Mischung der Theile nicht finden. Erregbarkeit, Reizbarkeit und Empfindlichkeit sind daher relative Begriffe, die von der gestörten oder ungestörten Einheit des Ganzen, von der Einwirkung der Aussenwelt, und von den verschiedenen gleichzeitigen Manifestationen des Lebens in andern Organen abhängen. Wir können nicht sagen, das Leben des Thiers oder der Pflanze im Allgemeinen ist größer oder kleiner, stärker oder schwächer, sondern unter bestimmten Bedingungen äußert es sich auf bestimmte Reize anders. Derselbe Fall ist es mit dem humanen Leben, alles was wir der Seele als Eigenschaften beilegen, Vernunft, Verstand, Witz u. s. w., sind relative Aeußerungen, die durch das Bestreben ein Mensch zu seyn bestimmt, von den Umständen in der Aussenwelt bedingt werden. Nur durch die Darstellungen dieser Bedingungen lernen wir dieses Leben kennen, nicht durch allgemeine Forschungen über seine nicht darstellbare Substanz. Ist es mir geglückt, die Hauptäußerungen des humanen Lebens aufzufassen, so bin ich diesem Ziele näher getreten, und es bedarf keiner Entschuldigung, daß die Ueberschriften meiner Capitel in den bisherigen Anthropologien nicht zu finden sind. Mein Beruf war es so wenig, über das Individuelle dieser humanen Aeußerungen, die durch moralische Erziehung, durch tief eingedrungene Grundsätze, Sitten und Gewohnheiten, und durch zufällige Veranlassungen so mannigfaltig modificirt werden, zu urtheilen, oder gar Abänderungen darin vorzuschlagen, als es des Physiologen Beruf ist, über das vegetative und animalische Leben des einzelnen Individuums Betrachtungen anzustellen, und dadurch unterscheidet sich meine Darstellung von den einzelnen Disciplinen, deren vollkommne Kenntniß ich mir nicht beimessen kann. Mag der Theologe, Jurist, Politiker u. s. w. der einzelnen Nation, in der Geschichte, dem Clima, Sitten u. s. w. des Landes den Gründen ernstlich nachforschen, warum Religion, Legislatur, Staatsverfassung so oder anders seyn sollten, wenn er seine Forschungen auf die allgemeinen Grundsätze der Humanität gründet, wird er nicht fruchtlos arbeiten, und er ist dann in seinem Berufe, wie ich in dem meinigen, diese allgemeinen Grundsätze als die eigentliche Manifestation des humanen Lebens aufzufinden; jede Tendenz, einer einzelnen Secte, Regierungsform,

Familienverfassung oder Wissenschaft den Vorzug zu geben, muß mir fremd seyn.

Wenn ich mich in einzelnen Fällen in wissenschaftliche, speciellere Untersuchungen eingelassen habe, die mir als Naturforscher nahe lagen, so habe ich diese in Noten verwiesen, die als Zugabe des Buchs betrachtet werden können. S. 81 habe ich gewagt, eine Vermuthung über den Zustand des Nordens in frühern Zeiten, über den Lauf der Wolga, und die von den Alten allgemein behauptete Trennung Scandinaviens vom festen Lande vorzutragen, die sehr ernstlicher, historischer, geographischer und geologischer Prüfung werth ist, da sie dann ein sehr helles Licht über die ganze humane Entwickelung der germanisch-scandinavischen Völker verbreitet.

Daß die Wolga überhaupt mehr als ein Canal anzusehen ist, der in dem tiefen und breiten Thale, welches das höhere Asien von den höhern Ländern Europa's scheidet, die Ströme beider Welttheile aufnimmt, ohne selbst vom Ladoga- und Ilmensee an bis zum caspischen Meere irgend eine bedeutende Abweichung in seiner Wasserhöhe (Fall) zu haben, ist wenigstens seit Georg Gmelins Reise auf derselben, nachher durch Parots und Anderer Höhenmessungen als gewiß bestimmt, das schwarze Meer liegt hingegen mehrere hundert Fuß höher als dieses Binnenmeer, und ist durch eine hohe Bergkette (den Caucasus) von ihm getrennt. Die Aehnlichkeit zwischen dem schwarzen und mittelländischen Meere auf der linken Seite des Caucasus, des caspischen Meers mit seiner Fortsetzung, der Wolga, auf der rechten, ist in dieser Rücksicht auffallend. Wie das schwarze Meer mit dem mittelländischen zuerst der Canal war, auf welchem sich Cultur der Menschen, Gottesverehrung, Staatsverfassungen und Wissenschaften fortpflanzten, lehrt uns geschriebene Geschichte, und diese Verbreitung mußte um so mannigfaltiger werden, als sie noch durch die Gemeinschaft der südöstlichen Bewohner (der Indier) mit Aegypten und mit dem südwestlichen Asien vermehrt wurde. Schriftsprache, Mysterien, Wissenschaften wurden für ein kräftiges, seinem eigenen Streben überlassenes Volk, die Pelasger und Griechen, Gemeingut mit den beschauenden, sorgfältig sammlenden, aber weniger combinirenden Völkern der wärmern Zonen.

Ein solches mittelländisches Meer hatten die Bewohner der rechten Seite am Caspischen Meere und an der Wolga, von Indien und den Ländern der wärmern Zone aber durch hohe Gebürge, weite Hochländer und Sandwüsten getrennt, nur einzelnen Kühnen zu überschreiten, möglich nicht geeignet eine fortdauernde Communication und anhaltende Auswechselung des menschlichen Wissens zu unterhalten. Wir haben keine Beweise, daß Schriftsprache unter diesen Völkern sehr verbreitet gewesen wäre, im höhern Norden finden sich wenigstens nur sehr einzelne zweifelhafte Spuren von Schriftsprache bis zur Einführung des Christenthums (Gisliari Brynjulfi Periculum runologicum. Hafniae 1823). Wenn es auch nicht historisch erwiesen ist, daß die Gothen die Bibliothek in Athen (unter Kaiser Decius) deswegen nicht verbrannten, weil einer ihrer Aeltern sagte: „Lassen wir den Griechen ihre Bücher, damit sie durchs Bücherlesen die Kriegskunst vergessen, und wir sie desto leichter besiegen können" (Gibbon Hist. Vol. I., Karamsin Histoire de l'Empire de Russie T. I. p. 15), so spricht doch dieses den Geist aller dieser Völker zur Rechten vom Caucasus deutlich aus. Hingegen waren sie wohl mit der Natur selbst, mit den Nomaden der asiatischen Hochländer u. s. w. in größerem Kampfe, ihre individuellen Anstrengungen wurden mehr in Anspruch genommen, als die der Bewohner der mildern Climate am mittelländischen Meere, und die Wolga gab ihnen eine leichtere Gelegenheit zu Wassercommunication, als das stürmische mittelländische Meer.

Wie weit erstreckte sich diese Wassercommunication, welchen Antheil hatte die Ostsee, Scandinavien und das nördliche Ufer von Deutschland daran? Das ist eine für die Geschichte der Menschheit höchst interessante Frage. Von den Völkern selbst können wir bei dem Mangel an Schriftsprache, und bey ihrer weit mehr getrennten und individualisirten Staatsverfassung keine historische Auskunft erwarten. Nur Griechen und Römer können uns darüber einzelne Traditionen geben, die aber bey der geringern Gemeinschaft dieser Völker unvollkommen seyn müssen. Am unvollkommensten freilich können die ältern Griechen sie geben, die durch Engpässe (Portae) und Festungen sich nicht genug gegen diese Barbaren schützen konnten, und denen auch Alexanders Zug nach Indien, welcher südlich ums caspische Meer ging, nur unvollkommne Traditionen verschaffen konnte. Sie hatten von einem General Alexanders die Tradition, daß das caspische Meer mit dem scythischen Ocean durch eine enge Straße verbunden sey, und schon früher hatte Herodor ähnliche Traditionen, denen er aber weit mehr aus logischen Gründen (vorzüglich weil er Anstoß an dem Namen Eridanus nimmt), als aus geographischen Nachrichten widerspricht; ihm stimmt Aristoteles bey. Etwas sicherere Nachrichten könnten wir von den Römern erwarten, die sowohl mit den Völkern an der Wolga, als mit den Völkern an der Ostsee in mancherley Verbindung standen. Die Geographen der Römer, Plinius, Strabo, Pomponius Mela u. s. w. sprechen mit der größten Bestimmtheit diese Gemeinschaft des caspischen Meers mit dem scythischen Ocean aus, geben solche in ihrer Mündung nach dem scythischen Ocean sehr enge an, und Strabo rügt mit der ihm gewöhnlichen Bitterkeit Herodots Irrthum. Nach diesen römischen Geographen schrieb Ptolomäus in Alexandrien seine Geographie, mit großem Fleiß und mathematischen Kenntnissen, weniger mit eigenem Localstudio, wozu er auch dort wohl wenig Gelegenheit hatte, Marinus geographisches Buch legte er zum Grunde, und verglich damit, wie er selbst sagt, die ältern Griechen Erathostenes, Hipparchus, Heraclides, Artemidor u. s. w., die römischen Schriftsteller scheinen ihm meist unbekannt geblieben zu seyn. Er giebt der Wolga einen Nationalnamen Rhā, scheint diesen aber mit Herodots Ooros (Melpomene 123) zu verwechseln, wenigstens giebt er seinem Rha (wenn man nicht der Lesart oder dem Sprachgebrauch große Gewalt anthun, und ihm größere Kenntniß zuschreiben will, als er wohl haben konnte) einen doppelten Ausfluß, einen ins schwarze Meer (also mehrere hundert Fuß bergan), und den andern ins caspische Meer.

Alle alte Geographen, sowohl Griechen als Römer, nennen aber Norwegen eine Insel! Bey den mannigfaltigen Kenntnissen, welche vorzüglich die spätern Römer (die Griechen vorzüglich ältere von Pytheas) vom Norden hatten, konnte das nicht bloße Vermuthung oder leichtsinniger Irrthum seyn.

Sollte Norwegen eine Insel seyn, so könnte es nur dadurch geschehen, daß das äußerste Ende des Finnischen Busens, hinter welchem ein niedriges mit

Seen durchschnittenes Land liegt, mit dem weißen Meere, dem Gandvyck der alten Normannen, vereinigt gewesen wäre. Ich wage hier nicht Sagen, die so viele Reisen nach Biarmaland, Jotnaland und Risaland enthalten, als historische Data anzuführen. Wo wir eigentlich historische Data haben, ist es nicht unmittelbar zu beweisen. Der älteste Norwegische Reisende Other, dessen Reise uns König Alfred aufbewahrt hat, ging von seinem Wohnorte, der Insel Trones, nördlich und östlich um Norwegen, nach dem Gandvyck und nach der Dwina; ein anderer gleichzeitiger Reisender Wulfstan ging von Schleswig aus östlich, aber seine geographische Namen sind noch höchst unbestimmt, und es ist wahrscheinlich, daß er nicht weiter als Elbing kam (s. Murray in Gött. gel. Anz. 1765. p. 652 und 761). *Saxo Grammaticus* giebt im 12ten Jahrhundert eine Art geographischer Beschreibung dieser Gegenden nach Adam von Bremen, und sagt: Zwischen Gandvyck und der Ostsee sey nur eine ganz schmale Erdzunge, sonst würde Scandinavien eine Insel seyn. Also zu seiner Zeit hatte wenigstens Scandinavien aufgehört eine Insel zu seyn, aber gewiß war der Landstrich, welcher jetzt Finnland von Rußland, das weiße Meer, die Onegabucht von dem Finnischen Meerbusen trennt, weit schmaler, denn diesen wird doch jetzt niemand eine schmale Landzunge nennen.

Das Land an der Dwina, Biarmaland, war das Eldorado der Normannen und Isländer, die Beschreibung seiner Reichthümer, des Tempels seines Gottes Jumala, mögen sehr poetisch seyn, in der Wirklichkeit war es doch das Land, wohin die Begierden der Normannen strebten, und woher sie ihre Schätze holten. Welche Quellen des Reichthums konnte dieses Land an der Dwina haben, wenn es von einer Wassercommunication mit Asien und der Ostsee getrennt war, durch Handel auf der Dwina und auf dem nördlichen Ocean gewiß nicht! Auch hörte sein Glanz wohl schon im 10ten oder 11ten Jahrhundert auf (wenigstens hört es später auf in den Nordischen Sagen zu glänzen). War die Straße zwischen Norwegen aber offen, wie die römischen Geographen bestimmt behaupten, so war auch der Weg auf der Wolga bis ins caspische Meer offen, und Biarmaland war der Mittelpunkt zwischen den südlicheren Gegenden Asiens und den Nordländern an der Ostsee, hatte vielleicht selbst weitere Verbindungen mit den bekannten Handelsstraßen von Indien?

Hierzu nehme man die Tschuden-Denkmale, welche auf dem Hochlande von Asien und auf dem Abhange desselben bis zur Wolga hin, zwischen dem 45° und 58° Nordbreite, und von 60° bis 140° östlicher Länge, von einem bergbauenden, in Metallarbeiten nicht unerfahrnen Volke, Kunde geben, dessen Grabhügel mit denen an den Ufern der Ostsee so viele Aehnlichkeit haben, und dessen Bergbau in allen reichen Erzgruben des Urals und Altai-Erzgebürges unläugbare Beweise giebt, daß sie bedeutende Reichthümer gewonnen haben, so eröffnet sich eine Welt von menschlicher Betriebsamkeit und Humanität, eben so groß als die südeuropäische, westasiatische und nordafrikanische Vorwelt, von der wir Kunde in Schriftsprache haben, von ihr größtentheils abgesondert durch Gebürge und Wüsten, aber wahrscheinlich nicht weniger thätig, das humane Leben unter mannigfaltigen Verhältnissen, durch Handel und Schiffarth zu äußern, und diesen Völkern war das caspische Meer, die Wolga, die Ostsee und das Nordmeer das, was jenen Völkern das schwarze und mittelländische Meer war. Ob diese metallarbeitenden, also gewiß auch Handel und Ackerbau treibenden Völker, alle Finnen waren, wie es der russische Volksname angiebt, ob es Herodots Arimaspen waren, ist dem Anthropologen weniger wichtig, als die nähere Untersuchung der Cultur und Art der Betriebsamkeit, wodurch sich die nördliche Welt von der südlichen unterschied und nie ganz aufhören dürfte, die Spuren dieses Unterschiedes beyzubehalten. In dieser Rücksicht ist es rathsam, daß die Nordischen Alterthumsforscher sich vorzüglich mit ihren Vergleichungen an die Alterthümer von Sibirien wenden und nicht in den geschriebenen Denkmälern der südlichen Nationen oder in vermutheten Handelsverbindungen mit den Phöniciern mehr Licht erwarten, als diese geben können.

Daß ich mich in meiner Schrift nicht auf Vergleichungen mit Anderer gelehrten Ansichten eingelassen, daß ich mich bestrebt habe, nur meine Ueberzeugung so deutlich wie möglich auszusprechen, um aber Ueberzeugung und nicht Meinung vorzutragen, auf meine Quellen sorgfältig hingewiesen habe, wird mir nicht zum Vorwurf gereichen, ich hoffe dafür den Lohn zu erhalten, keiner philosophischen Schule, keiner religiösen Secte und keiner politischen Parthey als enthusiastisches Mitglied beygezählt zu werden. Mein ganzes Bestreben ist als Mensch zu Menschen zu reden.

Kopenhagen im März 1825.

J. D. Brandis.

Inhalt.

Cap. I.

Vegetatives, thierisches und geistiges oder humanes Leben.

§.		p.
1.	Leben überhaupt	3
2.	Vegetatives Leben	3
3.	Thierisches	4
4.	Humanes	5
5.	Leben ist nicht zu definiren	6
6.	Erregung des Lebens durch Reize	7
7.	— — — Fortpflanzung	8
8.	Ansteckung	10
9.	Abrichten der Thiere	13
10.	Nachahmung	14
11.	Enthusiasmus	15
12.	Enthusiasmus bey Thieren	16
13.	Erziehung	19
14.	Kunst	20
15.	Lebensäußerungen Product aus dem Reize und der Erregbarkeit	23
16.	Unterdrückung der einen Lebensäußerung bey der Erhöhung anderer: im Scheintod, Entzückung und Begeisterung. Abarten davon in Fanatismus und Hypocrisie	24
17.	Kann nicht in Andern beurtheilt werden	26
18.	Harmonie	27
19.	Prototypus des menschlichen Lebens. Vernunft	31

Cap. II.

§.		p.
20.	Sprache	35
21.	Ursprung der Sprache	36
22.	Thiermensch	39
23.	Ausbildung der Sprache, sinnlicher Theil derselben	41
24.	Uebersinnliche	43
25.	Wissenschaft ist Sprachstudium	45
26.	Dadurch Einigung des Menschengeschlechts, Humanität und Perfectibilität	45
27.	Schriftsprache, Vortheile und Nachtheile	46
28.	Ohne Kraft der Harmonie. Mit derselben. Censuren	48

Cap. III.

Gottesverehrung.

29.	Egoismus	49
30.	Symbolische und mythische Gottesverehrung	50
31.	Symbolische Gottesverehrung in milderen Climaten erzeugt Hierarchie und Kastenverhältniß	51
32.	Mythische Gottesverehrung	54
33.	Nachtheile derselben	56
34.	Vermischung beider und dadurch entstandene religiöse Bildung der Völker	57
35.	Reinere Erkenntniß Gottes bey den Erzvätern	61
36 u. 37.	Christus und seine allgemein heilbringende Lehre	62
38.	Kirche und Glauben	64
39.	Heilige und Sacramente	67
40.	Hierarchie, Intoleranz und große Zahl der Mönche	69
41. 42. 43.	Germanisch-scandinavische Völker und ihr Verhältniß zur Hierarchie	70
44.	Unterschied der nordöstlichen und südwestlichen germanischen Völker	76
45.	Germanische Völker, die den römischen Staat erober-	

§. p.

ten, und von römischen Sitten zum Theil erobert wurden 78
46. Germanische Völker, die jene Heere lieferten, aber selbst im Lande blieben 86
47. Ihr Verhältniß zur Hierarchie . . . 88
48. Christenthum bey den Sachsen . . . 89
49. — — Britten . . . 91
50 u. 51. Mißbräuche der Hierarchie früh gerügt . 94
52 u. 53. Litteratur und Kunst als gefährlichste Freundinnen der Hierarchie . . . 97
54. Luther 101
55. Catholicismus und Protestantismus . . . 103

Cap. IV.

Staat.

56. Humaner Geist der Einheit der Ursprung der Staaten 104
57. Recht und Gesetz 105
58. Vaterlandsliebe und Gemeingeist . . . 106
59. Ist nicht critisch und vergleichend . . . 107
60. Wahres Leben des Staats 108
61. Als lebendiges Ganze kann der Staat nicht dem einzelnen Theile entgegengesetzt werden . . 109
62. Menschliche Regierung 109
63. Hauptbegebenheiten, die auf das europäische Staatsleben Einfluß gehabt. Sturz des römischen Staats 111
64. Verhältnisse desselben. Drang nach Gesetz . 111
65. Zerstörung dieser Verhältnisse durch die Gothen 114
66. Wissenschaften, Waffengewalt und Künste standen sich in dem umgestürzten Staate schroff entgegen 115
67. Bürgerleben 116
68. Der freye Landbauer und seine Verbindungen 118
69. Geist der Industrie im Allgemeinen . . 119

§.		p.
70.	Entdeckung von Amerika. Rentenirer . . .	120
71.	Entstehung der Handelscompagnien	122
72.	Unterschied von frühern Handels-Associationen .	123
73.	Ostindische Compagnie in England . . .	124
74.	— — Holland	125
75.	Ihr Einfluß auf europäische Industrie und Geldcirculation	126
76.	Handelscompagnie in Frankreich	129
77.	In Oestreich, Dännemark, Schweden, Preußen und Hannover	130
78.	Daraus entstandene Provinzen und Reiche, welche die Eifersucht der Nationen erregten . . .	131
79.	Folgen davon in Verhältniß des Eigenthums und Geldes	132
80.	Banken	134
81.	Papiergeld	136
82.	Wirkung desselben auf das Staatsleben . .	139
83.	Verschieden in den verschiedenen Staaten .	141
84.	Arme. Armenanstalten in England . .	143
85.	Vermehren vorzüglich den Luxus	146
86.	Nachtheil für den Producirenden	147
87.	Er kann den Preis seiner Producte nicht erhöhen	147
88.	Der Kaufmann berechnet seinen Gewinnst nach Welthandel und Papierhandel	148
89.	Verminderter Verbrauch der Producte. Luxusverordnungen und Continentalsystem	149
90.	Drang nach Nominalwerth vermehrt die Versatilität des Grundeigenthums, macht es wohlfeiler und vermindert die Familien	151
91.	Germanische Freiheit	152
92.	Belehrung der Geschichte über Staaten . .	153
93.	Personenrecht der Staaten	156
94.	Hat Europa von der zunehmenden Cultur Amerika's zu fürchten?	158

Cap. V.

Familien.

§.		p.
95.	Vorsorge der Aeltern für das Erzeugte im Thierreich	159
96.	Hülflosigkeit des Menschen. Begriff des Lernens	160
97.	Abrichten	161
98.	Je größer der Kreis vereinigter Menschen, desto mehr wird gelernt	162
99.	Drey Hauptfamilien in dieser Rücksicht 1) Die Bewohner der wärmern Zone . .	162
100.	2) Bewohner der für das Leben ungünstigeren Gegenden	165
101.	3) Steppenbewohner. Nomaden . . .	168
102.	Aus ihnen ist die gegenwärtige Cultur von Europa entstanden	172
103.	Kastenverhältniß	173
104.	Bürgerschaft	174
105.	Geburtsadel	175
106.	Griechen in dieser Rücksicht	176
107 u. 8.	Römer	177
109.	Bedingungen zur Bildung einer Familie 1) Eigenthum	181
110.	Das Eigenthum möglichst zu fixiren war das Bestreben aller ältern Legislatoren . . .	183
111.	Lehnsystem in den früher römischen Staaten .	185
112.	— Frankreich	186
113.	— England	187
114.	— den nördlichen Scandinavischen Ländern	190
115.	Vorzüge des Lehnsystems in Deutschland .	191
116.	Vergleichung der Vertheilung des Grundeigenthums in Frankreich, England, Preußen, Dännemark, Schleswig und Holstein . . .	194
117.	Einfluß davon auf den Zustand des Armenwesens	196

§. p.
118. Einfluß davon auf Verbrechen 198
119. Arme und Verbrecher stehen wahrscheinlich mit der Versatilität des Eigenthums in Verhältniß 200
120. 2) Ehe 203
121. Liebe 203
122. Monogamie 204
123. Ist ursprünglich als Bedingung der Ehe angesehen 205
Polygamie und Ursprung derselben
124. Ehe naher Verwandten 206
125. Unauflöslichkeit der Ehen 207
126. Ehe der Unmündigen 207
127. Heiligkeit der Ehen. Nachtheilige Folgen des Eingreifens einzelner humaner Tendenzen . 208
128. Hindernisse der Ehe 210
129. 3) Kinder 212
130. Erbfolge 215
131. Entgegengesetzte Extreme in dieser Rücksicht . 218
132. 4) Knechte 219
Natürliche und gesetzliche Knechte des Aristoteles 219
133. Gesetzliche Sclaverey im südlichen Amerika und Westindien 223
134. Verdienst der Quaker um die Abschaffung derselben 227
135. Kräftigster Grund für die Abschaffung von Fox, und endliche Abschaffung derselben in verschiedenen Besitzungen 228
136. Colonisation der Sclaven 230
137. Ueber das Recht seine Dienste auf lange Zeit zu verkaufen 232

Cap. VI.

Wissenschaft.

138. Wissen der Pflanzen und Thiere 233
139. Kann vermehrt werden 234

§.		p.
140.	Entwickelung des menschlichen Wissens ohne bedeutenden Instinct	234
141.	Anerinnerung	236
142.	Wissenschaft durch das humane Leben gebildet	236
143.	Aufmerksamkeit, Neugier, Verstand, Witz, Scharfsinn, Sagacität, List, Verschlagenheit, Spaß, productiver und schaaler Witz	237
144.	Wissenschaft, Gemeingut des ganzen Geschlechts, Lehre, Gelehrtheit	239
145.	Logik	241
146.	Gang der Wissenschaften nach dem verschiedenen äußern Leben	242
147.	In Indien und dem Orient	242
148.	Philosophische Disciplinen dieser Völker	245
149.	Ihre Spiele	246
150.	Dichtkunst	246
151.	Vorzügliche Völkerstämme, bey welchen diese Arten der Wissenschaften statt hatten	247
152.	Anderes Verhältniß bey den Pelasgern und Griechen	248
153.	Gegensatz der orientalischen und griechischen Wissenschaft, man kann erstere theoretisch, letztere logisch nennen	250
154.	Nutzen der einen und der andern	251
155.	Categorien	252
156.	Auf das Begrenzte angewandt wohlthätig	253
157.	Orientalische und griechische Methode das Metaphysische zu erforschen	254
158.	Philosophie der Griechen, Sophisten, Rhetoren und ihr Fortgang	255
159.	Zernichtung aller Wissenschaften durch die Gothen, und Einfluß des Christenthums auf dieselben	258
160.	Mahomed	264
161.	Schicksale der Wissenschaften unter den ersten Califen, Bibliothek in Alexandrien	265

§. p.

162. Wiederbelebung der Wissenschaften durch die Juden und Nestorianischen Christen 266
163. Traditionelle Wissenschaft 268
164. Character derselben 269
165. Einfluß der arabischen Wissenschaft auf europäische Cultur durch die Harmonie der Sprache . 276
166. Der Reim. Orientalische Dichtkunst von Germanen gesungen. Chevallerie . . . 277
167. Verschieden modificirt bey den verschiedenen Nationen. Romane 280
168. Aesthetische Wissenschaften 282
169. Buchdruckerkunst 283
170. Litterarische Wissenschaften 286
171. Holzschnitte und Kupferstiche. Systematische Wissenschaft 287
172. Encyclopädische Wissenschaft 289
173. Was soll von allem diesen gewählt werden? . 290
174. Weltleben, Leben des Sonnensystems der Erde u. s. w. Ideen des Plato 291
175. Das Leben muß im Leben selbst gelernt werden 292
176. Methaphysik strebt nach diesem Studio . . 293
177. Menschliche Freiheit 293
178. Unterschied von Mystik und Materialismus . 294

Cap. VII.

Wechselmanifestation des vegetativen, animalischen und humanen Lebens.

179. Die Pflanze hat nur einen Zweck, sich in der Begrenzung darzustellen 295
180. Thierleben und Folgen davon.
1) Wechsel der Stoffe. Destruction und Reproduction 296
181. 2) Aperception und Sinnesorgane . . . 297

§.		p.
182.	3) Coenaesthesis, Gemeingefühl . . .	298
183.	4) Einfluß auf die Circulation . . .	298
184.	5) Nerven	299
185.	6) Zu jeder Vorstellung wird Rückerrinnerung erfordert	299
186.	7) Gehirn	300
187.	8) Ganglien und großes Gehirn . . .	300
188.	9) Fortdauer des Lebens einzelner Theile steht in umgekehrtem Verhältniß mit der Größe und dem Umfange des Gehirns . . .	302
189.	10) In den Nerven ist ein lebendiger Wechsel der Stoffe, keine todte Leitung . . .	303
190.	Folgen daraus	304
	a) Alle Lebensäußerungen beruhen nicht auf todter Leitung, sondern auf lebendiger Combination und Abstraction.	
	b) Vermehrtes animalisches Leben und vermehrter Wechsel der Stoffe.	
	c) Jede Nachforschung nach einem Centralorgan (sensorium commune) ist grundlos.	
	d) Noch mehr alle Organenlehre.	
	e) Wie das thierische Leben der Regulator der Vegetation ist, so ist das humane Leben der Regulator des thierischen Lebens.	
191.	Organ für humanes Leben. Seelenorgan .	306
192.	Jede Manifestation des vegetativen, animalischen und humanen Lebens kann in der Zeit vorwalten	307
193.	Der Mensch hat nur ein Leben . . .	308
194.	Heilkraft der Natur	309
195.	Im vegetativen und animalischen Leben der Schlaf	309
196.	Nur das Bewußtseyn der Gegenwart hört im Schlaf auf	310
197.	Dem Schlafe ähnliche Erscheinungen bey der Entzündung	311

§.		p.
198.	Vermehrte Vegetation kann nur bey vermindertem animalischen Leben statt haben . . .	312
199.	Schmerz und sympathische Lebenserscheinungen	312
200.	Intensität des Schmerzes	313
201.	Aehnlichkeit der Anomalien der Lebenserscheinungen in einzelnen Theilen mit dem Ganzen .	315
202.	Bey Unfähigkeit dem Verlangen und Abscheu Genüge zu leisten	316
203.	Schreck, Apoplexie, Exstase, Spasmus tonicus et clonicus. Mania. Chorea st. Viti. Somnambulismus, fascinatio. Selbstmord . .	317
204.	Unterschied zwischen Schreck in der Aussenwelt und Schreck im Gemeingefühl . . .	320
205.	Delirium febrile	321
206.	Aufhören des Gemeingefühls bey vollkommner Aperception der Aussenwelt sicherer Vorbote des Todes	323
207.	Wüthender Wahnsinn als Crise in Krankheiten	324
208.	Rausch und berauschende Mittel . . .	325
209.	Verschiedenheit der berauschenden Mittel und des Rausches	327
210.	Seele der Pflanzen, des Thieres und des Menschen	328
211.	Psychische Krankheiten	329
212.	Unterschied zwischen Verbrechen und Krankheit	330
213.	Wirkung des humanen Lebens auf das animalische und vegetative, Mißbrauch der methodischen Arzneykunde auf der einen, der psychischen auf der anderen Seite. Namentlich Mißbrauch des Magnetismus	333

Namen- und Sachen-Register.

A.

	p.
Abd' Allatif	58
Aboulfaragi	262
Abscheu	4
Ablaßkrämerey	101
Abrichten	13
Adelard	262
Adjectivum	36
Advocaten Birnen	61
Aethiopier	39
Affe, seine Nachahmung in Händen und Backenmuskeln	14
Alain	262
Altväterisch, Altmodisch und Altfränkisch	182
Amerika, seine zunehmende Cultur Europa nicht gefährlich	158
AmmianusMarcellinus	169
Amulete	52
Amyris balsamifera	60
Anacharsis	170. 220
ἀναίςθητοι des Diodors	40
Anerinnerung	236
Anlage, natürliche	9
Anspruch an die Production	148
Ansteckung	10
Antonius	70
Antonius Diogenes	281
Apoplexie	318
Aperception	4
Ardea nycticorax	43
Ariman	54
Arithmetik der Indier	244
Armenanstalten	143
Armengesetze, älteste in Norwegen	145
Armengesetze in Athen	146
Arme in England, Dänemark und den Herzogthümern	197
Ariost	282
Aretaeus	324
ἁρμονία	27
Aristoteles	3. 14. 27. 31. 42. 219. 250. 305
Asia	77
Artembores	166

p.
Arylll 79
Asega Buch 191
Asgaard 75
Asphyxia 25
Asiatical Researches 41. 59. 244
Athanasius 70
Athenaeus 60. 165. 205. 222. 212
Aufklärung 154
Aufmerksamkeit . . . 237
Augustinus . . . 49. 68
Augustin der Mönch . 93
Ausonius 257
Avicenna 58

B.

Bäthylien 51
Bailly 244
Balsamstrauch . . . . . 60.
Bangor, Kloster . . . 92
Bank in London . . . 135
Bank, Königl. in Paris 130. 131
Bank, Venedig und Genua 133
Bank, Amsterdam und Hamburg 134
Bastarnen 81
Barbarus, Hermolaus . 98
Barrow, Reuben . . 244
Beckmann, Johann . . 127
Begeisterung 25
Beiwort. 36
Bentley 244
Besonnenheit 8
Biarmaland 82

p.
Blackstone . 187. 217. 232
Blödsinn 34
Blumenbach 39
Boccacio 281
Bomare, Valm. de . . 17
Bonnaterre, l'Abbé . 18
Bontekoe, Cornelius . 128
Borg de, Richard . . 286
Bosheit wie verschieden von Krankheit? . . 330
Bourgoin 61
Bramá 52
Briza 78
Brougham 229
Bruchus Pisi 58
Buhda 52
Bunsen, Chr. Carl . . 216
Burmann, Peter . . 99

C.

Cabiren 52
Carl V 122
Casas, Bartholom las . 224
Censur 48
Centralorgan, sensorium commune 305
Cepede, la 17
Cetti 17
Character 9
Chamäleon 12
Chorea st. Viti . . . 319
Chinesen 247
Christus, seine göttliche Lehre 62

	p.
Chronologie bei den Indiern	244
Cicero	23. 217. 324
Clarkson	229
Claudius Turinensis	95
Clegerus	127
Clusius	61
Cölibat im Norden	87
Cölibat bei den Friesen	88
Cölibat wie zu vertheidigen	96
Colebrooke	173. 220
Colquhoun	132
Coluber	17
Columb. st.	70
Concilium in Basel	100
Concilium Lateranense V	100
Continentalsystem	150
Cordia Myxa	58
Coronae Antinoinenses	60
Crescembeni	278
Crishna	205
Cynosurus Caracanus	79

D.

Dante	281. 286
Davis, Samuel	244
Delphin im Lucrinischen See	18
Delirium febrile	322
Decandolle	288
Democritus	12
Deutsche Theologie	102

	p.
Dichtkunst der Indier	246
Dienst und Sclaverei, Unterschied	132
Diodorus siculus	13. 58. 62. 39. 222
Dioscorides	58
Diogenes Laertius	13
Drayton, William Henry	113

E.

Ebenbild Gottes	32
ἐκστασις	25. 318
Eigenthum erstes Erforderniß der Familien	181
Egoismus	49
Ehe	203
Ehe, Hindernisse derselben	211
Ehe, Beförderung bei den Spartanern	212
Elisabeth Königin von England	121. 122. 224
Emmius, Ubbo	84. 89
Enthusiasmus	15. 25
Enthusiasmus der Thiere	16
Enthusiasmus, die Thiere niedriger Ordnung fähiger dazu	17
Encyclopédie methodique	130. 131
Entzückung	25
ἕξις	9
Epilepsie	319

p.
Erbmeyerrecht 193
Erbfolge 216
Erkenntniß Gottes . . 5
Erzväter 61
Erziehung 19
Erziehung, liberale . . 241
Etrurier 248
Eymunds Saga . . . 83
Eugenia Malaccensis, Iambos 58

F.

Fanatismus fanatici . 25
Fascinatio 320
Ferdinand König von Neapel 122
Fetisch 51
Ficinus Marsilius 102. 105
Fischhälter zu Bojä . . 18
Firy Cors 74
Florus 222
Forelle 18
Forster, Reinhold . . . 39
Fortpflanzung 8
Fox 229
Frank, Peter 206
Franz I. König in Frankreich 122
Frauenwerth 167
Freiheit, germanische . . 152
Freyr 73
Friso 83

G.

p.
Galen . . . 42. 58. 222
Ganga 205
Gedanke 6
Gedächtniß 7
Gelehrtheit 240
Gellius 12. 19
Gehirn und Nervenknoten Organe der Rückerinnerung 300
Gemeingeist 106
Gemüth 9
Geometrie der Indier . 245
Germanen 71
Germanen, nördliche und nordwestliche . . . 76
Geschmack 22
Gesetze, menschliche . . 56
Gesetz 106
Gesetz und Arzneymittel 330
Gesner, Conrad . . 287
Gewissen 8
Gibbon 70. 85. 114. 170 222. 169. 147
Giulio Romano . . 288
Gleichgewicht in Europa 157
Glaube 65. 243
Goldfische, chinesische . . 18
Gnostiker 66
Gott aller Nationen . 44
Gottesverehrung, symbolische 51
Gottesverehrung, mythische 54
Gothe 159

	p.
Gregor, Pabst . . .	93
Grell, Prediger . . .	102
Grundbesitz, Vertheilung desselben in Frankreich, England, Preußen und Dännemark	194

H.

	p.
Hammerskiold C. . .	66
Handels = Compagnien, ihre Entstehung . .	125
Handels = Compagnien in Oesterreich . . .	130
Handels = Compagnien in Preussen	131
Handels = Compagnien in Dännemark . . .	131
Handels = Compagnien in Schweden . . .	131
Handels = Compagnien in Hannover . . .	131
Handels = Compagnien, Ostindische in England und Holland . . .	126
Harmonie	27
Harmonia praestabilita	233
Hartmann, Carl Professor in Wien . . .	304
Haruspicien aus südlichen Gegenden	179
Haß	6
Hearne	206
Heilmittel, psychische .	324
Heilkraft der Natur . .	309
Heilige	67
Heimreich	83
Hermann	77
Hengstenberg . . .	233
Herodot 38. 110. 165. 166. 170. 174. 169. 205.	
Heliodor	281
Heucheley	26
Hierarchie, christliche . .	67
Hieroglyphen	46
Hippocrates	295
Honorius und Arcadius	59
Horaz	185
Hugues de st. Victor	250
Humanität	46
Humanitas . . 19.	20
Hume . . . 92. 93.	187
Hufeland	206
Huss, Johann . . .	95

J.

	p.
Iamblichius	281
Japaneser	247
Ibraim	268
Ideen das Plato . . .	293
Ichthyophagen	40
Individualität	3
Incantationes . . .	13
Ingwar vidforles saga	83
Infloreszenz	159
Instinct	233
Intoleranz in der christlichen Kirche	65

p.

Intoleranz der Hirtenvölker 170
Iohanneus Finnius . 88
Iones, Präsident . . . 245
Josephbrunnen in Aegypten 60
Iourdan. M. 262
Isjonval, Quatremere d' 17
Jurisprudenz das Hauptstudium der Römer . 113
Justinian 113
Iuvenis Hannoveranus Lin. 41

K.

Kaempfer . 60. 127. 328
Kastenverhältniß . . . 173
Kempis, Thomas . . 102
Keoping 41
Κιβοριον 59
Kinder 212
Gewalt der Aeltern über sie 212
des Staats . . 213
der Wissenschaften 214
Knechte, natürliche und gesetzliche . . 219. 221
Koamin, Göttin in China 60
Krankheiten, psychische, Nervenkrankheiten und vegetative 329
Krampf 317
χρανοχολάπτης . . . 58

p.

Kreutzer, Professor in Heidelberg . . . 57. 62
Kunst 20
κύαμος αιγυπτυ . . 59

L.

Lacerta viredis . . 17
Lalla Rookh . . . 104
Landesabgaben sind der geringste Druck für die Producirenden . . . 147
Landesabgaben waren bei den Römern größer . 147
Laurus Persea . . 61
Leben ist nicht zu definiren 6
Leben ist Freiheit . . 293
Lebensäußerung Product aus dem Reitze und der Erregbarkeit . . . 24
Legislatoren waren von der Gottheit inspirirt . 105
Lehre 239
Leidenschaft 25
Leo X Pabst 100
Leire 75
Lesgier 79
Lex Papia Poppaea . 212
Liebe 6
Liebe der Thiere . . . 13
Liebe der Geschlechter . 203
Linnaeus Carol . 17. 41
List 238

p.

Luxus, Verordnungen dagegen 150
Ludwig XIII. König . 224
Luther 101
Lydier 247

M.

Mably, Abbé 187
Maggridge 197
Mahomed, sein Einfluß auf Wissenschaften . 264
Magnetismus, thierischer 26
Magnetismus, thierischer, Preisfrage 26
Magnetisirbuden und Mißbrauch 335
Manko Capac und Mama Ocollo . . 165
Mania 319
Marco Polo 40
Materialismus 293
Mensch, Hauptcharacter desselben 5
Mensch, Unterschied von den Thieren 6
Menschengeschlecht . . 46
Meru Berg 59
Metaphysik 293
Metaphysik der Indier . 245
Metellus Celer 83
Michael Angelo . . . 288
Mirandola, Iohannes Picus 98
Mitleidenschaft 12

p.

Mnesitheus ein atheniensischer Arzt 77
Monboddo Lord . . . 39
Monogamie 204
Mönche 68. 70
Montesquieu 187
Monte 133
Moses 37
Münter, F. Bischof 76. 167
Mysterien, samothracische 58
Mystik 293

N.

Nachahmung 14
Narcotica 325
Nelumbium speciosum 59
Negersclaven, erste im spanischen Amerika . . 224
Nerven 4
Nerven, lebendiger Wechsel der Stoffe in denselben 303
Neugier 237
Nicolaus V. Pabst . . 100
Notes on Mexico . . 170
Nouchirvan 268
Nymphaea Lotus Lin. 59

O.

Odin 76
Olussen, Professor . . 220
Omar, Calif 265
Organismus 4

p.
Organisations - Commissionen und organisirende Clubs 108
Osseten 79
Ouschba 59

P.

Pachomius 70
Pallas 81
παθημα 25
παίδεια 19
Papiergeld 135
Parot 81
Patje 131
Paulsen P. D. Chr. . 216
Pelasger und Griechen 248
Penza 81
Persei specula . . . 59
Perfectibilität mangelt den Thieren . . . 105
Periodisch 312
Persaia ist nicht Cordia myxa Lin, sondern der in Indien verehrte Jambusenbaum vom Berge Meru. Eugenia Iambus . . 58
Petri, Suffridius . . 83
Petronius, Titus Arbiter 99
Petrarc 281
Phalangium 58
Philtra 13
Philosophie 255

p.
Phrygier 247
Pindar 35
Pius II. (Aeneas Sylvius) 89
Plaifair 244
Plato . . . 48. 56. 105
Plinius 12. 18. 40. 58. 83. 185
Plutarch 58. 107
Plotin 66
Poesie 70
Politianus 98
Polygamie 205
Pomponius Mela . . 83
Porphyrius 66
Preis der Producte . . 148
Prototypus des humanen Lebens 32
Priesterkaste 52
Propheten 62
Psammitichus Sprachversuche 38
Puch der Natur 287
Pundebitta 268

R.

Rausch 325
Raphael 288
Rantzow 83
Recht und Unrecht . . 106
Rechtswissenschaft und Gesetzkunde 106
Reil 324
Reitz, materieller und sensorieller 7

p.
Reliquien . . . 68. 94
Reproduction in umgekehrtem Verhältniß mit dem Gehirn . . . 302
Revolutionäre Regierungen und revolutionäre Völker 155
Rhādhā 205
Rochi 79
Robertson 166
Rousseau I. I. 39
Rogge 77
Rotl 79
Rumphius . 58. 60. 127
Rygan 79

S.

Sacra familiaria . . 217
Sacrament 67
Sagacität 238
Salmasius 99
Sarrisberry 251
Say 148
Scaliger 98
Schambu 59
Scharfsinn 238
Schildkröte. Testudo indica Vosmaer . 17
Scheffer 287
Schefferus 67
Scheintod 25
Schimmelmann, Ernst, Graf 229
Schmerz 312

p.
Schmerz, Intensität desselben 313
Schlaf 309
Scholae Burdigalenses 257
Schwärmerey 25
Schweine gleich nach der Geburt mit der Aussenwelt bekannt . . . 160
Schwein, wildes . . 19
Scyles 170
Seapoys 58
Secale 77
Seele, menschliche, der Thiere und der Pflanzen 328
Seele, ihre Organe . . 306
Segel oder Segal . . 79
Selbstmord 320
Seneca 222
Secare 78
Shakespear 107
Sigilum 78
Sigtuna 75
Sismondi 278
Sobhā 205
Somnambulismus . . 319
Sora 268
Sophisten 257
Spasmus tonicus . . 318
— clonicus . . 319
Spiele der Indier . . 246
Sprache 35
— nicht offenbart . 37

p.

Sprache, Versuche über dieselbe 38
Sprache, sinnlicher Theil 41
— übersinnlicher Theil 43
Sprachkunde der Indier 245
Schriftsprache 46
Sprachstämme, verschiedene 36
Kunstsprache 42
Sprache der Thiere . . 33
Staaten haben Personenrecht 136
Staat ist ein Organismus 154
Staat im Staate der ersten Christen . . . 65
Strabo 81
Stiernhook 217
Steele, Joshua 231
Substantivum 36
Suiones 81
Syl 79
Symbole 52
Symbolik der Indier . 57
— — Aegyptier 57
Gemeinschaftlicher Ursprung beider . . . 57
Sympathie 12
Synonyma, Unterschied darin 42, 43

T.

Tacitus 72. 75. 165. 167. 220

p.

Talapoins 174
Taubgeborne, ihre Sprache 38
Taubstumme 38
Taurini sub Alpibus 77
Tasso 282
Tatius, Achilles . . 281
Tauscher 81
Teelemänner in den Friesischen Staaten . . 191
Theophrast . . 15. 38
Theocratie 32
Thiere, Character derselben 4
Thors Hammer . . . 74
Thorlacius 258
Τιθασσεια 13
Tulpenzwiebeln . . . 126
Trappisten 92
Tribonian 113
Triticum spelta . . 78
Typhon 54

U.

Ueberzeugung 6
Unempfindliche des Diodors 40
Unschuld der Kindergestalt 235
Upsala 75
Upsala, Tempel . . . 67
ὑλοφάγοι Diodors . . 41

V.

Valdo, Pierre . . . 95
Valentin, Michael . 127

p.
Väterliche Gewalt bey den Südländern . . 162
Väterliche Gewalt bey den Griechen und Römern 164
Väterliche Gewalt bey den Germanen . . 167
Vaterlandsliebe . . . 106
Veneficia 12
Verbrecher, ihr Verhältniß zur Population in England, Frankreich, Preußen u. Dännemark 198
Verbrecher, ihre Erziehung 332
Verbum 36
Verbrüderung der ersten Christen 65
Verklärung vor dem Tode 323
Verlangen 4
Vernunft 33
Verstand 238
Verpuppung 159
Verschlagenheit 238
Vigilantius 94
Vögel, ihre Nachahmung in der Stimme . . 14
Volksrepräsentation . . 155
Vorstellung 4
Vosmaer 17

p.

W.

Wassernatter 17
Wiarda, Tieleman Dothias 84. 89
Waldemar III. . . . 220
— II. 88
Wickleff 95
Wilford 83. 244
Wille 6
Wissen 233
Wissenschaft . . . 45. 237
— theoretische, logische 250
— traditionelle . . 269
— ästhetische . . . 271
— litterarische . . 287
— systematische . . 289
— encyclopädische . 289
Wilberforce 229
Wrisa 79
Wunder 67
Witz 238
Wuth 34

X.

Ximenes, Cardinal . . 224

Z.

Zeitwort 36
Ζεια 78

Ueber
humanes Leben.

Erstes Capitel.

Vegetatives, thierisches und geistiges oder humanes Leben.

Wenn ich mit Menschen- und mit Engelzungen redete und hätte der Liebe nicht, so wäre ich ein tönend Erz oder eine klingende Schelle. Paulus 1te Epistel an die Corinther C. XIII. v. 1.

§. 1.

Leben ist das im Unbegrenzten, Absoluten (in Gott) begründete Streben, zu einem Zweck das Einzelne vom Ganzen zu trennen (abstrahiren) und wieder zu einer Einheit zu verbinden (combiniren). Sein Product ist nicht durch äußere Impulse mitgetheilte sondern aus innerer Bestimmung angefangene Thätigkeit, durch welche ein Ganzes hervorgebracht und erhalten werden soll, das wir eine Individualität nennen. *)

§. 2.

Wenn das Product dieser Thätigkeit, diese Individualität, nur allein im Begrenzten bemerklich ist, d. i.

*) Wohl zu unterscheiden von Substanz, ὀσία des Aristoteles. S. dessen Categoriae.

wenn nur im Raum bestimmte Theile vom Ganzen (vom Macrocosmus) getrennt und wieder zu einer begrenzten Einheit oder Individualität vereinigt werden, so nennen wir das vegetatives Leben und das Product Organismum. Wir nennen es vegetatives Leben, weil wir es an den Pflanzen ganz allein und ohne wahrscheinliche Beimischung anderer Lebensäußerungen am leichtesten bemerken können. Die Pflanze trennt vom Boden, worin sie gepflanzt, aus der Luft, womit sie umgeben ist, Theile, um sie mit sich selbst zu vereinigen und dadurch ihre Individualität, ihren Organismum (Microcosmus) zu schaffen und darzustellen. Bei jedem andern lebenden Individuo ist dieses vegetative Leben aber in demselben Maaß der Schöpfer und Erhalter des Organismus.

§. 3.

Vermöge besonderer Organe (Nerven) ist es dem Thiere möglich: die Aussenwelt erst im Unbegrenzten, Absoluten in sich aufzunehmen (zu apercipiren), von dem durch die Nerven apercipirten das zu trennen (abstrahiren), was nicht zur Einheit gehört, und das zu vereinigen (combiniren), was mit dieser in Bezug steht. Dieses apercipirte Ganze (Individualität) nennen wir Vorstellung. Mit dem eigenen Organismus vergleicht das Thier diese Vorstellung, und wenn sie zu dessen Förderung beiträgt, hat es Verlangen, wenn sie ihm nachtheilig ist, hat es Abscheu. Nach diesem Verlangen und Abscheu kann es seinen Organismum abändern, um das Vorgestellte zu erlangen oder zu vermeiden, und diese Abänderung des Organismus heißt Wille.

§. 4.

Der Hauptcharacter des Menschen ist: Mit diesem vegetativen und animalischen Leben zugleich das göttliche Vermögen zu vereinigen, ohne Rücksicht auf den eigenen begrenzten Organismum, das Mannigfaltige im Unbegrenzten, Absoluten in sich aufzunehmen und mit sich selbst als eine Einheit aufzufassen. Durch dieses göttliche Vermögen steht nicht bloß das, was auf seinen eigenen Organismum Bezug hat, sondern Alles, was ist, war und seyn wird, seine früheren Aperceptionen und Vorstellungen, die möglich zu habenden, mit ihm in näherer Relation; durch dieses göttliche Vermögen wird er sich selbst Object, er kann sich als ein Aeußeres betrachten, seine Existenz, Entwickelung, Verlangen und Abscheu beobachten und mit andern Erscheinungen vergleichen. Ueberall sucht er das Zusammengehörige als eine Einheit zu vereinigen, das nicht dazu Gehörige zu trennen. Nicht der eigene begrenzte Organismus bestimmt diese höhere Lebensthätigkeit und bringt Verlangen und Abscheu hervor, sondern im Unbegrenzten, Absoluten selbst ist das Ideal, durch welches und mit welchem er abstrahirt und combinirt. Er strebt das Ganze zu erfassen (Gott zu erkennen).

Wie wir im thierischen Leben die erste Aufnahme der Aussenwelt im Absoluten Aperception, das durch das thierische Leben, durch Abstraction und Combination vereinigte Ganze Vorstellung nennen, so heißt im humanen Leben die erste Aufnahme Gedanke, das durch Combination und Abstraction geschaffene Ganze Ueberzeugung (ἐπιστήμη). Wie wir im thierischen Leben die Bestimmung des den eigenen Organismum Fördernden Verlangen, des Entgegengesetzten Abscheu nennen, so nennen wir die Bestimmung des dieses Ideal Fördernden Liebe, des Entgegengesetzten Haß, und so wie die Aeußerung des Verlangens und Abscheu's im thierischen Leben Wille heißt, so nennen wir die Aeußerung von Liebe und Haß freyen Willen, weil der Mensch dadurch der Begrenzung durch den eigenen Organismum entnommen, nicht mehr als ein begrenztes Naturproduct, Pflanze oder Thier, lebt (Sache ist), sondern, sich über diese Begrenzung erhebend, das Ganze sich anzueignen und nach seinen Zwecken zu verändern strebt (Person wird, Freiheit erhält).

§. 5.

Alles Leben ist nicht etwas im Begrenzten Darstellbares, sondern wird nur im Begrenzten veranlaßt, sich zu äußern, ist daher an und für sich für uns nicht zu begrenzen (nicht zu definiren), sondern wir können nur von seinen verschiedenen Aeußerungen uns bestimmte Abtheilungen machen. Daher ist die Frage, ob das vegetative, animalische und menschliche Leben an sich verschiedene Substanzen sind, eine durchaus müssige und nicht zu beantwortende Frage. Aus den verschiedenen Wirkungen des Lebens machen wir uns verschiedene Vorstellungen in der begrenzten Welt, verschiedene Gedanken und Ueberzeugungen im Absoluten, das berechtigt uns aber nicht, auch im Absoluten, im Unbegrenzten Verschiedenheit anzunehmen.

§. 6.

Das, was das Leben veranlaßt, thätig zu seyn, sich zu äußern, nennen wir:

1) Reiz ꝛc., wenn ein Begrenztes, eine Individualität, diese Aeußerung unmittelbar veranlaßt.

a) Im vegetativen Leben kennen wir keinen andern Reiz, als ein Begrenztes außer dem Organismo (materieller Reiz).

b) Im thierischen Leben sind nicht allein die materiellen Reize, sondern auch Aperceptionen und Vorstellungen von denselben, nicht bloß wie sie die momentane begrenzte Welt erregt, sondern auch die früher in der Individualität erregt sind, fähig, das Leben zur Thätigkeit hervorzurufen. Wir nennen diese Reize, im Gegensatz von den materiellen, sensorielle Reize und die Erscheinung, daß im Raum nicht mehr vorhandene Reize das Leben auf dieselbe Art, wie materielle und momentane sensorielle Reize, hervorrufen können, Gedächtniß. Dieses Gedächtniß wird im thierischen Leben eben so wie die Vorstellung nur durch den eigenen Organismum bestimmt. Das Thier hat nur für das Gedächtniß, was diesen fördern oder ihm schaden kann.

c) Im humanen Leben können nicht bloß materielle Reize, Aperceptionen und Vorstellungen, sondern auch Gedanken und Ueberzeugungen jede Lebensäußerung hervorrufen, nicht bloß die momentan erregten, sondern auch die jemals in der Individualität erregt sind. Die gehabten Aperceptionen und Vorstellungen nennen wir wie im thierischen Leben Gedächtniß; die je gehabten Gedanken und Ueberzeugungen nennen wir nicht Gedächtniß, sondern Besonnenheit (διάνοια). Diese Besonnenheit wird nicht durch den eigenen Organismum, sondern durch das höhere Ideal, das Ganze in sich aufzufassen, bestimmt. In so fern wir diese Besonnenheit zur Richtschnur unseres ganzen Lebens machen, nennen wir sie Gewissen.

§. 7.

2) Aber nicht bloß diese materiellen, sensoriellen und geistigen Reitze rufen das Leben zur Thätigkeit hervor, in dem Unbegrenzten ist eine innere durch sich selbst bestimmte Neigung, im Begrenzten sich zu manifestiren: Wie Licht Licht macht, so macht Leben Leben. Ein beständiges Zeugen und Mittheilen der innern Bestimmung im Absoluten bringt unter gewissen äußern Bedingungen, wie es uns scheint, neues Leben, aber eigentlich nur neue Individualitäten hervor. Dieses heißt Fortpflanzung, wenn die Individualität im Begrenzten neu dargestellt wird. Sie ist aber nicht etwa ein Act des vegetativen Lebens allein, sondern das ganze Leben, so weit es dem früheren Individuo eigen ist, wird in den fortgepflanzten Organismum gebracht. So pflanzt sich die Pflanze nur in der äußern Begrenzung, in ihrer äußern Form, mit den Fähigkeiten, durch materielle Reitze zum Leben erregt zu werden, fort, das Thier nicht bloß als Pflanze, sondern

auch mit dem thierischen Leben, mit derselben Art Vorstellungen aufzunehmen und darnach Verlangen und Abscheu zu haben und den Willen zu äußern. Die kleinsten Verschiedenheiten hierin, die durch zufällige Reitze in die Individualität gebracht waren, gehen auf die Nachkommenschaft über, ohne daß an eine Mittheilung durch Aperception oder Gedächtniß zu denken wäre: Die Taube verabscheuet den Habicht auf dieselbe Art wie ihre Aeltern, auf das Füllen oder den jungen Hund vererben sich die kleinsten Verschiedenheiten der älterlichen Individualität. Diese Fortpflanzung des Lebens von einer Generation zur andern nennen wir natürliche Anlage (ἕξις). Dasselbe können wir auch im humanen oder geistigen Leben nicht ganz verkennen. Dieselben humanen Neigungen sind oft den Kindern eigen oder mangeln ihnen, je nachdem die Aeltern sie hatten; wir nennen sie, in so fern sie innerlich sind, sich nicht durch äußere Thätigkeit äußern, Gemüth (θυμὸς), in so fern sie durch Handeln sich manifestiren, Character, (χαρακτὴρ). Es ist aber begreiflich, daß diese Mittheilung des Lebens von Geschlecht zu Geschlecht in dem Maaß mannigfaltiger werden muß, die neue Individualität mehreren Varietäten unterworfen seyn muß, als sich der Kreis des Lebens und seiner Aeußerungen mehr erweitert. Die Pflanze, die nur durch einzelne materielle Reitze zu Lebensäußerungen erweckt wird, (einen kleinen Kreis der Lebensthätigkeit hat), ist in dieser Rücksicht fast gar keinen Varietäten unterworfen, nur ihr gewaltsam aufgedrungene äußere Reitze, öfterer Wechsel des Clima's und des Bodens, können sie zu einzelnen geringen Abweichungen bringen, die aber bald wieder in den früheren Typum zurückkehren, so wie die äußern Reitze aufhören. Schon mehr ist das Thier diesen Abweichungen in seiner natürlichen Anlage (ἕξις) unterworfen, das gezähmte Hausthier mehr als das wilde Thier, und der Mensch verändert am meisten in seiner Nachkommenschaft Character, natürliche Anlagen und äußere Vegetation. Aber dennoch läßt sich auch bei ihm ein Familien-Charakter, selbst ein National-Character in allen diesen Lebensäußerungen nicht verkennen und durch das fernere Leben des Individuums, durch Abrichten und Erziehen, schwer verwischen.

§. 8.

Auf den Act der Erzeugung beschränkt sich diese Mittheilung des Lebens, diese Fortpflanzung der Bestimmung im Absoluten, nicht allein. Unter gewissen Bedingungen theilt ein lebendiges Individuum seine Lebensbestimmung auch andern bereits gebildeten Individuen mit, ohne daß dabei der materielle Reitz, die Vorstellung oder der Gedanke als Hauptursache in Anschlag gebracht werden könnte.

a) Im vegetativen Leben nennen wir das Ansteckung (διαθεσις). Es kann hier mein Zweck nicht seyn, tiefer in die der Pathologie angehörige Lehre von der Ansteckung einzudringen, hier genügt der Begriff: daß ein lebendiger Organismus dem andern, vermittelst eines materiellen Zwischenleiters, seine Lebensbestimmung so mittheilen kann, daß dieser nun auch die Nothwendigkeit erhält, seine Individualität im Begrenzten eben so wie der erste, und also anders als bisher, darzustellen. Bei Pflanzen sehen wir das oft und dann sehr allgemein, aber häufig mit andern Lebensphänomenen verbunden, die wir dann so gern als die einzige Ursache der Erscheinung annehmen. Beim Brande im Waitzen, bei manchen Verheerungen der Pflanzen durch Insecten glauben wir, ein Contagium vivum (wodurch bekanntlich Linné und mehrere Naturforscher alle Ansteckung erklären wollten) deutlich dargestellt zu haben, wir erinnern uns aber nicht: Daß die Pflanze erst eine andere Pflanze (also erst angesteckt) seyn mußte, ehe sie zu einer so allgemeinen Erzeugung und Fortpflanzung anderer Organismen Gelegenheit geben konnte.

b) Im thierischen Körper sehen wir diese Mittheilung eines andern vegetativen Lebens in allen epidemischen und contagiösen Krankheiten deutlich, auch das thierische Leben, die Vorstellungen, Verlangen und Abscheu werden durch dieselbe Ansteckung verändert. Am deutlichsten ist dieses in der Hundswuth (Hydrophobia), wo das vegetative Leben mit dem animalischen zugleich umgeändert wird: Mit Entzündung im Schlunde verbindet sich ein unwiderstehlicher Abscheu gegen Wasser und Verlangen zu beissen, das selbst durch die früher am kräftigsten wirkenden Reitze und Vorstellungen, Durst, Furcht oder Zuneigung nicht unterdrückt werden kann. Selbst beim Menschen kann diese unglückliche Umstimmung des thierischen Lebens nicht durch Gedanken, nicht durch Liebe ganz unterdrückt werden, und der unglückliche Kranke kömmt dadurch in den peinlichsten Kampf seiner mannigfaltigen Lebensbestimmungen. Aber in allen andern epidemischen und contagiösen Krankheiten ist zugleich Umstimmung des thierischen Lebens nicht zu verkennen. Sehen wir diese Mittheilung des thierischen Lebens ohne materiellen Leiter und ohne vorhergegangene Veränderung der Vegetation, so nennen wir sie Sympathie oder Mitleidenschaft. So entstehen Krämpfe, selbst Entzündungen (z. B. der Augen) u. s. w.; aber auch in den einzelnen Theilen desselben thierischen Körpers finden sie statt und begründen in der Pathologie sehr viele Erscheinungen. Sympathisch entleert sich der Magen, wenn in einem andern Organ ein fremder Körper weggeschafft werden soll, sympathisch schmerzt die äußerste Oefnung eines Ausführungsgangs, wenn in der Drüse selbst der Reitz liegt, sympathisch theilt sich Entzündung, anomale Bildung u. s. w. über die ganze Haut und das Zellgewebe mit (Rose), wenn eine einzelne Stelle gereitzt wird.

Die thierischen Lebensbestimmungen allein, ohne bedeutende Einwirkung auf den vegetativen Organismus, umzuwandeln, war von jeher ein Bestreben derjenigen Forscher, die lieber Meister als Schüler der Natur seyn wollten, kam aus dem Orient zu den Griechen und erregte ihre lebhafte Einbildungskraft in dem Maaß, daß sie selbst dem nicht schwergläubigen Plinius zum Spott wird. *) Die Veneficia,

*) Jungemus illis similia et peregrina aeque animalia: priusque chamaeleonem peculiari volumine dignum existimatum Democrito ac per singula membra desecratum, non sine magna voluptate nostra, cognitis proditisque mendaciis Graecae vanitatis. Plin. H. N. C. XXVIII. c. 29. Gellius nimmt sich doch aber

incantationes, philtra, waren ein reichhaltiger Gegenstand des Studiums und der Fabel. Wer mögte hier das Wahre von dem Falschen trennen: Daß aber dergleichen Einwirkungen wirklich statt haben können, vermag sich jeder zu überzeugen, der einen Hund sich fest anhänglich machen will. Das bekannte Jägerkunststück, zu dem Zwecke dem Hunde ein Stück Brodt zu geben, welches man einige Zeit unter der bloßen Achsel getragen hat, ist (wenigstens bei vielen Personen) vollkommen in der Wahrheit gegründet.

§. 9.

Hier aber bedarf es nicht der Frage über Venenficia, philtra u. s. w.: Alles Abrichten (τιϑασσεία) der Thiere und, in so fern von thierischem Verlangen und Abscheu die Rede ist, auch des Menschen, gehört hierher. Wir verändern dadurch die thierische Lebensbestimmung, ohne auf den vegetativen Organismum bedeutend einzuwirken, machen aus dem Raubthiere ein schmeichelndes Hausthier, aus dem scheuen, flüchtigen Thiere der Wüste ein geduldiges Lastthier; wir bringen diese Veränderungen so weit, daß in dem Thiere fast Humanität zu leben scheinen könnte, und durch Mangel der Trennung der Begriffe ist sie ihnen oft beigelegt. Poeten und Moralisten haben von Liebe der Thiere, von Dankbarkeit, Großmuth u. s. w. ge-

---

Democrits an und glaubt, daß dieses Buch de Chamaeleone nicht von ihm sey. Noct att. C. X. c. 10. Auch ist es nicht in Diogenes Laertius unter Democrits Schriften aufgeführt.

redet, wo sie von Verlangen und Abscheu hätten reden sollen.

§. 10.

Aus dieser Fähigkeit der thierischen Lebensbestimmung, durch fremden Einfluß abgeändert zu werden, und aus der Regsamkeit des Lebens, das sich stets im Begrenzten zu äußern strebt, geht im thierischen Leben ein Product hervor, welches wir Nachahmung nennen. Je regsamer daher das Leben ist, d. h. je leichter und mannigfaltiger es durch die Aussenwelt erregt wird, desto mehr ist es zur Nachahmung fähig. Unter allen Thieren haben in dieser Rücksicht die Vögel den größten Kreis der Erregung in der Aussenwelt, ihr Gebiet ist so weit sie fliegen können und ihre äußern Sinne reichen zum Theil weiter als anderer Thiere, ihre Muskelbewegung hat in der Stimme die größte Erregbarkeit, weil sie durch die Stimme sich vorzüglich erkennen und aufsuchen. Daher ist die Nachahmung durch die Stimme bei diesen am auffallendsten. So haben die Affen in den Händen und in den Backenmuskeln zur eigenen Erhaltung eine besondere Erregbarkeit und sie sind daher die eigentlichen Mimiker der Thierwelt, wurden auch von den Griechen danach benannt (μιμῶ). Aus denselben Gründen muß aber der Mensch auch seiner thierischen Natur nach die größte Neigung zur Nachahmung haben und in dieser Rücksicht nennt ihn Aristoteles mit Recht ζῶον μιμητικώτατον*), wenn es ihm auch schwer,

*) Aristoteles Poetica c. IV.

werden dürfte, seine ganze artem poeticam daraus herzuleiten.

§. 11.

c) Im humanen oder geistigen Leben nennen wir dieses mitgetheilte Leben nicht Ansteckung (wenn auch einige Schriftsteller sich dieses Ausdrucks bildlich zu bedienen erlaubt haben), sondern wir nennen es in seiner höchsten Wirkung mit dem ehrwürdigsten griechischen Namen Enthusiasmus (ἐνϑεοςυσὶα·) Das Ganze des Wissens (ἐπιςήμη) wird da nicht durch die dem Menschen eigene Abstraction und Combination gebildet, sondern durch eine Einwirkung von außen mitgetheilt. Wenige Worte, Gebärden u. s. w. sind im Stande ein Wissen oder Ueberzeugung hervor zu bringen, wie sie der ganze Apparat von Combination und Abstraction nicht in dem Maaß schaffen könnte, und diese Ueberzeugung bringt heftigere Liebe und Haß, größeres Verlangen und Abscheu, kräftigere Muskelbewegung hervor, als irgend eine durch Combination und Abstraction geschaffene Ueberzeugung. Das ganze humane Leben und in Folge desselben mit ihm das thierische und vegetative wird mit ähnlicher Heftigkeit und Unordnung verändert, als das vegetative und animalische Leben durch Ansteckung. *)

*) Auch über diese Lebensäußerung hat einer der scharfsinnigsten Philosophen der Griechen, der Verfasser der Charactere, Theophrast, ein eigenes Buch περι ενϑυςιαςμυ geschrieben, dessen Verlust wir nach den wenigen Bruchstücken, die uns davon aufbewahrt sind, sehr zu bedauern Ursache haben.

§. 12.

So wie Ansteckung auch das thierische und selbst das humane Leben afficiren kann (§. 8. b.), eben so kann Enthusiasmus auch auf das thierische Leben allein wirken, und dieses zu eben so ungewöhnlich großer Thätigkeit erregen, ohne daß wir berechtigt sind, dem Thiere irgend ein humanes Leben beizumessen. Wenn wir sehen, daß das Schlachtroß sich mit Gewalt zu Tod und Gefahren drängt, daß der Hund auf dem Grabe seines Herrn stirbt, daß manche Thiere die ihnen sonst furchtbaren Elemente Feuer und Wasser leidenschaftlich aufsuchen, so ist das keine durch Combination und Abstraction erzeugte Ueberzeugung, kein freier Wille, sondern eine von einem andern Leben aus diesem Thiere mitgetheilte Tendenz, die mit seinen eigenen thierischen Tendenzen in keiner Verbindung steht. Das Thier, dessen Leben am wenigsten durch mannigfaltige eigene Tendenzen erregt wird, ist dieser Mittheilung am meisten fähig: das wilde Thier mehr, als das zahme, von vielen Menschen behandelte; das Pferd oder der Hund, die nur einen Herrn haben mehr, als die durch manche Hände gegangenen. Ein treues Pferd oder einen treuen Hund kann man nicht kaufen. *) Wahrscheinlich sind selbst die einfachen

---

*) Ein später in der Revolution sehr bekannt gewordener Mann, der gewiß viel besser einen Volkshaufen als ein Pferd leiten konnte, mit Brillen auf der Nase und wohl oft in politischen Speculationen vertieft, seiner starken dänischen Stute es überließ, nach Umständen über Graben zu setzen oder unwegsame Hohlwege zu erklettern und im Nothfall sich am Sattelknopf fest hielt, war genöthigt dieses treffliche Pferd zu verkaufen. Drei

lebenden Thiere, oder wie man sie auch sonst wohl nennt, die Thiere der niedrigeren Ordnungen, Insecten, Fische, Amphibien, zu dieser Mittheilung fähiger, obgleich die Versuche seltener gemacht sind. Von den Spinnen sind in dieser Rücksicht die Beobachtungen von Quatremere d' Jsjonval*) höchst merkwürdig. Die wunderbaren Einwirkungen der Indianischen Jongleurs auf die Brillenschlange, die Anhänglichkeit der gemeinen Natter (Coluber vulgaris la Cépede) an manche Personen**), der Wasser-Natter (Coluber natrix)***), der vier gestreiften Natter (C. quatuor lineatus)****) und der schönen Damenschlange (Domicella) können nicht ein Abrichten dieser Thiere genannt werden, weil man durchaus kein auf ihre eigene Individualität Bezug habendes Mittel z. B. Hunger, Nahrung, Schmerz, Vergnügen gebraucht, um sie zu zwingen. Aus eigener Erfahrung weiß ich, daß man die grüne Eidechse (Lacerta viridis Lin.) in Zeit von wenigen Minuten so an sich gewöhnen kann, daß sie fast unsern Willen errathen zu können scheint. Im Winter 1818 hatte ich eine lebendige Landschildkröte vom Cap der guten Hoffnung, Testudo indica Vosmaer, von 16 Zoll Länge und 8 Zoll Höhe, lebendig in meinem Zimmer. Sie

---

vollkommen geübte tüchtige Reiter versuchten es nach ihm zu reiten und wurden alle drei in wenigen Minuten aus dem Sattel geworfen. Der Käufer mußte es als Zuchtstute in ein Gestüt geben.

*) Quatremere d' Jsjonval Arachnologie.

**) Valm. de Bomare Dictionaire d'hist. nat. art. couleuvre.

***) Cetti Histoire nat. des Amphib. de la Sardaigne p. 98.

****) La Cépede Histoire nat. des serpens p. 180.

*****) Linn. Amoenit. acad. I. p. 117.

aß und trank nicht, hatte keine Ausleerungen, lag, wenn es kühl und dunkel war, unbeweglich und kroch umher, wenn das Zimmer warm war, besonders ergötzte sie sich bei Sonnenschein, wo sie den Kopf im Sonnenschein hin und her bewegte. Es mogte sich einige Male getroffen haben, daß ich sie, wenn sie vor meinem Sitze lag, als Fußschemmel gebraucht hatte, dessen Größe sie hatte; bald bemerkte ich aber, daß mein wandernder Fußschemmel unfehlbar ankam, sobald ich mich auf den gewohnten Platz niedersetzte, selbst wenn das Zimmer nicht sehr warm war; wie es schien kam er nicht, wenn ein Anderer sich hinsetzte. Von den Fischen hat man verschiedene Beobachtungen dieser Anhänglichkeit: Von der Forelle und den chinesischen Goldfischen *), und Plinius **) von den Fischen des Kaiser Domitians in den Fischhältern zu Bajae, die sich bei Namen rufen ließen, welches doch durch manche spätere Beobachtungen bestätigt ist. Die Zuneigung des Delphins im Lucrinischen See zu einem armen Schulknaben, den er mehrere Jahre lang täglich auf seinen Rücken nahm und wieder treulich ans Land setzte, ist doch von so vielen Augenzeugen bestätigt, daß man Mühe hat, ihr den historischen Glauben zu versagen, ***) wenn auch manche Naturforscher den Unglauben ehrenvoller als den Glauben halten.

Selbst Thiere von ganz entgegengesetzten Tenden-

*) Encyclopédie méthodique par l'Abbé Bonnaterre XX.

**) H. N. Lib. X. c. 70.

***) S. die darüber gesammleten Zeugnisse in Plinii secundi Nat. Hist. L. IX. c. 8. edit. Harduini. p. 502.

zen können auf diese Art auf einander wirken und so ihre eigene Natur ganz verändern. Ich sah ein in einem Jagdhofe auferzogenes wildes Schwein, das sein Lager mit den Jagdhunden theilte und diese oft zu einer Jagd aufmunterte, sie neckte, bis sie es mit Gebell verfolgen mußten, dann weithin floh und die Jagdhunde nachzog, bis die ganze Jagdparthie ermüdet zu Hause kam und ruhig wieder dasselbe Lager einnahm.

§. 13.

Die langsamere Abänderung des thierischen Lebens in seinem Verlangen und Abscheu nennen wir Abrichten (τιθασσεία); im humanen Leben nennen wir sie Erziehung (παιδεία). *) Auch bei dieser ist nicht eigentlich der Zweck, jede Ueberzeugung jedesmal aus ihren verschiedenen Principien durch Abstraction und Combination zu bilden, sondern durch stete Uebung, durch ununterbrochenes Anwenden auf die Individualität sie derselben ganz anzueignen, sie gewissenhaft zur Richtschnur unseres Lebens zu machen. Nicht die eigene Ueberzeugung allein, nicht die des Lehrers allein, sondern ehrwürdigere, durch viele Geschlechter fortgepflanzte Ueberzeugungen, die sich in manchen Lagen des Lebens bewährt haben, sagen unserm ganzen geistigen Leben kräftig zu und wir eignen sie uns an, wie sich das Kind Gewohnheiten der Aeltern angewöhnt. Erziehung ist nicht Lehre sondern Empirie,

*) Gellius Noct. att. XIII. 16 übersetzt das Wort sehr zweckmässig humanitas.

wo unser eigen Leben, das Leben unserer Aeltern und das der ganzen Vorwelt das Feld der Versuche ist, und wir werden um so geübter, je rastloser wir versuchen und üben. Durch dieses Verhältniß wird das Menschengeschlecht gleichsam eine Person (humanitas), die bey allen scheinbaren Rückschritten, bey allem Straucheln, ihre Perfectibilität im geistigen Leben bey weitem mehr erprobt hat, als im vegetativen und thierischen Leben.

§. 14.

Wenn der Mensch schon im thierischen Leben den Namen ζῶον μιμητικώτατον verdient, so ist im geistigen Leben noch viel mehr Veranlassung, diese Lebensäußerung der Nachahmung hervorzurufen. Die ganze sinnliche und geistige Welt hält sein geistiges Leben mehr oder weniger in steter Regsamkeit, und in beiden kommen Erscheinungen aller Art vor, die ihn kräftig ansprechen. Wir nennen es aber hier nicht Nachahmung, sondern K u n st (ποίησις) und in dem griechischen Namen scheint schon der Unterschied deutlich ausgesprochen zu seyn. Das Thier schafft nicht, weil es keine Einheit außer sich erkennen kann, das göttliche Vermögen des Menschen ist dieses Schaffen, sein ganzes geistiges Leben ist Poesie. Das Geschaffene kann etwas im Raum Begrenztes oder eine Idee seyn, aber zum Schaffen gehört: daß Alles, was zu der zu schaffenden Einheit gehört (der Stoff), so sorgfältig herbeygeschafft werde, als es dem menschlichen Geiste möglich ist, und dieser Stoff so sorgfältig geordnet werde, daß die zu schaffende E i n h e i t nicht zu verkennen ist. Wenn ein böser Bube hinter unsern Rücken das Gebrüll eines wüthenden Ochsen so vollkommen nachahmt, daß wir darüber erschrecken, und Ruysdahl dasselbe Thier malt, so hat ersterer gewiß lebhafter nachgeahmt, aber nur den letzten nennen wir einen Künstler, weil er mit der höchsten Besonnenheit Farbenmischung, Licht und Schatten, Gestalt und Gebärden des Thiers und die zweckmässigste Umgebung beachtet und so geordnet hat, daß nichts die Einheit stört, jener hingegen nur thierisch seine Kehle geübt hat. Eine aus Reminiscenzen und täglich oder niemals vorkommenden Thatsachen zusammengeflickte Geschichte ist kein Kunstwerk, sondern — eine Unwahrheit; die unbedeutendste Individualität z. B. Burns John Barleycorn oder Bürgers Mutter-Tändeleien, durch die bekanntesten äußern Gegenstände geführt, kann hohen poetischen Werth haben, wenn ihre Idee ohne alle fremde Beymischung uns klar wird. Nicht die Menge des Stoffs, auch nicht die Anordnung desselben im Einzelnen, bestimmen das Kunstwerk, sondern die Zweckmäßigkeit des Ganzen, daß die Idee vollständig sich schnell darstelle, ohne durch Nebenideen davon abzuziehen. Die scheinbar größte Sparsamkeit mit dem Stoff und die einfachste, jedem begreifliche Anordnung wird das am sichersten leisten, und läßt uns bei dem Künstler den größten Reichthum an mannigfaltigem Stoff und die klarste Uebersicht der möglichen Ordnung voraussetzen. Diese Auswahl und Anordnung geschieht durch die humanen Lebensäußerungen, L i e b e und H a ß, nicht durch Verlangen und Abscheu, und so sagen wir vom Künstler, er hat mit Liebe gearbeitet, wenn er nicht um sein selbst willen, nicht um Reichthum des Stoffs oder Scharfsinn in der Anordnung zu zeigen, sondern allein um die Einheit vollkommen darzustellen (wahr zu seyn) seine Auswahl getroffen hat. Nicht Jeder kann Jedes verstehen, kann nicht die Wahrheit des Kunstwerks auffassen, und nach dieser Fähigkeit des Auffassungsvermögens muß sich der Künstler richten: diese Auswahl und Anordnung nach dem Fassungsvermögen derer, für die das Kunstwerk bestimmt ist, nennen wir Geschmack, und Alles was auf diese Art von Stoff und Anordnung für den Berechtigten verloren geht, geschmacklos. Die naivesten Winke in Hogarths Darstellungen würden in einer Kinderfibel, und selbst Klopstocks erhabene Ode auf den Allmächtigen in einer Dorfkirche geschmacklos seyn. Aber nicht bloß das Verstehen, sondern auch das Bedürfniß des Berechtigten bestimmen diesen Geschmack; die zarte Jungfrau bedarf nicht der Darstellungen von Tennier oder Holberg, und so dürften wohl manche Kunstwerke jeder Art aus der frühern Zeit für die folgende wirklich geschmacklos seyn. Auch kann es nicht fehlen, daß Nationen, wie einzelne Stände, in ihrem Geschmack wirklich verschieden sind, und in allen diesen Rücksichten können und dürfen der Kunst keine Regeln vorgeschrieben werden.

Die ganze wirkliche und Ideen-Welt kann auf diese Art durch die Kunst mit Liebe wieder geschaffen werden, aber abgesehen vom Geschmack und von der Wahrheit der Darstellung, erfordert es doch wohl mehr humane Lebensthätigkeit, die Odyssée zu dichten, als ein Mährchen, das sich von den Ereignissen des Tages kaum unterscheidet. Je mehr also das Kunstwerk das humane Leben in seinen innersten Thätigkeiten erfaßt und darstellt, desto höher muß es als Kunstwerk stehen, um so mehr sich von thierischer Nachahmung unterscheiden. Raphaels Schule von Athen, oder seine Verklärung hat einen höheren Werth, als Xeuxis Trauben, wonach die Vögel pickten.

Welche menschliche Thätigkeiten mit dem Namen Kunst zu belegen sind? Alles, was den Stempel dieses geistigen Schaffens trägt! Der Zwist, ob dieses oder jenes mehr dazu zu rechnen, ist ganz egoistisch. Der Künstler macht die Kunst, nicht die Kunst den Künstler. Freie Kunst ist, wo der Schöpfer sich seinen Stoff und dessen Anordnung nach seinen geistigen Anlagen frey wählen und in Raum und Zeit frey daran schaffen kann. Daher muß auch das Product in Raum und Zeit etwas Bleibendes seyn. Poesie, Malerey, Bildnerey nnd Baukunst dürften daher diesen Namen allein verdienen. Aber man erlaube Jedem, ein Künstler zu seyn, er wird dadurch nicht schlechter werden, wenn er nur nicht egoistisch sich den Namen zueignen und seinen Verhältnissen eine andere Richtung aufdringen will.

§. 15.

Wie die Lebensäußerung im vegetativen Leben ein Product ist aus den beiden Factoren Reitz und Erregbarkeit, oder innere Lebensbestimmung, d. i. bey gleicher Erregbarkeit größer oder geringer wird im

Verhältniß des Reitzes, bei gleichen Reitzen größer oder geringer im Verhältniß der Erregbarkeit: so ist sie im thierischen Leben ein Product aus dem äußern Reitz (materieller Reitz, Aperception und Vorstellung) und der sensoriellen Erregbarkeit (Verlangen und Abscheu); im humanen oder geistigen Leben ein Product aus dem Reitze (materieller Reitz, Aperception und Vorstellung, Gedanke und Ueberzeugung) und der geistigen Erregbarkeit (Liebe und Haß). Bey heftigen Reitzen wird, auch bei geringer humaner Erregbarkeit, ein bedeutendes Product entstehen und umgekehrt bei geringen Reitzen und großer Erregbarkeit. Welcher Halbmensch wird nicht den tödlichen Schlag vom Haupte seines Kindes mit eigener Lebensgefahr abhalten? Die zärtliche Mutter wacht auf die leiseste Bewegung des geliebten Kindes mit Aufopferung der eigenen Existenz.

§. 16.

Je größer die einzelne Lebensäußerung durch vermehrten Reitz oder durch vermehrte Erregbarkeit ist, desto weniger können andere Lebensäußerungen im begrenzten Individuo zugleich statt haben, desto weniger steht also diese größere Lebensäußerung mit den übrigen in harmonischer Verbindung, um ein Ganzes hervorzubringen; desto weniger haben aber auch andere Lebensäußerungen Einfluß auf sie, und das im Absoluten begründete Leben kann in seiner ganzen Kraft wirken. Wenn die Pflanze Blüten treibt, so hört die Vegetation der Wurzelblätter auf; wenn das Thier einen Gegenstand des größten Verlangens oder Abscheu's apercipirt, so starrt es darauf hin und hat keine andere Aperception, kein anderes Verlangen oder Abscheu. Wenn der Mensch mit großer Liebe oder großem Haß etwas erfaßt, so nimmt er auf nichts Anderes in der Aussenwelt und in seinen humanen Tendenzen mehr Rücksicht, eine starke Ueberzeugung ist die Alleinherrscherin seines ganzen Seyns. Für die verschiedenen Gradationen dieses Vorherrschens einer einzelnen Ueberzeugung haben wir mannigfaltige Benennungen: den höchsten Grad, wo alle Aperception der Sinne und alle vegetative Bewegung des Organismus aufhören, nennen wir Scheintodt (Asphyxia); den Grad, wo nur noch die nothwendigsten vegetativen Thätigkeiten zur Erhaltung des Organismus statt haben, Entzückung (ἔκςασις); einen geringern Grad, wo Aperception der Aussenwelt und Muskelbewegung, in so fern sie mit der geistigen Ueberzeugung in Verbindung steht, möglich ist, Begeisterung (ἐνθουσιασμὸς); einen noch geringern Grad, der nur vor allen übrigen thierischen und vegetativen Thätigkeiten vorherrschend ist, Leidenschaft (πάθημα). Ist der Reitz, welcher diese heftige humane Lebensäußerung hervorbringt, oder ist die Erregbarkeit willkührlich selbstgemacht, nicht in der Wahrheit gegründet, so heißt die dadurch entstandene humane Thätigkeit Schwärmerey (Fanatismus Fanatici *), vielleicht von den φαναὶς Βακχίου, den Orgien des Bachus bei Fackelschein gefeiert); sind aber selbst die äußern Producte dieser Lebensthätigkeit,

---

*) Cicero De Divinat L. II. c. 57.

Mangel an Aperception, an Muskelbewegung u. s. w. willkührlich nachgeahmt, Heucheley (ὑπόκρισις).

§. 17.

Welches Product durch solche gesteigerte humane Lebensthätigkeiten hervorgebracht werden kann, welche innere Ueberzeugung und wie diese innere Ueberzeugung mit dem Absoluten im Verhältniß steht, also wahr, halbwahr, eingebildet oder gar unwahr ist, zu beurtheilen, liegt um so mehr außerhalb den Grenzen der nur im Begrenzten statt habenden Beobachtung Anderer, da:

a) Der Ekstasirte und Enthusiasmirte selbst in einem dem Traume ganz ähnlichen Zustande lebt, und seine Ueberzeugung nur sehr unvollkommen in das vollkommne besonnene Leben übertragen kann.

b) Der Beobachter nicht beurtheilen kann, was von allen diesen Erscheinungen wirklich geistiges Leben, was Schwärmerey oder gar Heucheley ist.

c) Wir keine Versuche als Gegenprobe, weder mit uns selbst, noch mit Andern anstellen können.

Alle diese Gründe können aber eben so wenig die Negation bekräftigen.

Nur eine innere Ueberzeugung, ein kindliches, nicht egoistisches Gemüth, kann uns in einzelnen Fällen sagen, hier ist nicht Heucheley oder Schwärmerey, sondern wahre Begeisterung. *)

---

*) Daher ist die von der Academie der Wissenschaften in Berlin im Jahr 1819 aufgegebene Preisfrage, eine critische Beleuchtung des thierischen Magnetismus darzustellen, so viel mir

§. 18.

Eine andere Art der Erregung des Lebens ohne unmittelbare Reitze ist das durch die ganze Natur nothwendig herrschende Gesetz von Raum- und Zeitmaaß. Wenn das Unendliche, Absolute in Raum und Zeit sich offenbart, muß auch bestimmtes Maaß statt finden, wenn das Ganze Einheit haben soll. Alles Leben muß dahin streben, dieses Raum- und Zeitmaaß zu halten. Wie es in den Planeten lebt, muß es in dem kleinsten Organismus leben, auch in jedem seiner Bestandtheile, und ist folglich nicht eine zufällige Eigenheit, sondern eine nothwendige Bedingung des Lebens. Wir haben für dieses nothwendige Maaß aller Dinge in Raum und Zeit von den Griechen ein höchst bedeutsames Wort: Harmonie (ἁρμονία, von ἁρμόζειν zusammenpassen, zusammenfügen), und verschiedene geistreiche griechische Philosophen hatten von diesem nothwendigen Maaßverhältniß der Dinge, in seinen ursprünglichen lebendigen Aeußerungen, einen so hohen Begriff, daß sie das Wesen des Lebens oder die Seele selbst darin erkannten. *)

---

bekannt, gar nicht, oder doch nicht befriedigend beantwortet. Zur critischen Beleuchtung gehört Gesetz oder Regel, wie zur physischen Beleuchtung Licht, und dieses Gesetz liegt nur in dem Erstasirten allein. Ob das, was mein Nachbar als seinen Traum erzählt, wirklich geträumt ist, ob es so eingetroffen oder nicht eingetroffen ist, kann ich nicht beurtheilen. Daher wird thierischer Magnetismus mit allen seinen verschiedenen religiösen, hyperphysischen und physischen Formen, auf ewige Zeiten ein freies Feld bleiben, worauf Wahrheit und Betrug gleiche Rechte haben, wie er es von Anbeginn der menschlichen Gesellschaft gewesen ist.

*) Aristoteles de anima L. I. c. 4.

Wie diese Harmonie in den Planeten uns in dem, was wir an ihnen beobachten können, in ihren Bahnen und Bewegungen anschaulich wird, so finden wir sie in den Pflanzen im ganzen Pflanzenleben, in ihrer Entwickelung im Raum und in der Zeit, in allen ihren lebendigen Veränderungen; nur sehr kräftige äußere Reitze können in Form und Größe jedes einzelnen Theils, in der Zeit seiner Entwickelung u. s. w. eine Veränderung hervorbringen.

Im Thierleben beobachten wir sie nicht allein in der vegetativen Entwickelung des thierischen Körpers, in allen seinen verschiedenen Perioden und Veränderungen, sondern auch im thierischen Verlangen und Abscheu. Hunger und Durst, Begattungstrieb u. s. w. halten ihr Maaß im Raum und in der Zeit, wenn das Thier ruhig, ohne andere stärkere Reitze sein thierisches Leben äußert. Für uns Menschen am deutlichsten, wo diese Aeußerungen unsern Lebensäußerungen am meisten ähnlich sind z. B. in der schmachtenden Mädchenstimme der Nachtigall deutlicher, als im Gekrächze des Raben, in dem ruhigen, abgemessenen Schritte des Hirsches oder Pferdes deutlicher, als in den unsteten, immer durch andere Reitze aufgeregten Muskelbewegungen des Affen. Auch das Verlangen mancher Thiere nach bestimmten Harmonien in Ton, Farbe u. s. w. und der Abscheu gegen andere ist nicht zu verkennen. Stets behält aber dieses Verlangen und dieser Abscheu den thierischen Character, ist auf die Existenz des Individuums eingeschränkt, wird daher durch andere Reminiscenzen und Reitze leicht anders modificirt und ist daher für uns oft schwer zu beobachten.

Der Mensch hat das göttliche lebendige Vermögen der allgemeinen Auffassung im Raume, ohne Bezug mit seinem eigenen Organismus, und also auch der allgemeinen Harmonie, die nothwendig durch die ganze begrenzte Natur herrschen muß. In festen Körpern, wie in Licht und Farben, im Ton, im Geschmack und im Gefühl, hat er Liebe für das Abgemessene, Harmonische und Haß gegen das Unabgemessene, Rohe. Schroffe abgerissene Felsen und sanfte Hügel, grelle Farben und der Regenbogen, zufällig und unabgemessen sich folgende Töne und Gesang, scharfe Basen und Säuren und neutralisirte in bestimmtem Verhältniß gemischte Substanzen, rauhe und scharfe Oberflächen und weiche sanft abwechselnde, rohe unabgemessene Muskelbewegung und Tanz u. s. w.

Der Forschungsgeist hat, von Pythagoras Zeiten her, dieses allgemeine Maaß- und Zeit-Verhältniß sich in Zahlen auszudrücken gestrebt und er hat sich nicht ohne glücklichen Erfolg bemühet. Er hat gefunden, daß dasselbe Verhältniß, welches in den Tönen uns lieblich anspricht, auch in den Farben uns wohl thut, die Bahnen der Planeten bestimmt, in festen Körpern als Säulenordnung erscheint und selbst in dem Mischungsverhältniß der Körper nicht zu verkennen ist. Aber wie in allem menschlichen W i s s e n ist die Forschung dem Geiste, nicht dieser jener nachgegangen. Harmonie der Töne und Anmuth der Farben, erfreuliches Verhältniß in größern Massen und in den kleinsten Gefässen, Geschmack für sanft gemischte Substanzen, wurde früher empfunden, als Zahlen es lehrten und oft vielleicht klarer und durch Nebenbegriffe ungestört. Es kann nicht anders als Herz erhebend seyn, daß auf diese Art auch die Wissenschaft uns Zeugniß giebt von dem allschaffenden und allbelebenden und lebenden Geiste der Einheit in der unendlichen Mannigfaltigkeit und von dem höhern Antheile, den er dem Menschengeschlechte gegeben hat; aber ihn wissenschaftlich zu erreichen, ist diesem, vegetativ, animalisch und menschlich zugleich lebenden Wesen unmöglich. Die göttliche Harmonie lebt in uns, wird nicht durch irgend eine Tradition, Kunst oder Nachahmung in uns gebracht. Daher mögte ich Musik und Farbenmischung nicht gerne Kunst nennen: Es ist nicht etwas, das durch sorgfältiges Sammlen des Stoffs nnd bedächtiges Ordnen dargestellt wird, es lebt in uns selbst, rauscht aus dem Begeisterten bald in Feuerbächen, bald in sanften Strömen hervor und ist immer der Hauptleiter des geistigen Lebens, theilt daher Enthusiasmus überall mit, wo irgend Empfänglichkeit dafür ist. Der Begeisterte singt, der Künstler rechnet Sylben und Töne zusammen. Der Mensch ist im Stande, aus dem Mannigfaltigen ein Ganzes zu machen, er hört das Jauchzen eines ganzen Volks, sieht die verschiedenen Farbenabstufungen und Mischungen in einer Landschaft und wird durch die Mannigfaltigkeit in der Einheit um so mehr begeistert. In dieser Mannigfaltigkeit darf die Einheit nicht einzeln stehen, nicht stöhren, und diese Auswahl des Einzelnen, um zum Ganzen beizutragen, hat man später ausschließlich Harmonie genannt. Mag da die Kunst die Begeisterung noch erheben, mögen wir bei dem jetzigen Stande der humanen Bildung der Kunst nicht entbehren können, der Künstler ohne Begeisterung in der Musik ist ein schreckhaftes Automat, welches das Höchste, das geistige Leben nachäffen will. *)

§. 19.

In diesem mannigfaltigen Leben des Menschen, das bald als Pflanze durch äußere materielle Reitze und Contagien, bald als Thier durch sensorielle Reitze, Mitleidenschaft, Nachahmung, Gewöhnung, Abrichtung und Zeitrythmus, und bald in seinem humanen Leben durch innere Ueberzeugung, Erziehung, Enthusiasmus, Kunst und Harmonie bestimmt werden kann, in welchem sich diese Lebensveranlassungen unter einander so mischen, daß das Individuum selbst (niemand ausser ihm) mit der sorgfältigsten Prüfung kaum bestimmen kann, welchen Antheil jede an der Lebensäußerung hat, und wo wir uns doch jeden Augenblick auf Selbsttäuschung betreffen, wo oft ein thie-

*) Andere, ich mögte sagen subalterne Zweifel der Alten, warum die Musik den freien Künsten nicht beizuzählen, nicht der gebildetern freien Jugend gelehrt werden soll, kann man in Aristoteles De re publica L. VIII. c. 5. nachlesen, sie gehören nicht hierher. Begeisterung sollte freilich nicht gelehrt werden, sie ist oft ein zweischneidig Schwerdt in der Hand eines Kindes, und der Begeisterte findet schwer seinen rechten Platz unter den Unbegeisterten. Bei dem jetzigen Stande unserer Cultur mag es aber freilich so arg nicht damit seyn, und die Gefahr der langen Weile dürfte wohl größer seyn, als die des mitgetheilten Enthusiasmus, wenn jedes Mädchen ihren Flügel zu schlagen lernt.

risches Verlangen die Maske der Liebe annimmt, Nachahmung sich für Kunst, Gewöhnung für Erziehung, Zeitrythmus für Harmonie ausgiebt: würde sich das Menschengeschlecht bald selbst zerstören, wenn nicht auf ähnliche Art ein Prototypus des Seyns (παράδειγμα nennt es Plato) in seinem Bewußtsein wäre, wie er in der Pflanze die Individualität nach Geschlecht und Art bestimmt und bei mannigfaltig vermehrten oder verminderten äußern Reitzen dieselbe in rechter Form und Maaß erhält; wie er in den mannigfaltigen lebenden Thieren jede verwickeltere Lebenserregung doch regelt, daß nimmer das Thier ganz aus seiner angebornen Natur (ἕξις) herausgehen, wenn gleich in seinen Individualitäten weit mannigfaltiger werden kann als die Pflanze. Die heilige Schrift nennt diesen Prototypum des Menschen mit dem erhabenen wahren Namen Ebenbild Gottes, und wer könnte ihm einen passendern geben? Wollten wir mit Monboddo und Linné einen Naturmenschen aufsuchen, so müßten wir ihn im Paradiese finden (und die Vorstellungen, Traditionen und Mythen aller Völker weisen auf einen solchen Menschen, nicht auf einen Affen in Menschengestalt hin), vegetirend zur Erhaltung des Organismus, thierisch lebend zur Sicherung des Individuums und der Art, alles Zweckmäßige, zur ganzen Weltordnung Passende liebend und das Entgegengesetzte hassend.

Wie aber schon der Prototypus des Thiers mehreren Veränderungen unterworfen ist, als der der Pflanze, so muß auch in einem ungleich größern Verhältniß der Prototypus des Menschen noch viel mehreren Modificationen unterworfen seyn. Mit vegetativen Bedürfnissen, thierischem Verlangen und Abscheu, und selbst mit den verschiedenen Richtungen seiner Liebe und seines Hasses in stetem Kampf kann er nicht einen Prototypum (nicht die Unschuld des Paradieses) erhalten. Der Regent muß den Staat anders lieben, als der subordinirte Unterthan, der Gelehrte wissenschaftliche Nachforschungen anders, als der practische Hausvater, u. s. w. und doch ist es das einzige Glück des Menschen, Mensch zu bleiben.

Wie uns hierin göttliche Offenbarung, Ueberlieferungen und Lehren der Vorfahren, Erziehung u. s. w. unterstützen, gehört nicht in den Plan dieser Darstellung. Die Lebensthätigkeit, wodurch wir die vegetativen, thierischen und humanen Tendenzen so moderiren, daß wir diesem Prototypo der Menschheit in den verschiedenen Lagen der Individualität am nächsten kommen, nennen wir Vernunft. Je klarer uns durch göttliche Offenbarung, Ueberlieferung, Erziehung und eigenes vorsichtiges Nachdenken dieses Ebenbild Gottes vorschwebt, desto leichter wird es der Vernunft, es der Individualität in den verschiedensten Lagen anzueignen; je mehr wir uns auf unsere momentane innere Ueberzeugung allein verlassen, jene Hülfsmittel verachtend, desto schwerer, ich mögte sagen unmöglich, wird es, thierisches Verlangen, Enthusiasmus, unverhältnißmäßige einseitige Liebe oder Haß in einen Zweck zu vereinigen und dieses Ebenbild Gottes zu erhalten: ein ungeregeltes humanes Leben, das selbst in einzelnen humanen Aeußerungen luxuriiren kann, wie die Pflanze in einzelnen Theilen der eigenen Vegetation, muß die Folge davon seyn. So kennen wir eine vernünftige und unvernünftige Gottesverehrung, einen vernünftigen und unvernünftigen Patriotismus, ein vernünftiges und unvernünftiges Studium irgend eines Gegenstandes u. s. w., und es ist das Hauptziel der Geschichte, uns die verschiedenen Abweichungen im ganzen Menschengeschlechte darzustellen. Sie ist in jeder Verzweigung humaner Lebensthätigkeit, in Gottesverehrung, wie in Staatsvereinen, in jeder Disciplin menschlicher Kenntnisse und Wissenschaften der Spiegel, worin wir das Wanken und Wogen der Vernunft, um sich dem vorgesetzten humanen Ziele zu nähern, erkennen, und danach die eigenen Schritte regeln und befestigen können.

Vernunft ist das Festhalten der individuellen humanen Bestimmung. Sie ist also nichts von aussen Kommendes, nichts zu Lernendes, sondern sie ist das menschliche Leben selbst, wird wie alles Leben durch öftere Wiederholung seiner Aeußerung (Uebung) vermehrt und gestärkt, sinkt bei Mangel an Aeußerung in einen Schlummer, der jeder andern Erregung des Lebens, materiellen und sensoriellen Reitzen, Verlangen und Abscheu u. s. w. freyen Spielraum giebt allein zu walten und das Individuum als bloß vegetirenden Organismum (Blödsinn), oder als rücksichtlos verlangendes und verabscheuendes Thier (Wuth) darzustellen. Zwischen den beiden Grenzen der vollkommensten, stets thätigen, Vernunft und des Zustandes von Blödsinn und Wuth muß freilich das menschliche Leben schwanken, aber das mehr oder weniger nach der einen oder der andern Grenze Neigen hängt doch wahrlich von der Uebung und also von des Individuums Erziehung und freyem Willen ab, ob er lieber ein Mensch, oder ein unvernünftiges Thier, oder eine Pflanze seyn will.

Zweites Capitel.

Aeußerungen des humanen Lebens allein.

Ρῆμα δ' ἐργμάτων χρονιώ-
τερον βιοτεύει,
ὅ, τι κε σὺν χαρίτων τύχᾳ
Γλῶσσα φρενὸς ἐξέλοι βαθείας

Pindar. Nemea IV. 10. *)

§. 20. Sprache.

Die nächste und deutlichste Aeußerung dieses göttlichen Geistes ist die Sprache. Das Thier der höhern Classen drückt Verlangen und Abscheu durch Töne aus, die oft wenigstens sehr figürlich Sprache genannt sind, diese Töne nennen keine Individualität außer dem Thiere, nur unmittelbare Selbstbeziehung drücken sie aus. Daher singt der Vogel in der Brunstzeit, schreit das Thier bei Schmerz und Gefahren. Der göttliche Geist der Einigung des Mannigfaltigen zu einer Einheit, ohne Bezug auf eigene

*) Länger als That lebt die Rede, wenn der Charitinnen Gunst sie dem tiefen Gemüth durch die Zunge entlockt.

Individualität, belebt aber den Menschen in jeder Richtung. Er muß mit seinem Freunde eins seyn, jener muß dieselben Vorstellungen mit ihm haben; er faßt die Identität der Dinge (ὀσίας. Aristot.) in der Verschiedenheit auf und einiget sie durch einen Laut (substantivum); er sieht die Verschiedenheit in der Identität und bezeichnet sie durch einen andern Laut (adjectivum); er unterscheidet durch diese Verschiedenheit in der Identität Zeit und Raum, und es bildet sich das Zeitwort (verbum) und Beywort (adverbium); der Freund hat denselben Drang des Einsseyns mit dem Freunde, und die Bedeutung der Wörter ist beiden bald gemeinschaftlich. So lernt noch jeßt jedes Kind sprechen, so lernen noch oft zärtliche Aeltern vom Kinde individuelle Begriffe mit besondern Worten bezeichnen, und es bildet sich dadurch oft in einzelnen Wörtern eine eigene Familiensprache; so haben sich Dialecte und wahrscheinlich ganze Hauptstämme von Sprachen gebildet, die um so mehr von einander abweichen, je isolirter und auf sich allein beschränkt, ohne Schriftsprache und ohne gemeinschaftliche Ueberlieferungen durch Gesang und Geschichte, einzelne Individuen und ganze Nationen viele Generationen durch bleiben. Daher wohl die Verschiedenheit, nicht bloß der Dialecte, sondern selbst der Sprachstämme in Amerika und in den hohen Gebirgsländern Asiens.

§. 21.

Untersuchungen über den Ursprung der Sprache dürften daher wohl mit der Untersuchung über den

Ursprung des Menschengeschlechts in eins fallen. Wie Gottesverehrung, Vaterlandsliebe, Familienverbindungen und Künste, war Sprache jedem Menschen seiner Natur nach eigen, und nur die äußern Umstände bestimmten den Grad der Ausbildung. Daher scheint es keinem der ältesten Weisen eingefallen zu seyn, über diesen Ursprung etwas zu lehren, es entstand kein Mythus vom Ursprunge der Sprache, wie von jedem andern wichtigen Fortschritte der Culturgeschichte. Moses erzählt **nicht**, daß Gott den Menschen die Sprache gelehrt, sondern: „Als Gott der Herr ge„macht hatte von der Erde allerley Thiere auf dem „Felde und allerley Vögel unter dem Himmel, brachte „er sie zu dem Menschen, daß er sähe, wie er sie „nennete; **denn wie der Mensch allerley leben„dige Thiere nennen würde, so sollten sie „heißen.** *) Also auch von keiner göttlichen Offenbarung der Sprache ist irgend die Rede. Ob die Onomatopoeesis ein Merkmal des Alterthums einer Sprache ist, dürfte nach dieser Ueberzeugung eben so sehr zu bezweifeln seyn; onomatopoeetische Worte bilden sich noch bis auf den heutigen Tag oft, wo etwas Ungewöhnliches schnell genannt, oder das Bekannte mit kindischer Naivität bezeichnet werden soll. Die Aegyptier zweifelten nicht, daß ein gesunder Mensch sprechen könne, wenn er es auch nicht gelernt habe, und des Königs Psammitichus Versuche sollten nur bestimmen, welche Sprache die eigentlich natürliche und äl-

---

*) Moses 1. C. 2. v. 19.

teste sey, die ägyptische oder phrygische und zu dem Zweck setzte er zwei Knaben zusammen in die Wüste.*)

---

*) Herodot Euterpe. c. 2. Ernsthaft hat doch nach dem Könige Psammitichus ein französischer Philosoph solche anthropologische, (wenn auch nicht humane) Experimente wenigstens vorgeschlagen. (Traité de la Formation méchanique des langues et des principes physiques de l'étymologie. Paris 1765. 12). So wenig zu zweifeln ist, daß jeder gesunde Mensch in Gesellschaft, wenn er auch aller Hülfsmittel irgend eine Sprache zu erlernen beraubt wäre, dennoch sich mit seinen Gesellen eine eigene Sprache bilden würde, so müßte sich doch wohl diese neu entstandene Sprache nach dem Reichthum der dargebotenen Hülfsmittel in der Aussenwelt, nach Clima, nach individueller Humanität, nach der Zahl der Gefährten und nach den Gegenständen, worauf seine Liebe zuerst sich richtet, sehr verschieden ausbilden. Ein Pärchen dieser Versuchsmenschen am Ganges würde eine ganz andere Sprache erfinden, als ein Haufen Knaben, die sich in den rauhen Wäldern des Nordens die Erhaltung der eigenen Existenz erkämpfen müßten.

Der Taubgeborne lernt keine Tonsprache, nicht weil er die Töne Anderer nicht hören und nachahmen kann, (auch haben wir keine Beweise dafür, daß durch das Leiden der Gehörnerven auch die Nerven des Kehlkopfs gelähmt wären, wie der treffliche Sprengel glaubt Instit. med. Vol. 1. §. 233), sondern weil er der Harmonie der Töne entbehrt, weder Andere noch sich selbst hören und daher den Tönen keinen besondern Werth beilegen kann. Durch Mimik lernt er Worte nachlallen und lernt auch diesen den rechten Werth beilegen; er vergißt sie aber eben so schnell wieder, als wir die etwa in der Jugend abgeredete Fingersprache vergessen, und ein Taubstummer, der wenige Jahre seine Schule verlassen, hat auch seine Sprache vergessen. Taubgeborne, die ihr Gehör wieder erhalten, sind in derselben Lage, sie können Töne hören und sie momentan unterscheiden, aber bleibenden und zusammenhängenden Werth können sie den Tönen nicht geben und daher lernen sie auch dann Sprache höchst unvollkommen. Sie sind mit ihrem Gehör ohngefähr in demselben Verhältniß, wie Göthens Akyanobleps (Farbenlehre) mit dem Sehen ist. Hingegen drängt sich ihre ganze Humanität, eine Sprache durch andere Organe

§. 22.

Erst als man die thierische Natur des Menschen durch Anatomie, vermeinte Physiologie und Systematisiren der Naturkörper deutlicher zu erkennen glaubte, kam man auf die Idee, der Mensch habe sich bloß durch Lehre und Nachahmung aus dem Zustande der Thierheit zu der jetzigen Cultur emporgehoben und man suchte nun unter den Thieren das erste Urbild der Menschheit: Lord Monboddo mit wahrlich zusammengestoppelter Gelehrsamkeit, *) Rousseau mit ungelehr-

---

zu erfinden, Mimik, Fingersprache u. s. w. ist ihnen ein nothwendiges Bedürfniß, und sie lernen diese mit der größten Leichtigkeit zu einer bewundernswürdigen Vollkommenheit und vergessen sie nie.

*) Vom Ursprunge und Fortgange der Sprachen. Riga 1784. C. 6. Ohne auf eine besondere Widerlegung der fast vergessenen und von mehreren trefflichen Männern, Reinhold Forster (Bemerkungen über Gegenstände der physischen Erdbeschreibung u. s. w. Berlin 1783. S. 226), Blumenbach (bei mehreren Gelegenheiten), hinlänglich gewürdigten Idee dieser Art auszugehen, erlaube ich mir doch ein Beispiel, wie Lord Monboddo Alles ohne weitere Prüfung zusammensuchte, um seine geträumten Thiermenschen aufzufinden und den ehrwürdigen Alten dadurch Ideen aufbürdete, die sie niemals haben konnten. Diodor von Sicilien, der gelegentlich mit mehreren ehrwürdigen Alten die höchst wahrscheinliche Meinung äußert: daß die frühern Menschen, in einem weniger verwickelten Staatsverein, von Eicheln lebten, giebt Nachrichten von Völkern am arabischen und persischen Meerbusen, die er vorzüglich von Elephanten-Jägern des Königs Ptolomäus erhalten hat: zuerst von den Aethiopen, mit wahrhaft edler Schätzung des eigentlichen Menschenwerths. Dieses auf einer hohen Stufe der Cultur stehende Volk hatte sich, wie wir aus Herodot lernen, über die ganze südliche Küste von Asien bis zum Indus verbreitet. Sie lebten also auch an der von süßem Wasser und Vegetation sehr entblößten, aber sehr fisch-

ter Declamation, und der treffliche Linné mit zu weit getriebener Systemsucht! haben vorzüglich diesen Ideen Eingang zu verschaffen gesucht.

---

reichen Küste des östlichen Arabiens am persischen Meerbusen und erhielten hier den Volksnamen Ichthyophagen von ihrer Nahrung. Die gemeinschaftliche Abstammung mit jenem höchstgebildeten Volke wird, außer dem auch von Diodor gebrauchten Namen (αἰθίοπες ἰχθυοφάγοι), dadurch zur vollkommnen Gewißheit gebracht, daß sich der König Psammitichus ihrer als Dolmetscher, Späher und Gesandte an den vorzüglichsten Stamm der Aethiopen, die Macrobioten, bediente (Herodot Thalia 21. 22). Er ließ sie aus Elephantine kommen, wo sie, nicht einheimisch, als Reisende hingekommen seyn mußten; sie kannten beide Sprachen, ägyptisch und äthiopisch. Also die ersten in der Weltgeschichte bekannten Diplomaten waren sie, und die führt Monboddo in einer weit spätern Periode als Muster der wilden Thiermenschen, ohne Sprache und Staatsverfassung, auf. Alles, was Diodor von ihnen erzählt, mag bis auf einige mißverstandene Jägernachrichten wahr seyn. Er beschreibt ihren durch das felsigte Ufer begünstigten Fischfang ohne Netze (jedoch wußten sie auch, wie Strabo ausdrücklich erinnert, sich der Netze zu bedienen), wie sie aus den Fischen mit Zumischung von der Frucht des Paliurus (zizyphus paliurus Lin.) Brodt bereiten (Strabo beschreibt ihre ganze Vorrichtung zu diesem Zweck), und fügt hinzu, daß sie alle vier Tage unter Gesang nach den süßen Wasserquellen ziehen, sich da recht satt trinken und nachher am Ufer ausruhen. Marco Polo will von diesem Brodtbacken aus Fischen mit Zusatz von etwas Korn auf der Küste des arabischen Meerbusens gehört haben. Plinius schreibt diesen Ichthyophagen die Erfindung des Thrans zu. Hätte Monboddo etwas weiter gelesen (edit. stephan. p. 124.) so hätte er gesehen, daß dieselben Ichthyophagen von ihren Vorfahren wichtige nautische Kenntnisse des arabischen Meerbusens hatten. Warum nannte er nicht seine Landsleute auf Terreneuve, die Normannen in den Nordlanden, oder gar die Isländer als die ersten Thiermenschen?! Andere von Monboddo aus dem Diodor gezogene Nachrichten sind eben so unzuverlässig. Den ἀναισθήτοις (einer Nation, deren so viel mir bekannt, kein anderer der alten Geographen erwähnt) spricht Diodor nicht die Spra-

§. 23.

Die Sprache, als nothwendiges Product des geistigen Lebens (des lebendigen Odems Gottes), bildet sich auch nur durch die Thätigkeit des geistigen Lebens aus, und so müßte die Sprache des humansten Volks auch die gebildetste seyn. Sie besteht:

1) Aus dem Theile der Sprache, welchen man den sinnlichen oder animalischen nennen könnte. Das Thier erkennt, wie der Mensch, im Raum begrenzte Substanzen, die auf seine Individualität Bezug haben, der Mensch sucht jede zu kennen und zu benennen. Dieser Theil der Sprache muß sich ganz bilden:

a) Nach Clima und Boden, wodurch diese begrenzten endlichen Substanzen hervorgebracht werden. Der Isländer kann kein Wort für Pisangs, der Tropenbewohner keins für Eis und Schnee haben. Aus diesen einzelnen Substanzen entstehen eine Menge abgeleiteter Worte, die also gleichfalls der Sprache gegeben sind oder mangeln.

b) Nach der Richtung, welche äußere Umstände

---

che ab, sondern sagt: sie lassen sich mit keinem Fremden in Unterhaltung ein und lassen kein Zeichen von Theilnahme blicken, wenn einzelne von ihnen beleidigt werden. Ob Diodors ὑλοφάγοι Menschen waren, von den Elephantenjägern eben so für geschwänzt angesehen, als Linnés Gewährsmann Keoping (S. Linnaei amoenitates acad. T. VI. p. 83.) die Einwohner der Nicobarischen Inseln für geschwänzt ansah (Asiatical researches Vol. III. p. 151), verlohnt sich nicht der Mühe der Untersuchung. Linnés Juvenis hannoveranus ist durch historische Beweise von Blumenbach für einen in den Wald entlaufenen Blödsinnigen erkannt.

der menschlichen Thätigkeit in einzelnen Gegenden gegeben und dadurch die Aufmerksamkeit mehr auf den einen oder andern Gegenstand richten. So bildet der Falkonirer eine eigene Sprache für die Falkenjagd, der Jäger für das Waidwerk, der Pflanzenkenner für seine Pflanzen. Je lebhafter diese Aufmerksamkeit ist, desto mehr wird diese Sprache nicht allein in sich selbst ausgebildet, sondern desto mehr Bilder und Gleichnisse giebt sie für die übrige Sprache ab. Wir verstehen oft selbst Shakespear nicht, ohne ein Wörterbuch über Falkenjagd zur Hand zu haben. Ein Geist der Vereinigung veranlaßt, daß nicht bloß die Substanzen, welche unmittelbar bei dieser Thätigkeit in Frage kommen, sondern auch solche, die schon benannt sind, eigends benannt werden (Kunstwörter), und so entstehen von diesen selben Substanzen Synonyma. *) Je höher wir in der Geschichte der Menschen hinaufgehen, desto größer finden wir die Neigung zu diesen Kunstsprachen, die dann wieder in manchen Bildern in die gewöhnliche Sprache hinüber strahlt, nicht bloß bei diesen bloß sinnlichen Menschen, sondern auch bei denen, die höheres Wissen bewahrten. Die Sprache der Priester war in dieser Rücksicht mit der Jägersprache zu vergleichen, und sie benannten nicht bloß durch tieferes Nachdenken, Inspiration oder Tradition,

*) In einer andern Bedeutung, wie Aristoteles synonyma (Categor.), die er auch Substanzen der zweiten Ordnung nennt, z. B. Thier ein Synonym für Ochs und Mensch, oder genus und species. Ueber die Wichtigkeit dieses Unterschiedes in der Philosophie findet man sehr viel wichtiges in einem Buche, wo man es kaum suchen sollte: in Galen De pulsibus. C. II.

bestimmte, nicht in Raum und Zeit begrenzte, Substanzen, sondern auch Thiere und andere begrenzte Dinge mit eigenen Namen.

χαλκίδα κικλήσκουσι Θεοὶ, ἄνδρες δὲ κύμινδιν

singt Homer Ilias XIV. 291. vom Nachtraben (Ardea nycticorax), und begreiflich mußten diese Sprachen um so mehr Einfluß auf die Sprache, Vorstellungen und Traditionen der übrigen Menschen haben, als sie sich mehr mit übersinnlichen Dingen eigentlich beschäftigten.

c) Diese Kunstsprachen gaben aber auch zuerst Veranlassung, oder übten den menschlichen Geist, die einzelnen sinnlichen Substanzen, die sonst keiner weitern Definition fähig sind, nach gewissen Regeln in Geschlechter, Ordnungen und Classen zu einigen (Substanzen der zweiten Ordnung oder Synonyma nach Aristoteles), und in diesen jeder ihren Platz zu bestimmen (sie zu definiren), und so gleichsam vom sinnlichen zum übersinnlichen (philosophischen) Erkennen der Dinge den Weg zu bahnen.

§. 24.

2) Diese sinnliche Sprache würde aber, wenn sie auch noch so vollkommen ausgebildet wäre, wenn Jahrtausende sie in allen Zweigen der vergänglichen Sinneserscheinungen systematisirt hätten, den Menschen nicht viel über die Thierheit erheben, wenn nicht in ihm selbst der Drang wäre, alles Zusammengehörige, nicht bloß im Raum begrenzte Dinge, sondern auch Handlungen, vergangene, gegenwärtige und selbst zukünftige u. s. w. zu einigen und daraus Substanzen

zu machen, die für sich nichts Räumliches haben (übersinnliche, ὀυσίας ἀγένητους καὶ ἀφθαρτους des Aristoteles). *)

Wohl in allen Sprachen haben wir hinlängliche Beweise, daß diese letzten Substanzen ursprünglich von den sinnlichen benannt sind, z. B. Tugend von Zucht, Laster von Last, Hinderniß, ἀρετὴ von ἄρω (ich passe, bin tauglich), Virtus von vis, ψυχὴ, anima u. s. w. Wenn aber schon die Ausbildung der sinnlichen Sprache von der Aufmerksamkeit abhängt, welche auf einzelne Gegenstände gewandt wird, so muß sich noch weit mehr diese übersinnliche Sprache nach den mannigfaltigen Richtungen der geistigen Thätigkeit der Menschen, nach Sitten, Staatsverfassung u. s. w. modificiren, andere Classen, Geschlechter und Arten annehmen und diese anders ausbilden. Daher die verschiedene Richtung der Philosophie unter den verschiedenen Nationen selbst, und die Schwierigkeit, sich zu verständigen, die Neigung der Einen, sich bloß im Begrenzten, bey den ὀυσίαις γενέσεως καὶ φθορὰς μετέχοντες (Natural-Philosophie der Engländer), zu halten, der Andern, Alles a priori zu systematisiren und der, fast mögte ich sagen, thörigte Widerstreit Beider.

Aber in der menschlichen Natur liegt es, das Zusammengehörige zu einigen, den Zusammenhang der Dinge wo nicht vollkommen deutlich zu erkennen, doch

---

*) Aristoteles de partibus animalium L. 1. c. 5. Das ganze Capitel ist höchst interessant und verdient nachgelesen zu werden, es giebt eine treffliche Aufklärung über Aristoteles Ansicht von der Philosophie überhaupt.

zu ahnen, und diese Ahnung sich möglichst aufzuklären. Aus diesem Zusammenhange aller Dinge geht für den Menschen die Ahnung einer Substanz hervor, die nicht weiter zu definiren ist, weil sie, als letzter Zusammenhang (Ursache) aller Dinge, keiner andern Classification oder Begrenzung unterworfen ist. Das ist der Gott aller Nationen, der nicht durch Definitionen begreiflicher, nicht durch logische Beweise bewiesener wird, sondern das letzte und höchste Ziel, zu welchem die humane Lebensthätigkeit hinaufstrebt, zu dem unsere ganze Liebe sich neigt, der in jedes Menschen Gemüth wohnt. Aller Streit über Pantheismus, Monotheismus und Polytheismus dürfte in dieser Rücksicht wohl mehr in der Unvollkommenheit der Sprachen, als in der Verschiedenheit der innern Ueberzeugung liegen.

§. 25.

Begreiflich muß immer sehr viel Unvollkommnes in der Sprache bleiben, weil in unserer Bestimmung und Classification der Substanzen viel unvollkommen und zufällig bleibt und kein menschlicher Geist fähig ist, sie alle zu fassen. Dieses Streben des menschlichen Lebens, diese Einigungen der Substanzen immer vollkommner, immer für die innere Ueberzeugung genugthuender zu machen, nennen wir Wissenschaft. Alle Wissenschaft ist Sprachstudium und ihr letztes Ziel ist Gott!

§. 26.

Durch Sprache und Wissenschaft hört das Menschengeschlecht auf, aus einem Haufen von Individuen zu bestehen, wie das Thier, das nur durch Verlangen und Abscheu in seinen Lebensthätigkeiten bestimmt wird. Die Biene vereinigt sich in Schwärme und Stöcke, die Gazelle in Heerden, um dem individuellen Verlangen und Abscheu zu Fortpflanzung, Ernährung, Schutz gegen äußere Gefahren u. s. w. Genüge zu thun; nur der Moment des gemeinschaftlichen Verlangens oder Abscheu's giebt dem Haufen Einigung, giebt ihm Töne und Zeichen, nicht Sprache. Von einer Republik der Bienen, Ameisen u. s. w. zu sprechen, dürfte wohl nicht viel consequenter seyn, als Untersuchungen über die philosophischen Systeme dieser Thiere zu machen. Der Mensch hat ein Verlangen sich mitzutheilen, mit dem Freunde eins zu seyn, seine Gedanken, seine Liebe und sein Haß, seine innere Ueberzeugung werden gemeinschaftlich, und so entsteht ein Menschengeschlecht, eine Humanität, Staaten und Vereine jeder Art, die in dem Maaß vollkommner werden, als sie das thierische Leben, Verlangen und Abscheu, weniger in sich walten lassen, nicht bloß für das gegenwärtige Geschlecht, sondern durch Tradition auch für die Nachkommenschaft.

§. 27.

Dieser Drang der humanen Mittheilung mußte bald Erfindungen veranlassen, derselben eine mehr bleibende Natur zu geben: Abbildungen, Hieroglyphen, Schriftsprache. Mit dieser Schriftsprache, von deren Erfindung das Alterthum uns verschiedene Mythen aufbewahrt hat, tritt das Menschengeschlecht in eine noch engere Verbindung der Einheit, giebt aber dadurch auch einen Theil der eigenen individuellen Humanität auf. Wenn wir auf irgend etwas den Mythus vom Baum der Erkenntniß anwenden könnten, so dürfte es auf die Schriftsprache seyn. Sie ist ein Leiter, wodurch Gedanken, Liebe, Haß und Ueberzeugung schnell auf Viele übertragen werden können, wodurch also die eigene individuelle humane Lebensthätigkeit schnell gehoben, aber auch unterdrückt und fremde erregt werden können. Gutes und Böses, Enthusiasmus, Fanatismus und Hypocrisie leitet sie mit gleicher Thätigkeit, und nur eigene innere Ueberzeugung kann dagegen schützen. Durch diese Schriftsprache wurden die südlichen Nationen (ich mögte sie die Anwohner des Mittelländischen Meeres nennen) schnell auf einen hohen Grad der Humanität gehoben, verlohren aber auch in gleichem Verhältniße einen Theil ihrer Individualität. Der Mensch wurde weniger das, was in seinem innern humanen Leben bestimmt war, als das, wozu ihn der Staat und die vorgeschriebene Gottesverehrung bestimmte. Hingegen entbehrten die nördlichen Völker vom Caspischen Meere an, längs der Wolga, um die Ostsee, höchst wahrscheinlich der Schriftsprache gänzlich, oder doch größtentheils, bis auf die Zeit der Einführung des Christenthums. Ihre Fortschritte in Wissenschaften, Staatsverfassung und Religion waren dadurch unvollkommner, aber die eigene Humanität, das individuelle Streben, Gott zu erkennen und die Außenwelt sich zu subordiniren, war bey ihnen nicht geringer. Von eigentlichen Eroberern finden wir in den Sagen dieser Nordländer keine Spur, hingegen war die individuelle humane Kraft überall geehrt und war oft im Stande, allgemeinen Enthusiasmus zu erregen, Kriegsheere zu sammlen und endlich den, durch Schriftsprache und geschriebene Gesetze seit Jahrhunderten ausgebildeten, und zur höchsten politischen Vollkommenheit strebenden, römischen Staat zu stürzen.

§. 28.

Hätte diese Schriftsprache zugleich die Kraft der Harmonie, wie die lebendige Sprache, so würde sie noch weit gefährlicher seyn. Auf Kanzeln, Tribünen und Kathedern hat sie auch diese. — Die Sprache ist das heiligste Eigenthum der Menschheit, ob es die Schriftsprache und die öffentliche Lehre eben so seyn kann? ist in unsern Zeiten eine um so schwierigere Frage, da ihre Erfindung immer vervollkommnet, durch die Druckerey diese Mittheilung sehr vervielfältiget, unsere Religions-, Staats- und Familienverhältnisse verwickelter geworden sind und so zu Enthusiasmus, Fanatismus und Hypocrisie mehr Gelegenheit geben; wogegen sich wohl der vollkommen human gebildete Mensch, aber nicht immer der Humanität suchende schützen kann *). Die Schwierigkeit wäre leicht gehoben, wenn ein von Enthusiasmus, Fanatismus und Hypocrisie freyes Gericht, also übermenschliche Richter zu finden wären. Inzwischen dürfte doch wohl aus dem Begriffe der Sprache selbst als heiligstes Ei-

*) Vortrefflich ist dieses in Plato's Phädrus erörtert und zum Theil in die Mythe von der Erfindung der Schriftsprache in Aegypten durch Theut eingekleidet.

genthum der Menschheit so viel hervorgehen, daß eben deswegen nichts Inhumanes, nichts gegen die Gottheit, gegen den bestehenden Staat und gegen den Freund, nichts Thierisches und nichts Unwahres gesprochen und noch weniger durch die vervielfältigte Schriftsprache verbreitet und den Nachkommen aufbewahrt werden sollte; daß dieser Eingriff in die eigentlichen Menschenrechte in dem Verhältniß strafbarer ist, als er durch den Druck vervielfältigt wird; und daß in Zeiten, wo die Gemüther aufgeregt, Fanatismus und Hypocrisie um so mehr freye Wirksamkeit haben, es besser wäre, wenn die Menschen auf einige Zeit ihrem eigenen Forschen überlassen und das Predigen, Schreiben und Drucken-lassen der Unberufenen über gewisse Gegenstände suspendirt würde? Nur ist es schwer, hier das Ziel und Maaß zu finden.

Drittes Capitel.

Gottesverehrung.

Nec colitur Ille nisi amando. Augustin.

---

§. 29.

Als begrenzter Organismus muß sich der Mensch, gleich den Pflanzen und Thieren, gegen die übrige Welt erhalten, muß das von ihr in sich aufnehmen, was zur Erhaltung seiner Individualität nothwendig ist, das von sich entfernen, was ihm nachtheilig seyn kann. Diese Tendenz zur Selbsterhaltung der eigenen Individualität nennen wir Egoismus, (selfishness sehr bedeutend im Englischen); wir könnten sie auch Thierheit nennen. Nicht bloß ist dieser Egoismus mit jener göttlichen Natur des Menschen (Humanität) in steter Wechselwirkung, sondern er vermischt sich mit ihr um so mannigfaltiger, als jene den Gesichts- und Wirkungskreis desselben erweitert, und nimmt dadurch oft selbst den Schein jener göttlichen Natur an. Bei dem mehr gebildeten Menschen frägt der Egoismus nicht mehr allein nach Erlangung einer bessern und freiern thierischen Existenz, sondern auch seine innere Ueberzeugungen, sein Enthusiasmus u. s. w. sollen allgemein geltend seyn.

§. 30.

Je mehr sich dieser Egoismus vervielfältigt, desto lästiger muß er auch für das Menschengeschlecht im Ganzen werden, und in dem Maaß mehr, als die eigene Existenz der Aussenwelt schwerer abzugewinnen ist; desto größer muß das Bedürfniß nach Gesetz, Ordnung und Zucht werden, das jedes Menschen Egoismum in den gehörigen Schranken hält. Wo hingegen der Mensch am wenigsten nöthig hat, mit den Elementen durch gemeinschaftliche Anstrengung mit dem Mitmenschen, durch eigene Kraft, um seine Individualität zu kämpfen; wo das bewässerte warme Flußthal ihm seine Nahrung von selbst darbietet, die beschattete Felsenhöhle sein Nachtlager und leichte Baumrinde seine Kleidung; wo selbst das Raubthier unverfolgt und ungestört, die mächtigere Natur des Menschen erkennend, ihm aus dem Wege geht: da tritt im Gegentheil die Humanität am kräftigsten hervor; überall ahnet er in der Mannigfaltigkeit die Einheit, sucht in die erste lebendige Ursache zu dringen, sucht Gott zu einer deutlichern Anschauung zu bringen. Nach dem größern Vorherrschen des einen oder des andern Zustandes der Menschen scheinen sich zwei Hauptclassen der Gottesverehrung gebildet zu haben, deren Verschiedenheit in der Geschichte aller Völker wohl nicht zu verkennen seyn dürfte, wenn auch die Uebergänge von einer in die andere Classe noch so mannigfaltig erscheinen: Die moralische und theosophische Gottesverehrung.

§. 31.

Theosophische oder symbolische Gottesverehrung.

Kindisch mag der Mensch zuerst diesen geahneten Gott in jeder ausserordentlichen Naturerscheinung finden, irgend ein Stein, Bathylie, ein Thier oder Pflanze (Fetisch) mag ihm eine Ahnung davon geben; je deutlicher er sich bewußt wird, daß das Unendliche nicht in das Begrenzte zu ziehen, daß er es nicht mit seinen Sinnen erfassen kann, desto erhabener und furchtbarer wird es ihm, er hat Ehrfurcht vor diesem mächtigen Wesen, vor dieser letzten Ursache der Erscheinungen. Wenn nun ein von der göttlichen Gabe der Humanität hoch Begeisterter mit Wort und That zeigt, daß er mit diesem Ehrfurcht einflößenden Wesen in näherer Verbindung steht; wenn er

Kranke heilt, die Zukunft verkündet, in kurzer eindringender Rede den Willen dieses höchsten Wesens als Gesetz und Sitte offenbart, wodurch der Mensch innere und äußere Ruhe erlangt; wenn er die Weise lehrt, wie dieses geliebten, gesuchten und gefürchteten unnennbaren Wesens Gunst durch Opfer und Gebet erlangt werden kann: so ist dieser Hochbegeisterte dem Menschen Alles, König und Gesetzgeber, Arzt und Offenbarer der Vergangenheit und Zukunft. Alles Wissen ist in ihm vereinigt und Er eignet sich es zu. In ihm ist das göttliche, er ist selbst der Cabire, Buhda, Brama, der in der Begrenzung sich manifestirende Gott. Er ist im Stande, seine göttlichen Gaben an Andere zu übertragen, und so bildet sich nothwendig, nicht durch Wahl und Ueberlegung, ein Priesterstand und Theocratie. Jede andere Tendenz der Vereinigung, Vaterlandsliebe, Liebe für Aeltern und Kinder, Mitmenschen, Künste und Wissenschaften ist diesem Stande subordinirt, er theilt dem Volke das davon mit, was dem Bedürfniß angemessen scheint. Dieses strebt stets das Unendliche im Raum zu schauen, sich die Gottheit zu versinnlichen und ihre individuelle Wirksamkeit durch begrenzte Leiter sich zuzueignen. Es entstehen Symbole und Amulete, nicht immer durch Priesterbetrug geschaffen, sondern durch Enthusiasmus und überlieferten Glauben wirksam, durch Priestersprache aus dem Zusammenhange aller übrigen menschlichen Beobachtungen gerissen, und scheu, das Geheimnißvolle und Ehrfurcht Erregende zu sehr zu enthüllen, in geheimnißvolle Schleier gehüllt: um so dichter und undurchdringlicher, als die Geheimnisse selbst dem Priesterhaufen verschwinden, als Enthusiasmus und Drang, das Unbegreifliche noch unbegreiflicher, wunderbarer zu machen, den immer mehr in die dunkle Vergangenheit, ohne geschichtlichen Zusammenhang, zurückweichenden Thatsachen durch groteske Sagen mehr Ehrfurcht zu verschaffen suchen. Das ist der Ursprung aller vergänglichen Götter oder Incarnationen der Gottheit. Nicht eine heitere Poesie hat sie aus humanen Mythen gewoben, sondern der Priestergeist hat aus allen Wissenschaften Bruchstücke zu wunderbaren Räthseln zusammengefügt, die um so mannigfaltigere Deutung zulassen, als es ihnen mehr an Einheit fehlt. Wenn wir auch nicht läugnen dürfen, daß manches Wissenswerthe dadurch der Menschheit aufbewahrt wurde, daß die Wissenschaften eben in diesen Instituten auf ähnliche Art ihre Verpuppungsperiode hatten, als in einer spätern Zeit in den Klöstern, so verlor doch bald der Priester selbst die rechte Deutung des Räthsels. In der Natur der Symbole liegt es, daß nichts an ihnen geändert werden darf; nichts darf sie verständlicher machen, als sie einmal sind. Daher bleibt hier Religion und den Priestern untergeordnete Gesetzgebung, Wissenschaften und Künste ein starres todtes Wesen, das keiner Perfectibilität fähig ist, wie das Herodot höchst scharfsinnig bereits von den Aegyptiern bemerkt (Euterpe 91.) und wir es noch täglich an allen östlichen Völkern sehen, die aus dieser Quelle ihre Cultur schöpften. Immer mehr mußte äußerer Prunk die Blösse des wahren Wissens decken; die Zahl der ungeheuren Tempel, an deren Bau Nationen Jahre lang arbeiteten, stand vielleicht im umgekehrten Verhältniß mit der Weisheit der Priester und der Humanität des Volks; am Gängelbande des Heiligsten und Theuersten, an der dem Menschen ganz eigenen Begierde, Gott zu erkennen, zu lieben und zu verehren, wurde dieses in die schmähligste Sclaverei geführt, die auch nicht aufhörte, als die Priestermacht in die Hände der Regenten überging. Weil alles Wissen in den Händen der Priester war, diese Alles erklären, durch Symbole anschaulich machen wollten, so mußte sich auch bald ein Gegensatz dem Höchsten und Vollkommensten, ein Urprincip des Bösen, entgegenstellen und gleichfalls in das Begrenzte eindrängen. Der Ariman, Typhon u. s. w. war eine nothwendige Folge und eine wichtige Stütze dieses Religions-Cultus und bald wurde er so anschaulich, daß er mit dem höchsten Wesen zugleich angebetet, ihm geopfert wurde. So wurde zum größten Nachtheil der Humanität das Absolute Unendliche in den Staub der Endlichkeit und Begrenztheit gezogen.

§. 32.

Moralische oder mythische Gottesverehrung.

In einer andern Lage waren die Menschen, denen die äußere Natur größere Hindernisse der individuellen Erhaltung entgegensetzte, die von den Elementen, von mächtigen Thieren und selbst für eigene Existenz kämpfenden Menschen sich Nahrung, Schutz gegen Kälte und Obdach erringen mußten. Hier galt es nicht Speculation, nicht Versinnlichung des Unendlichen, Ewigen, sondern Körperkraft und Gewandtheit, sich und die Freunde zu schützen. Der Held, der Erfinder nützlicher Künste u. s. w. lebte im dankbaren Andenken der Nachkommen, im hoch preisenden Liede. Die Ahnung der höhern unbegrenzten Kraft im begeisterten Sänger legte dem Helden das bei, was der Priester im Symbol anschaulich machen wollte, in ihm war die letzte Ursache der Erscheinung, er war ein Gott. So erhielt jede menschliche Tugend ihren Gott, und in jede Pflanze, jeden Stein kam ein individuelles, unbegrenztes Wesen. An der Stütze buntfarbiger, aber der Humanität verwandter, Mythen strebte dieser Cultus aus dem Begrenzten, Irdischen zur geistigern Erkenntniß und Verehrung der Gottheit empor, statt daß sie in den Symbolen vielleicht aus dem hellern Lichte in die begrenzte, räthselhafte, der Humanität nachtheilige Dunkelheit gezogen wurde. Nach dem Clima und Einwirkung der Aussenwelt hatten diese Mythen einen verschiedenen Character, wiesen auf Körperkraft, Dulden und Kämpfen, wo die Elemente und feindlichen Mächte diese zur Selbsterhaltung forderten, und nahmen unter milderm Himmel Liebe, Landescultur, Künste und Wissenschaften in Anspruch. Keine andere humane Tendenz wurde durch sie unterdrückt, das höchste Wesen war nicht die absolute Allmacht in Priesterhand, vor der Vaterlandsliebe, Familienbande u. s. w. schweigen mußten; es war mehr ein geschichtliches Wesen, das bey vorkommenden Fällen gern zum Muster genommen wurde, das sich auch wohl in menschliche Dinge mischte, wenn Sitten und Gesetz nicht ausreichten, das doch aber nach seiner menschlichen Herkunft vorzüglich für eigene Existenz und Behagen sorgte, oder gar die Welt gehen ließ, wie sie konnte und wollte. Vaterlandsliebe, Liebe für Geschlecht, für Freunde und für Künste traten in einen Bund, um dem irdischen Leben Annehmlichkeit und durch Gesetz und Staatsverfassung Sicherheit zu verleihen. *)

§. 33.

Aber auch diese Liebe für Vaterland, Freunde, Künste und Wissenschaften mochte bald ein der wahren Humanität entgegenstrebendes Uebergewicht erlangen. Jeder Ausländer wurde ein Barbar, menschliche Gesetze waren das Hauptziel, wonach die Menschheit strebte, und bald artete dieses in den todten Buchstaben des Gesetzes aus, wovor das eigentlich göttliche, das hohe Gefühl einer allgemeinen Weltharmonie zurückwich; dem Anhänger der Parthey galt nur der Sieg seines Bundes; Künste und Wissenschaften blickten nur um so verachtender auf jede andere menschliche Thätigkeit hinab, als sie ihr großes Ziel selbst mehr verkannten. Wie dieser Mißbrauch der humanen Tendenzen sich in dem Maaß schärfer ausprägte, als der Kampf um eigene Existenz durch vermehrte Bedürfnisse dringender und lebhafter war, wie ganze Nationen vernichtet und zu Sclaven gemacht, das Ringen nach Herrschaft und Macht mit den Gesetzen in Ueber-

*) Wer von den edelsten Ansichten der Griechen über diese allbelebenden Tendenzen der Humanität einen hohen herzerhebenden Begriff haben will, lese Plato's Menexenus: Der Deutsche und Engländer am Tage der Schlacht von Waterloe.

einstimmung gesetzt und Familien sich auf Jahrhunderte das Recht zueigneten, andere zu bedrücken, erzählt uns die Geschichte mit manchen harten Zügen.

§. 34.

Wenn hier die äussersten Grenzen der Schicksale der Gottesverehrung in der Vorwelt angegeben sind, so ist es nicht gemeint, die Geschichte derselben bey einzelnen Völkerstämmen zu beschränken. Ein höchst würdiger Gegenstand gelehrter Forschungen ist es, geschichtlich nachzuweisen: wie Völkerwanderungen, Verpflanzungen von Orakeln, Mysterien und Dienst einzelner Gottheiten, Erscheinung einzelner vom Geist der Gottesverehrung und der Humanität hochbeseelter Männer dem äußern Cultus und der Humanität der Nationen andere Richtungen gegeben, Mythen mit Symbolen vermischt, wahre Liebe mit Egoismus und Partheisucht verwechselt und, nachdem das Eine oder das Andere vorherrschend war, wahre Humanität bald gefördert, bald unterdrückt haben; wie aus Indien eine vielleicht reinere, würdigere Symbolik in Aegypten, im Kampf mit wilden Hirtenstämmen, im Anschauen einer das Schicksal des ganzen Landes bestimmenden großen Naturerscheinung (des Wachsens und Abnehmens des Nyls) und in dem ängstlich neidischen Gewahrsam der Priester eine immer räthselhaftere, der Humanität feindliche, Gestalt annahm *); wie früh die orphischen

*) Ueber den gemeinschaftlichen Ursprung des Aegyptischen und Indischen Cultus kann wohl kein Zweifel seyn, und Creuzer hat ihn neuerlich aus seiner ganzen Natur, nicht aus einzelnen

und samothracischen Mysterien dem forschenden Griechen eine würdigere, wahre Anschauung des unendli-

---

Aehnlichkeiten nachgewiesen. Daß noch heut zu Tage die Seapoys in den Ueberresten der ägyptischen Tempel ihre eigenen wiederfinden und verehren, würde allein wenig beweisen. Eine hierher gehörige Merkwürdigkeit ist, daß die heiligen Pflanzen der Aegypter durchaus Indischen Ursprungs sind, und als exotische Pflanzen sich in Aegypten nicht länger hielten, als die priesterliche Sorge sie pflegte. 1) Die Persaia, diese der Isis heilige Frucht, kann nicht, wie Sprengel und Schreber bestimmt und Creuzer nach ihnen angenommen hat, die Cordia myxa, oder Myrobalane seyn. Schon Silvestre de Sacy hat dieses bewiesen. Diese wächst noch bis auf den heutigen Tag in Aegypten, und Früchte und Blätter kommen sehr unvollkommen mit der höchst genauen Beschreibung überein, die wir uns sammlen können, wenn wir Theophrasts, Galens, Plutarchs, Avicenna's und Abd' Allatifs Nachrichten vergleichen. Der große Baum mit den Rosen-artigen schönen Blüthen, wohlschmeckenden, verschieden gefärbten Früchten, dessen Blätter den Pfirsichblättern in der Form ähnlich sind, wurde zu Cambyses Zeiten aus Aethiopien nach Aegypten gebracht. (Diodor Sicul. L. 1. p. 21.) Seine Früchte, von der Größe und Gestalt großer Birnen, waren ehe sie reif geworden zusammenziehend und scharf, gereift verdarben sie schnell, er hatte eine starke Wurzel und ein dunkelgefärbtes Holz, in Persien kam er schon nicht mehr fort, trug unreife und dadurch sehr schädliche Früchte, im Pontus noch weniger, da trug er gar keine Früchte. (Dioscorides L. 1. c. 187.) Alles dieses bezeichnet uns die vortrefliche Jambu Frucht aus Ostindien (Eugenia malaccensis Lin.), es kann durchaus keine andere seyn! Selbst das Insekt welches in den Früchten der Jambusen so lästig ist, und woran Rumpf (Herbar. amboin. P. 1. p. 123.) nicht begreift, wie es in der Menge sich in der verschlossenen Frucht entwickele, ist bereits von den Alten beobachtet, nach orientalischer Art mit einem gar gefährlichen Namen, κρανοκολάπτης, benannt. Galen nennt es eine Art Phalangium, in eben dem Sinn wie Plinius (H. N. L. XVIII. C. 17.) den Bruchum pisi ein Phalangium nennt. Es ist dieses in der Jambus-Frucht von Galen und Rumpf beobachtete Insekt, nach den Nachrichten, welche ich von

chen Urhebers aller Dinge verliehen, die sich in Plato auf die humanste Art, mit Schonung bestehender Volks-

---

einem bewährten Entomologen, der sich lange in Ostindien aufgehalten (H. Westermann), darüber eingezogen, eine Varietät des Rhynchaaus mangifera Fabr., die zwar in den Mango Früchten häufiger, aber auch in den Jambusen oft lästig ist, bey weiten aber nicht den gefährlichen Namen verdient. Auch der Koptische und Indische Name zeigen eine auffallende Aehnlichkeit, Koptisch ouschba oder mit Wegnahme des Artikels schba in Indien schambu; und dieser schambu oder Jambu, in Blüthen und Früchten der kostbarste Baum der warmen Länder, war den Indiern auch der heiligste, ihre religiöse Tradition leitete vom Berge Meru, dem Sitze der Götter, seinen Ursprung, und wahrscheinlich erhielt die ganze Halbinsel von ihm ihren Namen Jambu. (Asiat. Research. Vol. VIII. p. 356.) Zu Theophrasts Zeiten war der Baum auch in Oberägypten nicht selten und durch ganz Aegypten verbreitet. Bis zur Zeit Galens und Aelians war sie wenigstens in der Gegend von Alexandrien auf der Anhöhe zwischen dem Heracleotischen und Bolbitischen Nylarme (Persei specula) noch häufig, Pausanias will sie am ganzen Nylufer noch gesehen haben. Mit dem ägyptischen Cultus verlor sich aber auch ihre Cultur, es half nicht, daß die Kaiser Honorius und Arcadius eigene Gesetze gaben, wodurch das Verpflanzen dieser Bäume verboten wurde. (L. XI. Tit. 77 Codicis. si quis Daphuensis luci in Syria, vel Persei in Aegypto arbores comparaverit, quinque libris auri noverit se esse multatum. Im 700ten Jahre der Hegire war keine Persaia mehr in Aegypten zu finden, wie Makrigi und Ebn Aggas versichern (S. Silvestre de Sacy Ausgabe von Abd' Allatif). 2) So unbezweifelt es ist: daß die Pflanze, welche Herodot und Theophrast unter dem Namen λωτὸς beschreiben, die Nymphaea Lotus Lin. ist, welche noch gegenwärtig in Aegypten wächst, eben so gewiß ist es, daß die Pflanze welche Herodot κρίνεα ῥόδοισι ἐμφέρεα und Theophrast κύαμος αἰγυπτιος nennen, das in Ostindien, vorzüglich auf Java und andern Inseln, in China u. s. w. noch jetzt wachsende Nelumbium speciosum ist; daß es diese Pflanze ist, welche mit ihrer merkwürdigen Saamenkapsel (κιβώριον) auf ägyptischen religiösen Monumenten so häu-

lehren ausspricht, und bei Plotin, Julian u. s. w., denen selbst die Lehren, welche sie zu bestreiten wähn=

---

sig vorkömmt; daß es dieses selbe Nelumbium speciosum ist, worauf die Indische Symbolik ihre Götter so oft abbildet, und welches auch in der Chinesischen Götterlehre vorkömmt, indem die erste der Chinesischen Göttinnen Koamin ihren Sitz in dem Kelche dieser Blume hat. (S. Rumphii Herbar. amboin. T. VI. p. 170; auch in Japan S. Kämpfers Reise nach Japan B. 2). Diese Pflanze wurde nach Heliodor (Aethiopica L. X. c. 28). mit dem Reise (Oryza) zugleich aus Aethiopien nach Aegypten gebracht; Kränze aus ihren Blumen wurden später von der kriechend schmeichelnden Symbolik Coronae Antinoinenses genannt (Athenaei Deipnos. L. XV. p. 677). Sie ist jetzt aus Aegypten verschwunden.

3) Der Balsamstrauch. (Amyris balsamifera Lin.) kömmt zwar nicht in dem ägyptischen Religionskultus vor, im Gegentheil ist es wahrscheinlich, daß er in jenen Zeiten nicht in Aegypten war, ohngeachtet ihn Dioskorides noch aus Irrthum dahin versetzt. Erst unter den Califen wurde er aus der Gegend von Jericho nach Aegypten verpflanzt, an den Josephs Brunnen, und die Coptischen Christen wußten viele Wunder davon zu erzählen, daß er nur mit dem Wasser dieses Brunnens, worin Maria auf der Flucht die Beine Christi gewaschen, gewässert wachse und Balsam gebe, daß dieser Balsam nur durch die Hände der Christen gesammlet werden könne u. s. w. Bald wurde aber dieser Glaube so allgemein, daß auch die Saracenen versicherten, sich durch Versuche von der Wahrheit überzeugt zu haben, und sie ließen sie um so lieber gelten, da eine große Pflanzung an diesem Brunnen ihnen bedeutende Summen einbrachte. Kein Christ, schreibt Mandeville, glaubte recht getauft zu seyn, wenn nicht einige Tropfen des Balsams in das Taufwasser gegossen waren; aus ähnlichen Ursachen wurde er in der Gegend von Jericho gepflegt, wohin ihn, wie Josephus versichert, die Königin von Saba zu Salomons Zeiten gebracht hatte. Nachdem die Christen keinen Balsam mehr in das Taufwasser schütten, ist dieser Strauch, sowohl aus der Gegend von Jericho, als aus Aegypten verschwunden, wo im Jahr 1615 die letzten wenigen Sträucher durch Nylüberschwemmung verlohren

ten, Licht gaben, zur vollkommensten geistigen Ueberzeugung vom ewigen, unveränderlichen Urquell alles Seyns, von dem, der da war, ist und seyn wird, in dem wir leben und sind, sich erhoben.

§. 35.

Ungleich wichtiger wird aber jedem Denker die Geschichte des kleinen Volksstamms, dessen erste Erzväter, in patriarchalischer Einfalt, den einigen Gott erkannten, liebten und fürchteten und diese Erkenntniß als das höchste Gut auf ihre Nachkommenschaft zu vererben strebten, daher alle Symbole und Mythen benachbarter Völker verabscheuten und ihre Ueberzeugung nicht dem Gewahrsam einer einzelnen Priesterkaste anvertrauen wollten. Dieser Stamm wurde durch Schicksale nach Aegypten verschlagen, mehrte sich da unter schwerer Sclaverey, nahm aber auch manches von seinen Unterdrückern an, namentlich die Neigung, das Unendliche und Unbegrenzte im Endlichen und Begrenzten nachzuweisen und den Sinnen darzustellen. Ein

---

gingen (S. Sylvestre de Sacy Ausgabe von Abd'Allatif. S. 88). So stand vor dem Tempel zu Upsala ein fremder Baum, der auch im Winter grünte, als Symbol der Gottheit. (Schefferi Upsalia p. 50). So sehen wir noch in unsern Zeiten in verschiedenen catholischen Kirchen Rosensträucher, von fast unglaublichen Alter, durch frommen Glauben gepflegt. In dem Kloster von St. Just in Spanien stand im Hofe der einzige Baum von der Advocaten Birne (Laurus Persea Lin.), der vielleicht in Europa im Freyen je gewachsen ist, schon zu Clusius Zeiten, und hat bis auf heutigen Tag sein Fortkommen der frommen Pflege der Mönche zu danken. (S. Bourgoins Reise durch Spanien B. 2. S. 170).

Gottesbegeisterter Mann entführte dieses Völkchen der ägyptischen Sclaverey, aber nicht so der Sclaverey ihrer Sinnlichkeit. Immer verlangten sie, auf gewisse Art die Gottheit mit sinnlichen Augen zu schauen, und er war gezwungen, ihnen Symbole und Priester zu geben, an denen man den ägyptischen Ursprung nicht verkennen kann. *) Die begeisterten Propheten des Volks hofften und sagten es mit Begeisterung vorher: daß ein Heiland erscheinen werde, der diesem Herabziehen des Unbegrenzten, Ewigen in die begrenzte Vergänglichkeit ein Ziel setzen und dem Volke die ihren Erzvätern verheißene Glückseligkeit geben werde.

§. 36.

Der Gottmensch und Heiland erschien — Er lehrte nicht mit dialectischen, menschlichen Künsten, nicht einer einzelnen Classe eingeweihter, esoterisch gebildeter Philosophen, sondern der ganzen Menschheit, ohne Rücksicht auf Stand oder wissenschaftliche Cultur, durch die unwiderstehliche Kraft der Vereinigung des Worts mit der That, die erhabensten Begriffe von Gott und den Inhalt aller Gesetze: Liebe Gott über Alles und Deinen Nächsten wie Dich selbst. Dieser Nächste war Ihm der, den jedes humane Herz gern dafür erkennt, wenn es nicht durch Fanatism und Partheysucht irre geführt ist; jeder der Deine Hülfe von Nöthen hat, er sey Freund oder

*) Diodorus Siculus L. X. Kreutzers Symbolik 1 B. S. 249.

Feind. Kein einzelner Volksstamm sollte ausschließlich durch diese göttliche Lehre beglückt, keiner Caste sollten die Geheimnisse derselben in Gewahrsam gegeben werden. Von dem Fluche der symbolischen Formgesetze befreyete er die Menschheit. In keinem Tempel sollten Symbole der Gottheit aufbewahrt werden, jedes Menschen Herz sollte der Tempel seyn; in seiner einsamen Kammer sollte er den Funken der Humanität, nicht durch logische Schlußfolgen, sondern durch das lebhafte Gefühl seiner Verhältnisse zu dem Ewigen und Unendlichen (durch den heiligen Geist) anfachen und beleben. Diesen Geist, diesen durch Ihn angefachten Enthusiasmus wollte er Jedem, der innere Ueberzeugung (Glauben) von seiner Lehre habe, ferner zusenden. Zu dem Zweck lehrte er das einfachste und erhabenste Gebet. Durch gemeinschaftliche Erhebung zu Gott sollte die Humanität noch mehr befördert werden: Wo zwey oder drey zu diesem Zweck versammlet sind, will er mitten unter ihnen seyn. Aeußere öffentliche Formen humaner Verbrüderung, als nothwendiges Mittel der Erziehung und Belehrung, verwarf er nicht, und ließ sich daher selbst von Johannes taufen; aber das Wesentliche bestand nicht in der Form: Johannes hat nur mit Wasser getauft, ich aber taufe Euch mit dem heiligen Geiste. So versammlete er noch seine Schüler zum Abendmahl um sich her, als er schon seiner Trennung von ihnen gewiß war, er theilte mit ihnen leibliche Nahrung mit der innigsten Hinweisung: daß alles Irdische und Begrenzte nicht Zweck, sondern Mittel für den Menschen ist zum edleren geistigen Leben, daß seine

Lehre das wahre Brodt und der wahre Trank des geistigen Lebens sey.

§. 37.

Keinen Staat wollte er errichten, keine Herrschaft oder Superiorität irgend einer Art, alles politisch Bestehende sollte nicht erschüttert werden: Gebt dem Kaiser, was des Kaisers ist, und Gott, was Gottes ist. Sein Reich war nicht von dieser Welt (lag nicht im Begrenzten, Vergänglichen); und auf die Frage über Superiorität stellte er mit dem humansten Sinn ein Kind unter seine Jünger. Von der Zukunft nach dem Tode gab er bestimmte, feste Hoffnungen! Das Geistige, Absolute ist unvergänglich, nur das Irdische ist vergänglich; daher nannte er die Sünde das Egoistische, Thierische, den Tod, das Leben in Gott Seligkeit: Ich bin die Auferstehung und das Leben, wer an mich glaubet, der wird leben. Aber im Begrenzten, Irdischen läßt sich kein Begriff geben über die Fortdauer des individuellen Geistigen im Absoluten, daher konnten auch seine Aeußerungen über die Art der Fortdauer nur allgemeine Hoffnungen oder bildliche Reden seyn. Durch seine Auferstehung gab er den Gläubigen einen Beweis: Daß der Urquell alles Lebens und alles Seyns auch das Todte wieder beleben könne.

§. 38.

Nach einer so einfachen, alle humanen Tendenzen kräftigst aufregenden, Offenbarung konnte es nicht fehlen, daß die Edelsten aller Nationen sich zu dieser

Lehre hinneigten, daß sie innige Verbrüderungen unter einander machten und den religiösen Cultus ihres Landes verabscheuten. Aber auch das Thierische, Egoistische mußte sich einmischen: Aus den innigen Verbrüderungen wurden Gemeinden, die ihr ganzes äußeres Interesse gern gemeinschaftlich hatten, schon dadurch aber auf gewisse Art einen Staat im Staate bildeten *). Die Intoleranz der Juden theilte sich auch bald den übrigen Gemeinden mit, und sie mußten dadurch noch mehr das Mißtrauen und die Verfolgungen der Staatsverwaltungen erregen. Der Begriff von Glauben, (von dem festen Zutrauen auf die allwaltende, liebevolle Herrschaft des Unendlichen, Ewigen und auf das Wort des Heils, welches ihnen durch Christum offenbaret war), wurde bald ins Endliche herabgezogen: Nicht dieses feste Zutrauen, sondern das Wahrhalten einzelner im Begrenzten geschehenen, von Menschen erzählten Thatsachen, wurde Glaube genannt, ohngeachtet Christus selbst so oft gesagt hatte, daß der durch Wunder erregte Glaube weniger heilbringend sey: Selig sind die, die nicht sehen und doch glauben. Wie diese Thatsachen geschehen seyn konnten, wie sie im Begrenzten zu erkären, wurde ein Gegenstand des Streits vieler sich unter einander hassender und verfolgender Secten. Wunder thun wurde als ein

*) Schon Paulus ermahnt die Korinther (Korinther 1. 6. 1—9.), sich in Rechtsstreiten über zeitliche Güter nicht an die bestehende Obrigkeit, sondern an die Aeltesten der Gemeinde zu wenden. Wisset ihr nicht, daß wir über die Engel richten werden? Wie viel mehr über die zeitlichen Güter!

Hauptcharacter des Christen angesehen; Schwärmer und Betrüger schreckten besonders in der Secte der Gnostiker weisere Menschen ab *).

---

*) Ein solcher weiserer Mensch war Plotin, in dessen philosophischen Lehren noch neuerlich ein schätzbarer Schriftsteller C. Hammarsköld (Bref öfver Plotins philosophiske Lärobyggnad. Första häftet. Stockholm 1814. 8vo.) die größte Verwandtschaft mit der Messianischen Offenbarung und mit Schellings Lehren gefunden haben will. Nur kann ich in dem Verzeichnisse der Plotinschen Schriften von Porphyrius nicht finden, daß er gegen die Christen ein besonderes Buch geschrieben habe, dessen Verlust Herr Hammarsköld bedauert: „da es uns außer den „sichern Nachrichten vom Zustande der ältesten Kirche, welche „man darin erwartet haben könnte, in der Rücksicht von Wichtigkeit gewesen seyn würde, um zu sehen, auf welche Art ein „Denker, dessen Lehre so nahe mit der Messianischen Offenbarung zusammen hing, die Waffen gegen dieselbe angewandt „habe.“ Plotin hat, so weit ich ihn habe kennen gelernt, des Christenthums als philosophischen Lehrbegriffs gar nicht erwähnt und es lag wohl außer dem Kreise seiner Forschungen, sich mit dem Cultus desselben zu befassen. Nur einige Christen, aus den damals häufigen Secten, die sich besonderer Geheimnisse und Künste rühmten, von Zoroaster in einem eigenen Buche besondere Offenbarungen zu besitzen vorgaben, reizten seinen Unwillen, und gegen diese schrieb er das 9te Buch der 11ten Enneade, welchem Porphyrius, sein Schüler und Redacteur, den Titel πρὸς τὰς γνωστικὰς gab. Von einem andern verlornen Buche gegen die Christen ist im Leben Plotins von Porphyrius nicht die Rede, und schwerlich wird er sich um ihre kirchlichen Verhältnisse genau bekümmert haben. In der Zeit, da die Freiheit ganz von der Erde entwichen, der Dienst der Götter entweihet und dem Menschen nichts übrig gelassen war, was er als festes Band der Humanität betrachten konnte, wandte sich der edlere Geist zum Erforschen des absoluten, unendlichen und ewigen Bandes aller Dinge, suchte dieses oft mit Schwärmerey und Entsagung aller äußern Verhältnisse zur deutlichen Anschauung zu bringen, und dann war ihm jede äußere Form als veraltetes und mißbrauchtes Hülfsmittel ver-

§. 39.

Die Zeit des Kampfes des Lichts einer wahren Gottesverehrung und einzigen Befestigung der Humanität gegen die Finsterniß einer gänzlichen Irreligiösität und Zurücksinken in die Thierheit, war eine Heroenzeit. Mannigfaltige Großthaten der Selbstverläugnung, des innigsten wahren Glaubens an Christi Offenbarung, geschahen, aber mit ihnen wuchs auch der egoistische Durst nach gleicher Ehre und die poetische Neigung, die Großthaten noch größer zu erzählen, dem wahren Glauben mehr Bestätigung in übernatürlichen Erscheinungen zu geben. So wurden aus den Heroen Heilige, und die Anführer der Kirche verschmäheten es nicht, nach der von den Griechen in Asien auf die römischen Kaiser zuerst angewandten Art der Schmeicheley, sie zu deificiren, ihnen Altäre und Tempel zu bauen und sie als Vermittler zwischen Gott und dem Menschen darzustellen. Die sich verbrüdernden Christen mußten äußere Merkmale haben, wodurch sie ihre Ueberzeugung und ihre Gemeinschaft in dieser Verbrüderung kund thaten; Christus hatte durch die Taufe und durch das Liebesmahl selbst auf ein solches äußeres Bekenntniß hingewiesen und man nannte es Sacramentum, nach Art des Eides, womit sich römische

---

dächtig und gleichgültig. In diesem Zustande waren offenbar Plotin und mehrere nicht christliche Philosophen der neu Platonischen Schule. Es versteht sich, daß durch diese Bemerkung der Einfluß nicht abgeläugnet wird, den des göttlichen Erlösers Offenbarung auf diese Philosophen haben konnte, so wie umgekehrt die Lehren der Neuplatoniker deutlichen Einfluß auf die ersten Kirchenväter hatten.

Soldaten dem Herrn verbanden *). Bald wurden auch diese äußeren Zeichen vermehrt, auch sie wurden wie die Symbole gemißbraucht, das Unendliche in das Vergängliche, Begrenzte herabzuziehen: eine sinnliche Gegenwart der unendlichen allgegenwärtigen Gottheit im Sacrament wurde gelehrt. Den oft sehr ungewissen Ueberbleibseln von Heiligen wurde nicht nur religiöse Ehre erzeigt, sondern besondere Wunderkräfte zugeschieben, und auch vermittelst dieser modernden Symbole das Unendliche ins Endliche herabgezogen. So waren für die christliche Kirche Materialien der Mystik und Symbolik vorhanden, wie sie noch kein religiöser Cultus gehabt hatte, um der Schwärmerey und dem Egoismus einer einzelnen Kaste das Gängelband zu weben, womit sie die übrige Menschheit willkührlich leiten konnte. Und diese Kaste war nicht erblich, aber ein noch kräftigeres und man darf wohl sagen schrecklicheres Mittel erfand Schwärmerey und Egoismus, um sie noch mächtiger zu machen. Die Mitglieder dieser Kaste mußten allen übrigen humanen Tendenzen entsagen, durften sich nicht dem Dienste des Vaterlandes weihen, es nicht mit ihrem Arm vertheidigen; keine Liebe zur Familie durfte ihre menschliche Brust erwärmen, freudenlos in einsamer Zelle, ohne Gattin, ohne Kinder, sollten sie nur der Kirche dienen, diese äußere Ehre, ihre Macht, nicht allein über die Meinungen und den historischen Glauben der Menschen, sondern über das ganze Besitzthum, als das einzige Ziel ihrer

*) Das ist noch des heil. Augustins Begriff vom Sakramente. S. Contra Faust. c. 4.

Thätigkeit ansehen. Nicht einzelne unschuldige Jungfrauen wurden der im Begrenzten dargestellten Gottheit geopfert, aber ganze Nationen wurden hingeschlachtet, um der einzig selig machenden Kirche auf verödeten Gefilden Raum zu verschaffen, und treue Forscher nach Wahrheit, um ihre Irthümer zu büssen.

§. 40.

Was diese Hierarchie ganz allein auf die bisherige griechische und römische Cultur gepfropft, aus dem Menschengeschlecht machte, zeigt der griechische und römische Kaiserstaat, von Constantin an bis zur völligen Auflösung beider. Von der Erhabenheit und Wohlthätigkeit der Lehre Christi tief durchdrungen, sah man sie nicht allein für das höchste Gut an, das Jedem auch wider seinen Willen durch alle Mittel Israelitischer Intoleranz aufzudringen sey, sondern man wollte diese erhabene einfache Lehre durch metaphysischen und logischen Scharfsinn noch mehr befestigen und begreiflicher machen. Platonische und Aristotelische Philosophie und rohe kindische Vorstellungen des Heidenthums von der Individualität der Gottheit, die als unendliche einzige Existenz und Wahrheit keine Individualität haben kann (von der wir uns kein Bildniß noch Gleichniß machen sollen), hätten in den Schulen gern gegen einander kämpfen mögen, wenn nicht der Egoismus der Lehrer diesen Kampf zur Gemeinsache der rohen Christenheit gemacht hätte. Daß da nicht ein ruhiges Forschen nach geläuterten Ansichten, sondern ein Form- und Vernunftloses enthusiastisches Hintaumeln zu einer Parthey, von Priesterzwang,

Nationalinteresse und selbst von Lust zu Raub und Mord oder von Furcht geleitet, statt hatte, lag in der Natur des Enthusiasmus, im Geiste der Zeit, der die veralteten, zum Theil aufgelöseten, politischen Formen mit der Humanität fast zugleich abgeschüttelt hatte. In diesem Kampfe der beiden wichtigsten humanen Tendenzen, der Gottesverehrung und der Staatsverfassung, wurde die große Menschenmasse nach den zwey entgegengesetzten Extremitäten getrieben. In enthusiastischer Verehrung einer erzürnten, strafenden Gottheit, nach orientalischen Begriffen, suchte der eine Theil sein Heil, und das zahllose, für unsere Zeiten selbst in Italien und Spanien unbegreiflich zahllose Heer von Mönchen und Anachoreten entstand *); der andere Theil wollte mit dem Schwerdte walten, und der äußere Besitzstand wurde immer unsicherer, die einzelnen Staaten schwächer und der Willkühr auswärtiger Barbaren und einheimischer Tyrannen immer mehr unterworfen.

§. 41.

Ein anderes Menschengeschlecht sollte sich entwickeln, frei von den Verderbnissen des Luxus, der Tyranney und der übersteigerten Geistescultur, wo träger Genuß an die Stelle der thätigen frohen Production, mächtiges Herrscherwort an die Stelle der le-

*) Die fast unglaublich großen Zahlen, die sich auf Antonius und Pachomius Ruf in Aegypten, besonders der Thebais, in Syrien und am rothen Meere, nach Athanasius Beispiel in Italien und Frankreich, und durch Columbs Einfluß in Schottland und Irland verbreiteten, hat Gibbon (History of the decline and fall of the Roman Empire Vol. VI p. 238.) historisch nachzuweisen gesucht.

bendigen liebevollen Staatsverbindung, und spitzfündiger Wortstreit an die Stelle des eifrigen Forschens nach Wahrheit getreten war. Durch manche Irrthümer, manchen Kampf sollte ein ganz rohes, kaum durch die losesten Bande von Staatsverbindung zusammenhängendes Volk lernen, was Christi Lehre für das Menschengeschlecht wirken kann, was es heißt in geistiger Rücksicht: „Nicht unter dem Fluche des Ge„setzes, sondern unter dem Segen der Gnade „zu stehen"; in seinem eigenen Busen sollte sich ein Richter bilden, kräftiger ihn zum Guten leitend als äußerer Zwang; der thierische Egoismus sollte geläutert werden zum hohen Bewußtseyn der göttlichen Natur im Menschen.

Von den Ufern des caspischen Sees und vielleicht noch weiter östlich, über die nördlichen Ufer des schwarzen Meeres längs der Wolga, in dem großen Thale welches die Hochlande Asiens von denen von Europa scheidet, über Germanien, an den Ufern der Ostsee und der Nordsee, durch Jütland bis an die Maaß, die dänischen Inseln, Schweden, Norwegen und Island, verbreitete sich ein Völkerstamm, nicht durch gemeinschaftliche Regierung nach dem Begriff gebildeter Völker vereinigt; aber eine germanische Sprache, rohes Ankämpfen gegen die äußere nicht stets freundliche Natur, dadurch Trotz auf die eigene Manneskraft und freudige sichere Hülfe dem Freunde und dem Schwachen, höchste Hochachtung für Heldenthum und That, Verachtung der Weichlichkeit und des Luxus, der Hinterlist und aller Waffen der Schwäche, durch keine Philosopheme aufgeklärte oder verdunkelte Ahnung vom unendlichen ewigen Wesen *) war diesem Völkerstamme gemein.

§. 42.

Wenn es auch möglich wäre, daß griechische und römische Geschichtschreiber bei ihrer Unkunde der Sprache und bei dem seltenen Verkehr mit diesem Volksstamme uns mehr aufbewahrt hätten als Cäsar und Tacitus, so würde dieses nicht hinreichen, eine eigentlich statistische Kenntniß desselben zu erlangen. Es war keine südliche Nation, deren ganze Cultur aus einem Punkte ausging, bey der Weisheit und Thorheit der Hauptstadt schnell in den entlegensten Provinzen wiederhallt. Im Gebirge und auf dem Meere, im kältesten Norden, wo nur die Jagd des wilden Thieres dem Menschen Unterhalt schaffen kann und in der gemäßigten Zone, wo Viehweiden und Kornfelder einen leichtern Unterhalt darbieten, an der Grenze des cultivirtesten Staats, wo manche menschliche Künste gelernt werden konnten und fern von aller Cultur, nur der eigenen Anstrengung überlassen, mußte diese Nation zu ein und derselben Zeit mancherley Formen haben, selbst wenn sie durch eine gemeinschaftliche Regierungsform ganz vereinigt gewesen wäre. Aber der Hauptcharacter der Nation war unbedingtes Eigenthum des Individuums. Jedermann

*) Ceterum nec cohibere parietibus Deos, neque in ullam humani oris speciem assimilare, ex magnitudine coelestium arbitrantur. Lucos et nemora consecrant, Deorumque nominibus appellant secretum illud, quod sola reverentia vident. Tacitus De moribus Germanorum.

sah sich als unumschränkten Herrn auf seinem Eigenthum an, jeder Fremde war sein Feind, den er ungestraft tödten konnte; erst wenn er ein Schutzbündniß für Leib und Eigenthum mit ihm geschlossen, war er mit ihm in Frieden. Dieses Bündniß war ganz religiöser Natur und daher das heiligste; durch dasselbe wurden einzelne Individuen in Stämme, diese in Königreiche und Königreiche in Bundesstaaten und größere Reiche vereinigt. In größern Massen wenigstens wurden diese Bündnisse im Freyrs Haine geschlossen und hießen daher Frede (Fredum), der Begriff erstreckt sich aber auf die ganze Staatsverbindung, auf alles Sachen- und Personen-Recht: gesetzwidrig handeln und den Frieden brechen, war gleichbedeutend *). Wer ein solches Bündniß mit schließen konnte, wer unabhängiges Eigenthum hatte zu vertheidigen und Manneskraft, sich und Andere zu vertheidigen, war ein Freier, und nur er konnte Waffen tragen. Ein engeres Bündniß zwischen Mann und Weib schließen, hieß freien, das in das Bündniß aufgenommene Weib, Frau, und das Resultat alles friedlichen Genusses, Freude: so offenbaret sich das große Geheimniß des menschlichen Lebens, die Liebe, nicht durch philosophischen Scharfsinn aufgefunden, sondern auf Gottesverehrung gegründet, die ganze menschliche Natur durchdringend, in der frühesten und einfachsten germanischen Sprache.

---

*) Mösers Osnabrücksche Geschichte. Th. 1. S. 22.

§. 43.

Es sind uns keine Friedensschlüsse, in diplomatischer Rücksicht im Haine Freia's geschlossen, bekannt geworden; daß aber alle diese germanischen Nationen einen solchen allgemeinen Frieden in diesem ältern Sinne des Worts hatten, daß Gesetz und Recht nicht als etwas Aeußeres von Andern gegeben war, sondern von ihnen selbst ausging, davon zeugen alle Nachrichten die wir aus Julius Cäsar, Tacitus, den Nachrichten der Gothen und den nordischen Sagen sammlen können.

In diesem Sinne bildeten sich bey ihnen größere Staaten: die einzelnen Stämme kamen an heiliger Stätte persönlich oder durch Abgesandte zusammen, wo sie vor dem höchsten Wesen sich wechselseitigen Frieden, Hülfe und Verbrüderung gelobten. Ein Oberkönig, dessen Würde in seinem Geschlecht, wie jedes andere Eigenthum, erblich war, hatte den heiligen Ort des großen Nationalfestes in Besitz und dadurch den Vorsitz in der religiösen Versammlung. Steine waren die Sitze der Helden, größere Steine ihre Altäre und ein Hain ihr Tempel; die Diener der Gottheit verkündigten den Willen derselben und die Helden berathschlagten die Ausführung. Ein Zeichen, von Haus zu Haus getragen, reichte hin, die streitbaren Männer zu sammlen *), die von religiöser Anhänglichkeit an ihre

*) Thors Hammer. Merkwürdig ist es, daß dieselbe Sitte unter einer vielleicht christlichen Benennung in den Hochlanden von Schottland noch bis in die spätesten Zeiten fortdauerte. Das feurige Kreuz (firy cars) der Hochländer, das noch unter Jacob I. in den Klan umhergesandt wurde, ist der Thorshammer,

Obern und von Hoffnung auf Großthaten und Beute beseelt, keine Gefahr scheuten und keine Mühseligkeiten fürchteten. Auch bey einem fremden Führer konnten sie Abentheuer suchen, wenn diese nicht gegen den eingegangenen Frieden waren. So konnten Heere, welche die römischen Geschichtschreiber Nationen nennen, unerwartet erscheinen und verschwinden, und nur eine solche Nation, mit der Begierde nach freyem Eigenthum, mit dem Mangel an Ansprüchen auf die Bequemlichkeiten des Lebens, mit dem stolzen Troß gegen die Gefahren der Elemente und der Feinde, konnte die Klippen des hohen Nordens bevölkern und den sinkenden römischen Staat erobern. Wie viele Oberkönige auf der weiten Strecke des germanischen Bodens gleichzeitig den Vorsitz hatten, wie sich Reiche und Nationen vereinigten und trennten, davon sind uns nur dunkle Sagen, zum Theil von spätern Geschichtschreibern der Gothen, zum Theil aus denen mit der lebhaften Einbildungskraft der Einsamkeit mehr gedichteten als nacherzählten Sagen der Isländer aufbewahrt; alle deuten aber auf einen Hauptsitz in der Gegend des caspischen Meeres (Asgaard) hin. Einen solchen Versammlungsort in der jetzigen Lausitz beschreibt Tacitus *); auf Seeland war Leire noch spät der religiöse Mittelpunkt der subordinirten Schutz- und Seekönige, und in Schweden Sigtuna, das später nach Upsala verlegt wurde.

---

mit allen seinen heidnischen Formalitäten. S. Walter Scott. Lady of the Lake.

*) Tacitus De moribus Germanorum c. 38.

§. 44.

Hauptsächlich scheint aber der nördliche und nordöstliche Theil des großen germanischen Stammes, von Island und Norwegen an, über Dännemark, durch Sachsen, die Lausitz bis an den Dneper, wenigstens in den spätern Zeiten, vom 3ten Jahrhundert der christlichen Zeitrechnung an, einen solchen mehr auf Religion und Verträge, als auf Gesetze und Eroberungsrecht gegründeten Frieden gehabt zu haben. Odin kam mit seinen Asen aus der Gegend des Caspischen Meers, nicht als Eroberer, sondern als Königlicher und Priesterlicher Reformator, wurde erst in Sachsen als König anerkannt und vergöttert, dann in Dännemark, und nahm später seinen Hauptsitz in Schweden. Er veränderte den religiösen Cultus mehr als die politischen Verhältnisse, brachte mehrere Gebräuche und religiöse Ansichten aus der Tartarischen Lama-Religion in die der Germanen, und nahm den Namen Odin an, um an sich eine neue Incarnation der Gottheit zu offenbaren *). Die vorzüglichsten Großthaten späterer Helden der Edda und der Isländischen Sagen sind in jenen östlichen Gegenden geschehen und Asgaard ist der Punkt der Herrlichkeit, wohin alle Wünsche und Hoffnungen der Abentheuer suchendeu Helden streben. Helden aus dem höchsten Norden waren schon im Gefolge der Gothischen Heerführer, und ein König aus dem hohen Norden wollte seine letzten Tage am Hofe Alarichs beschließen.

---

*) Münter, die Odinsche Religion, in Stäudlins und Tzschirners Archiv für alte und neue Kirchengeschichte. 5 B. 1tes St.

Hingegen scheint die Verbindung mit den germanischen Stämmen gegen Südwest und Westen weit unbedeutender gewesen zu seyn: Von römischen Provinzen in diesen Weltgegenden ist in keiner nordischen Sage die Rede, Hermann und das Ankämpfen germanischer Kraft gegen römisches Joch ist in diesen unbekannt *).

---

*) Einen Unterschied zwischen den verschiedenen Völkern, die unter den Namen Celten, Gothen, Burgunder u. s. w. das nicht römische Europa bewohnt, sich in viele Stämme unter verschiedenen Benennungen getheilt und den großen Coloß der römischen Monarchie umgestoßen, könnte vielleicht folgende Bemerkung bestimmen helfen:

Das im östlichen, nördlichen, weniger im westlichen und gar nicht im südlichen Europa gebräuchliche Brodtkorn, der Rogge (secale cereale Lin) wurde von den Griechen und Römern, ehemals wie jetzt, durchaus nicht gebauet, war daher den meisten Schriftstellern gar nicht bekannt, und die ihn aus dunklen Traditionen kannten, machten leicht Verwechselungen, da sie weder die Sprache der Völker kannten, die ihn baueten, noch aus Autopsie eine deutliche Anschauung davon hatten. Herodot, der von den ackerbauenden Scythen doch manche Nachricht hat, Theophrast, Dioscorides erwähnen seiner durchaus nicht, und in allen Scriptoribus rei rusticae findet man keine Spur davon.

Der einzige römische Schriftsteller, der desselben mehr aus Tradition als aus Autopsie zu erwähnen scheint, ist der fleißige Sammler Plinius (Histor. Nat. L. XVIII. c. 40), er nennt es mit einem weder im Griechischen, noch im Lateinischen bekannten Namen secale, sagt: daß dieses Brodtkorn von den Taurinis sub alpibus gebauet und von ihnen Asia genannt werde, daß es ein schwarzes und schweres Brodt gebe, und ihm Spelz zugemischt werden müsse um seine Bitterkeit zu verbessern, aber auch dann sey es den Magen sehr beschwerend. Es wachse auf jedem Boden und gebe hundertfältig, diene auch selbst dem Boden zum Dünger und brauche nur untergeeggt zu werden.

Ein atheniensischer Arzt, Mnesitheus, (dessen Zeitalter nicht zu bestimmen ist) erwähnt ganz auf ähnliche Art des Brodtes, dessen sich die Bewohner der nördlichen Gegenden,

45.

Im Allgemeinen kann man diese unter so manchen Namen, durch so manchen Conflict unter sich

---

worin kein anderes Brodkorn gut fortkömmt, bedienen: Es sey sehr zähe, schwer verdaulich und schwarz, nähre aber stark und werde nur durch fortgesetzten Gebrauch genießbar (Athenaei Deipnosoph. L. III. c. 116); dem Korn will er aber einen griechischen Namen geben, und nennt es ζεια, ein Name der von allen andern griechischen Schriftstellern dem Spelz (Triticum spelta) gegeben wird. Galen berichtigt diesen Irrthum, versichert, daß er dieses von Mnesitheus unrichtig benannte Korn, so wie das schwarze höchst unverdauliche Brodt aus eigener Ansicht kenne, es werde vorzüglich in Thracien und in einigen Gegenden Macedoniens gebauet und da von den Einwohnern Briza genannt (De aliment. Facultatibus c. 13). Wir haben also vier eigenthümliche Namen, für eine oder mehrere Kornarten, die den Griechen und Römern unbekannt, im nördlichen, östlichen und westlichen Europa aber gebauet wurden und Schwarzbrodt gaben, die sich bis auf heutigen Tag auf eine auffallende Art unter den verschiedenen Nationen erhalten haben.

1) Asia. Die Taurini sub alpibus waren eine ligurische Colonie, die sich östlich von den Segusianern bis an den Po erstreckte, (Livius, Strabo, Plinius). Die Sprache der Ligurier und also der Tauriner, ist noch sehr unvermischt in der jetzigen Baskischen Sprache vorhanden. In dieser heißt Asia, Korn, Same, (S. Adelung und Vaters Mithridates B. 2. p. 44) und der Roggen konnte von ihnen so benannt werden, wie er in den ältern Sagen größtentheils unter dem Namen Saat (saede) vorkömmt, inzwischen beweiset dieses noch nichts für die Identität der Species.

2) Secale. In diesem Wort ist wohl der französische Name für Roggen, seigle, nicht zu verkennen. In der Sprache der Wallachen heißt noch jetzt der Roggen, secare. Im Jahr 861 wurde der Roggen mit Spelz vermischt (Mengkorn) in der Diöcös von Rheims gebauet und hieß da im Latein des Mittelalters sigilum (S. Salmasius De homonymis hyles iatricae p. 68). Es wird aber höchst wahrscheinlich, daß der frühere Gallier diesen Namen schon mit nach Britannien brachte. In den Hochländern von Schottland, wo das Celtische gespro-

selbst und mit andern fremden Nationen verschieden humanisirten östlichen Völker in zwey Hauptclassen theilen.

---

chen wird, heißt der Rogge, segel oder ssegal (S. Klaproths Reise in den Kaukasus. Kaukasische Sprachen S. 210). Noch merkwürdiger aber ist noch gegenwärtig der Name bei einem Volke an der nordöstlichen Seite des Kaukasus, den Osseten (ssyl.), dessen Ursprung und Sprache Klaproth aus Medien nachzuweisen glaubt. (a. a. O. S. 78).

3) Briza des Galens, welches er in Thracien und Macedonien hörte. Der Schwede Björnståhl, (Reisebriefe B. VI. S. 178) sah den Roggen am Flusse Peneus unter dem Namen Wrisa blühen, aber bei den meisten Völkern, die das große Thal zwischen Europa und Asien, östlich vom Aralsee am nordöstlichen Ufer des Caspischen Sees über Astrachan die Wolga hinauf bis Kasan bewohnen, und welche Klaproth unter dem Namen Türken befaßt, (Asia polyglotta Sprachatlas XXXIV.) durfte wohl dieser Name des Galen in ihrem АryЩ. (Aritz) und АryЖ (Arisch) nicht zu verkennen seyn.

4) Rogge ist der eigentlich jetzige germanische Name, hingegen ist er den Griechen und Römern gänzlich unbekannt geblieben. Nach England scheint er schon vor den Angelsachsen gekommen zu seyn, und hat sich mit den vertriebenen Britten nach Wallis hingezogen, wo er Rygan heißt. (Adelung a. a. O). Auch an der nordöstlichen Seite des Kaukasus findet er sich wieder bey den Lespiern Rotl, Rochi (Klaproth Sprachen des Kaukasus S. 114), dieses Wort scheint aber dort auch mehr die Bedeutung von Korn (saede) zu haben, da auch der Waitzen mit ähnlichen Tönen Roode, Rodchi, Rochi, bezeichnet wird, um so mehr, da in Indien in Decan der Name Ruchi für eine Kornart gebraucht wird, die ein dunkles Mehl giebt und die William Hunter (Asiatic Researches T. VI. p. 48) als Cynosurus Caracanus bestimmt. Höchst merkwürdig ist es aber: daß dieser Name in beinahe allen Spracheu des großen Finnischen (scythischen) Völkerstamms, der früher das ganze nördliche Europa und den größten Theil des nördlichen Asiens bevölkerte, jetzt noch in Livland, Esthland, Finnland, Ungarn, in Europa, und über die Kama, am Obstrom über Tobolsk, Narym bis Jeniseisk wohnt, für diese Kornart derselbe ist.

1) Die den römischen Staat erobernden und von römischen und griechischen Sitten eroberten

Wir können von den Griechen und Römern keine eigentlich botanische Bestimmung einer Kornart erwarten, die sie selbst nicht kannten, da aber alle diese nicht römischen Nationen noch jetzt ihr schwarzes Brodt nur allein aus Roggen backen, und die Namen, welche jene von den Barbaren vollkommner oder unvollkommner aufgefaßt haben, noch jetzt dem Roggen angehören, so können wir wohl nicht zweifeln: daß unter allen diesen Namen der Roggen allein bezeichnet ist, und die Zweifel, welche schon früher von einem älteren Pflanzenkundigen gegen die Bedeutung von Briza, und neuerlich von einem Botaniker sogar gegen die Bedeutung von secale erhoben sind, (Abhandl. der Königl. Preussischen Academie der Wissenschaften 1816 p. 19) dürften wohl nicht bedeutend seyn.

Es erhellet daraus: daß secale der eigentlich Gallische oder Celtische Name war, den Plinius von den Galliern gehört hatte, die spätern in Frankreich einwandernden Völker behielten ihn bey, weil sie den Ackerbau, vorzüglich aber den Bau dieses doch nur für den geringern Mann bestimmten Korns den Ueberwundenen überließen, und so auch den ihnen eigenen Namen nicht veränderten. Rogge war der Finnische Name, der sich früher über ganz Nordeuropa und Nordasien verbreitete, die später einwandernden Germanischen Stämme behielten ihn aus denselben Gründen bey, so wie sie so viele andere Finnische Wörter, die sich vorzüglich auf Landbau und Familienverhältnisse beziehen, beibehielten, ihnen dann aber auch wo möglich eine niedrige Nebenbedeutung gaben, z. B. Lappi, finnisch ein Kind, dänisch und schwed. ein ungezogner junger Mensch; Kate, fin. Haus, deutsch, dänisch u. s. w. eine Hütte für Bauern; Gruopta Graben, Grüfte um Ackerland; Laib, großes grobes Brodt; Mulda Erde; Wathi, Bauch; Gambel alt; Kaula Kehle, Hals; Kooer, Hund; Mudda, Koth; Hobbone (dänisch Hoppe) Pferd; Poeg, Sohn, kleiner unbedeutender Knabe u. s. w. Wann diese Verdrängung und Untergehung der Finnen von Germanischen Stämmen geschehen, kann wohl kein Geschichtschreiber bestimmen, da es aber das eigenthümliche dieser Nationen ist, daß sie keine Schrift und also auch keine eigentlich historische Ueberlieferungen hatten; manche Um-

Heere, welche unter dem Namen der Ost- und West-Gothen, Franken, Vandalen u. s. w. die verschiede-

---

stände machen es aber wahrscheinlich, daß dieselbe im höhern Norden erst im 4ten Jahrhundert der christlichen Zeitrechnung vollendet war und in südlichen Gegenden im 2ten und 3ten Jahrhundert vorfiel, zu Tacitus Zeiten waren im nördlichen Deutschland die Völker und ihre verschiedenen Sprachen sehr gemischt, und sie selbst in beständigen Kriegen: Germanische, Gallische, Pannonische Sprache. Doch waren die Bewohner der dänischen Inseln (suiones) bereits Germanen und zeichneten sich als Krieger und Seemänner aus. De morib. Germ. c. 44. Zwischen dem Tanais (Dneper) und Borysthenes (Don) bis an das Caspische Meer in der großen Ebne wohnten die Bastarnen, die Strabo (Lib. VII. p. 306) bestimmt Germanen in Sprache und Sitten nennt. Alle noch übrige Traditionen deuten an, daß die nördlichen Germanen mit diesen hauptsächlich und fast einzig in Verkehr standen. Schwerlich auf einem Landwege? Nur in einen festen Staat vereinigte Völker können zu Lande sich sehr weit ausbreiten. Die Wolga ergießt sich jetzt aus dem Ladoga- und Onega-See ins Caspische Meer, fließt langsam in der kaum über die Meersfläche erhabenen großen Ebne zwischen Europa und Asien fort. Nach allen Angaben der Alten, namentlich Ptolomäus genauern Messungen von der Größe des Caspischen Meers, war es noch zu Ptolomäus Zeiten weit größer als jetzt, ging vielleicht noch zu seiner Zeit bis Penza nördlich und schloß den Aralsee östlich mit ein. Alle neuere Beobachtungen von Pallas, Parot, Tauscher (Neuestes Lausitzisches Magazin B. 1. H. 1.) bestätigen: daß dieser Landstrich ein neuer Meersgrund ist, worin sich die Muscheln des Caspischen Meers noch unverändert finden. Strabo, Plinius, Pomponius Mela, Dionysius (περιήγησις v. 45—50.) behaupten bestimmt, daß die Wolga ein Verbindungs-Canal des scythischen Meers mit dem Caspischen sey. Strabo weiß sehr gut, daß Herodot und Aristoteles dieses läugnen, zeigt aber, daß ihre Nachrichten aus jenen Gegenden nur Fabeln seyn konnten. Ptolomäus ist der erste sichere Gewährsmann, daß die Wolga nicht mit der Ostsee in Verbindung stehe und vielleicht konnte er zu seiner Zeit schon Recht haben. Alle Alten ohne Ausnahme, mit Einschluß von

nen Reiche des südlichen und westlichen Europa's gründeten. Sie theilten das Grundeigenthum als

---

Ptolomäus, gaben aber Scandinavien für eine Insel an. Das konnte nicht anders der Fall seyn, als wenn das jetzt noch niedrige mit Landseen durchschnittene Land zwischen dem Finnischen Meerbusen und der Onegabay noch mit Wasser bedeckt war, und dann war jene von Strabo, Plinius und Mela behauptete Communication wirklich vorhanden. Alle alten Sagen der Nordländer, die häufige Communication mit der östlichen Küste des weißen Meers, (Biarmaland, Jotusheim) u. s. w. und die größere Bevölkerung und Communication mit Lappland bestätigen dieses. Selbst eine Stelle in Tacitus de mor. Germ. C. 45 scheint es noch auszusprechen: Trans suiones aliud mare, pigrum ac prope immotum quo cingi cludique terrarum orbem hinc Fides quod extremus cadentis jam solis Fulgor in ortus edurat etc., das konnte wohl von dem Eismeere über Norwegen und Lappland nicht gesagt werden, wohl aber von dem flachen noch kaum mit Wasser bedeckten Zusammenhange zwischen Finnland und Rußland und der ganze Zusammenhang zeigt, daß Tacitus die Ostsee erst mit ihren Inseln und dann weiter nach Liefland hinauf beschreibt, nicht auf einmal über Norwegen und Lappland hinaus in den großen Ocean geht, der dort doch wahrlich nicht piger ac prope immotus ist.

So würde also Europa noch in der geschichtlichen Zeit der Menschen sich zuerst als eine Halbinsel darstellen, die nur durch die große Gebirgskette des Kaukasus mit Asien zusammenhing. Südöstlich und südlich mit dem schwarzen und mittelländischen Meere umgeben, wo eine freyere Wasserstraße, Erfindung der Schriftsprache, Hierarchie, engere Staatsverbindungen und günstigerer Himmel die Cultur des Menschen schneller beförderte; östlich und nördlich mit dem Caspischen Meere, seinem engen Ausflusse in die Ostsee, und der Ostsee, dessen Anwohner, von jenen durch hohe Gebirge getrennt, gar keine oder nur sehr wenig bekannte Schriftsprache, daher keine engere Staatsverbindung, keine sich sehr verbreitende Hierarchie hatten und dem ungünstigern Clima nur die individuelle Existenz abkämpfen mußten, dagegen aber auch eigene individuelle Kraft am höchsten schätzten. Beide ganz von einander getrennte Hälften standen durch den Caucasus mit Indien in sehr einzel-

Beute, ließen den Eroberten einen Theil gegen bestimmte Abgaben und erhielten sie bey ihren frühern römischen

---

ner Verbindung, hingegen hatte die südliche Hälfte durch Aegypten und das schwarze Meer mehr Zufluß der Früchte des südlichsten Geistes und wußte sie durch Schriftsprache zu bewahren, die nördliche Hälfte erhielt nur durch einzelne Begeisterte Ahnungen von jenen höhern Ansichten des Südens, nahm sie dann aber auch begieriger und treuherziger auf. Von dieser Communication Indiens mit dem Norden scheinen doch in Indien selbst noch historische Spuren in den Veda's aufbewahrt zu seyn. Capt. Wilford On the sacred Jslands (Asiat. Researches Vol. 8—11.) mag von seinen Pandits selbst mehr hintergangen seyn als er glaubt, die Etymologen mögen in seinen Ableitungen und Aehnlichkeiten von Wörtern Vieles gewagt finden, er bringt doch so viele gewisse Thatsachen vor, daß er wenigstens zu fernern ernstlichen Nachforschungen dringend auffordert. Auch in der Edda und den Isländischen Sagen finden sich mehrere, z. B. Jngwar vidforles saga, Eymunds saga u. s. w., wo die Reisenden zu Schiffe von der Ostsee aus bis Garderige, Novogrod, und selbst zum schwarzen Meer östlich hin gereiset sind. Unser gelehrte Professor Müller findet die Erstere mit Recht fabelhaft und wahrscheinlich aus einer spätern Zeit. Aber auch der Fabelschmidt reiset doch nicht gern zu Schiffe über festes Land, und irgend eine Tradition muß doch auch der neueren Fabel wohl zum Grunde liegen, da hingegen Eymunds saga mit der russischen Geschichte zum Theil übereinstimmt. An die Indier, welche nach der Nachricht, die Cornelius Nepos gegeben, von Pomponius Mela L. III. und Plinius L. II. c. 68. aufbewahrt ist, zu Metellus Celer Zeit an das deutsche Ufer verschlagen, und von einem Könige der Sueven jenem zum Geschenk gemacht, darf ich wohl kaum erinnern. Noch weniger kann man bis jetzt die von dem alten holländischen Historiographen Suffridius Petri zuerst aufgestellte Volkstradition: Daß die Friesen 27 Jahre vor der christlichen Zeitrechnung durch Friso über das Caspische Meer nach Holland geführt sind, als Beweis aufstellen; mehrere Geschichtschreiber auch im nördlichen Friesland, z. B. Heimreich, Rantzow u. s. w. haben ihr Glauben gegeben, hingegen ist

Gesetzen und Sitten. Unter sich behielten sie die kriegerische Verbindung, Grundeigenthum wurde für Dienste gegeben und Verpflichtungen, im Kriege treu, hold und gewärtig zu seyn, übernommen. So entstand das Lehnsystem ursprünglich nur in diesen eroberten Staaten als ein von allen frühern Staatsverbindungen verschiedenes Recht. Dieses zu behaupten und möglichst auszubreiten, war der Eroberer Hauptziel; geistige Thätigkeit, Legislatur und Handhabung des Rechts war ihnen fremd und lästig, so daß noch lange alle geistliche und weltliche Staatsgeschäfte in den Händen der frühern, römisch gebildeten Einwohner

---

sie von den schätzbarsten Historikern Ubbo, Emmius, Wiarda u. s. w., die keine andere historische Beweise, als Urkunden zulassen, als Mönchsfabel verworfen und das, so wie sie da steht, mit allen den einzelnen genauen Nachrichten: z. B. daß Friso bey Plato Philosophie studirt u. s. w, wohl mit vollem Recht. Die Volkslieder, worauf sich diese Geschichte gründen soll, sind nicht mehr vorhanden, und die Alterthümer dieser Nation noch zu wenig in Zusammenhang gebracht. Die goldenen Hörner, nicht allein im Nordfriesland (bey Tondern), sondern auch in Westfriesland (Heimreichs Nordfresische Chronik. Tondern 1819 B. 1. S. 119.) gefunden, mehrere noch vorhandene alte Sculpturen, z. B. auf der Insel Föhr, die nähere Verwandtschaft der alten friesischen Sprache mit dem Sanscrit u. s. w., könnten einem Alterthumsforscher große Veranlassung geben, eher an Indien als an die Phönicier bey der Erklärung derselben zu denken. Wir können aber hierüber nicht mehr sagen, als daß in diesen Alterthümern einer Nation, die sich so ganz rein und unvermischt erhalten hat, für den Geschichtsforscher des Menschengeschlechts, der da, wo er keine geschriebene Urkunden haben kann, durch Vergleichung der Thatsachen der Wahrheit näher zu treten sucht, noch ein sehr schönes, fast ganz unbearbeitetes, Feld offen ist.

blieb *.) Des Geistigen sich zu bemächtigen, Gottesverehrung und Wissenschaften allein zu leiten, zu diesem Zweck Grundeigenthum und Schätze zu sammlen, war das Streben der Geistlichkeit. Sie wurde also die Zuflucht der Unterdrückten, die Stütze der Schwachen, und diese Obergewalt übte sie mit allem Enthusiasmus, den Partheygeist und Begierde nach Macht und Reichthum geben konnte. Wem die Welt zu enge wurde [und sehr Vielen wurde sie bey dem unaufhörlichen Kampf zwischen gesteigerten Bedürfnissen römischer Cultur und der gesetzlosen Raubsucht der Eroberer zu enge], der floh unter die Flügel der Kirche; wer seine Blicke in eine uns verschlossene Zukunft wandte, glaubte künftige Seligkeit mit einem ihm unnützen irdischen Besitzthum wohlfeil zu erkaufen. Sich selbst mit aller Feinheit römischer Staatsklugheit kräftig zu organisiren, diesem Hauptzwecke das ganze Studium der Gottesverehrung anzupassen, Wundergeschichten und spitzfündige Philosopheme als das Wesen derselben zu betrachten, war das Streben der Geistlichkeit.

Handel und Künste zogen sich in die Städte und errichteten mit Reminiscenzen an die große römische Republik eigene Staaten, die nicht Provinzen, aber den Reichthum derselben zu erwerben trachteten, und gegen die Lehnsherrn wie gegen die Geistlichkeit auf der Huth seyn mußten.

---

*) Gibbon History of the decline and fall of th. r. E. Vol. VI. p. 369.

§. 46.

2) Anders verhielt es sich mit den nördlichen Staaten, die zum Theil die Helden jener Gegenden erzeugten, aber selbst nicht eroberten und nicht erobert wurden. Lange schlummerten sie in ihrem Zustande von roher Genügsamkeit und unentwickelter Humanität. Als später die heilbringende Lehre des Christenthums zu ihnen kam, hatte jener Kampf zwischen orientalischer Cultur und Raubsucht nicht Statt. Das Eigenthum war bestimmt und nach alten Gesetzen und Herkommen gesichert; selbst der Leibeigene war so an seinen Zustand gewöhnt, daß er kein Verlangen nach Freiheit hatte und am wenigsten glaubte, daß Religion ihm diese geben könne. Wenn die Bekehrer auch ihre sinnlichen Vorstellungen des Unendlichen zu Hülfe nahmen, um dem Christenthum mehr Eingang zu verschaffen, so war doch nicht die Menge der Enthusiasten da, die unter den Schutz der Kirche flohen, nicht die Zahl der Bußfertigen, die das Ewige für zeitigen Besitz einhandlen wollten. Die Gottesverehrung erschien hier mehr als innere humane Ueberzeugung des Individuums. Die Priester wurden für die Weisesten im Volke gehalten, aber diese Weisheit wurde weniger durch irdische Macht unterstützt. Selbst die Stimme des Volks konnte die Geistlichkeit nicht so sehr leiten, als in jenen römischen Provinzen, weil die größere Masse nur den Magnaten zu gehorchen gelernt hatte und keine große Handelsstädte waren, die von griechischer und römischer Freiheit den Nachhall hatten. So waren diese Priester nun auf ihre Weisheit

angewiesen und die Folge war: daß sie dieselbe weniger an die Hierachie, als an das Wohl des eigenen Staats knüpften. Während die Thätigkeit der südlichen Geistlichkeit sich in leeren metaphysischen Grübeleyen, in oft sehr sinnlich geträumter Casuistik und in der verderblichen Praxis hierarchischer Staatsklugheit erschöpfte, sammlete mancher nördliche Geistliche nützlichen Stoff für die Landesgeschichten in Chroniken, trug Herkommen und mündlich überlieferte Gesetze in geschriebene Gesetzbücher zusammen, Naturbeobachtungen und Erfindungen in mehr oder weniger mysteriöse Bücher, oder verschmähete es selbst nicht, seinem Landesherrn im Kriege zu dienen. Wenn diese Geistlichen auch größtentheils der Gelehrsamkeit jener entbehrten, so waren sie auch weniger geneigt, in irgend einem Wissen die Unfehlbarkeit eines Menschen anzuerkennen, der langsamere aber humanere Weg des eigenen Forschens stand ihnen weit mehr offen. Da waren keine zahllose Klöster, worin jeder Bettler, ohne andern Zusammenhang mit dem Vaterland, sich zu den wichtigsten Staatsämtern emporschwingen konnte, wenn er nur mit Unterwürfigkeit der Hierarchie fröhnte, die geistlichen Stiftungen wurden bald, wenn sie einigen Reichthum erworben, Familienanstalten, worin nur die Kinder der freien Staatsbürger aufgenommen wurden und behielten dadurch einen weit kräftigern Zusammenhang mit dem Staate. Eben dieses Verhältniß setzte auch dem Cölibat, der Hauptstütze der Hierarchie, Grenzen: Der römische Hof befahl ihn unter der Strafe des Bannfluchs, Enthusiasten sahen ihn als den einzigen Weg zur Seligkeit an, aber die

Masse des Volks mißbilligte ihn, und die Regierung beförderte lieber ein legales Bündniß zwischen Geistlichen und ihren weiblichen Gehülfen, als daß sie ungeregeltes Kinderzeugen erlaubte. *)

§. 47.

So war es im eigentlichen Scandinavien, in Norwegen, Schweden und Dännemark, und so war es in dem weit ausgebreiteten Staate der Friesen, welcher sich von der Maaß, tief in Westphalen hinein bis nach Jütland erstreckte, und germanischen Volkssinn mit Industrie und Kunstfleiß früh vereinigte, statt daß erstere Reiche durch ihre Seeräubereyen und innere Kriege weit länger im Stande der Rohheit erhalten wurden. Carl der Große schützte die Friesen gegen die Einfälle der Dänen, setzte ihnen Herzöge und Grafen

*) Waldemar II. (Lex Jutica a. 1240 L. I. c. 27.) verordnet: daß die Haushälterin, wenn sie drey Jahre die Schlüssel im Hause geführt und das Bett des Herrn getheilt, als die rechtmässige Hausfrau desselben anzusehen sey, und ihre Kinder Erbrecht haben sollen, ohne einen Stand, geistlichen oder weltlichen, zu nennen. Auf jeden Fall beweiset es, daß vom Staat die Kirchengesetze nicht sehr beachtet wurden. Der letzte catholische Bischof in Jsland war trotz seiner Anhänglichkeit an die päbstliche Kirche, für die er sein Leben auf dem Schaffot auf eine sehr heldenmüthige Art ließ, dennoch, wie mehrere seiner Vorgänger, sehr geneigt, seinem Sohne das Bißthum erblich zu hinterlassen, ein Gruß an seine Kinder, vorzüglich an seine tapfere Tochter (die nach seinem Tode noch den Kampf der Catholiken gegen die Protestanten fortsetzte), war das letzte Wort des kräftigen Jsländischen Bischofs. S. Finni Johannei Historia ecclesiastica Jslandiae Tom. IV. Hafniae 1778. 4to. Diese ganze Kirchengeschichte ist fast ein fortgesetzter Kampf der Bischöfe, sich Erbrecht in Jsland zu erwerben.

zum Schutz, aber er eroberte sie nicht, er ließ ihnen ihre Verfassung, und die von den Fränkischen Kaisern gesetzten Grafen wurden nie Erbherrn. Erst im 14. Jahrhundert finden wir einen eigenen geistlichen Landstand bey ihnen; in mehreren friesischen Gesetzen ist es aber eigends ausgedrückt: daß der Geistliche sich mit keinen weltlichen Geschäften befassen soll, weil er einem heiligern Berufe gewidmet sey. Die Gemeinden gaben den Priestern keine Zehnten und diese dem Pabst keine Abgaben. Bis zur Reformation lebten die Landgeistlichen in gesetzlicher Ehe *). Diese Länder könnte man die eigentlich ursprünglich protestantischen Länder nennen, deren politische und kirchliche Verfassung keinen gezwungenen Zusammenhang mit der Hierarchie in Rom hatten.

§. 48.

3) Anders wurde der germanische Geist in Rücksicht der Gottesverehrung modificirt in dem grossen Reiche der Sachsen, das sich von der Oder bis tief in Westphalen erstreckte. Pipin verdankt den Fränkischen Thron fast ganz allein dem Päbstlichen Stuhl, und dem großen Apostel der Deutschen, Bonifacius.

*) S. Neueste Ostfriesische Geschichte von Tielemann Dothias Wiarda Berlin. 1818. 8vo. Für die ununterbrochene Priesterehe in Ost- und West-Frießland führt der Verfasser zwey gültige Zeugnisse an: den Pabst Pius II. (Aeneas Sylvius) der dieses nach seinem Geiste, ohne Mißbilligung, als historisches Factum erzählt und den vorzüglichsten Chronisten Frießlands, Ubbo oder Emmius, Professor der griechischen Sprache und Geschichte in Gröningen zur Zeit der Reformation, der sehr dagegen eifert.

Der Stamm der Carolinger war der Hierarchie mit Enthusiasmus ergeben. Mit Heeren, die nicht wie die Gothen und Franken in einem gesegnetern angebauetern Lande selbst Wohnsitze und Eroberungen suchten, sondern, wenn sie für Gott und ihren König tapfer gestritten, größtentheils gern in eigene Heimath zurückkehrten, wurden die Sachsen überwunden, und die Bekehrung derselben war ernstlicher Hauptzweck. Dazu schien die Gründung reich mit Land und Leuten begabter Bißthümer das sicherste Mittel, und so bildete sich bald eine grosse Zahl geistlicher Landesherrn, Abteyen und Klöster. Aber sie bildeten sich auf germanischem Boden, wurden mit germanischen Leuten besetzt, und der germanische Geist konnte nicht ganz unterdrückt werden: Ein rauhes Land sollte von ihnen angebauet, nicht um üppige Besitzthümer früherer Kultur mit allen Waffen der Hierarchie und der römischen Politik gekämpft werden; wenn auch der fromme Glaube sie mit dem Oberhaupt der Kirche geistig verband, wenn sie dessen religiöse Beschlüsse zu befördern suchten, wenn Verehrung der Heiligen, Cölibat und der Glaube an fortdauernde ohnfehlbare göttliche Einwirkung auf das Oberhaupt der Kirche ihnen Pflicht zu seyn schien, so wandte sich doch ihre geistige Thätigkeit mehr auf eigene Existenz, auf Beförderung der Landes-Cultur, auf nüzliche Künste, Industrie und Wissenschaften, und sehr oft strebte dieser Geist dem der Hierarchie entgegen. Städte wurden nicht durch zu grosse Zahl müssiger Hierophanten verödet, sondern siedelten sich erst in der Nachbarschaft der Bischöfe und Klöster an, wurden aber auch bald mächtig genug, um eigene Rechte geltend zu machen; unter dem Krumstab ist gut wohnen, war nur ein deutsches Sprichwort. Das Lehnsystem wurde in diesem Theil Deutschlands vorzüglich durch die Geistlichen eingeführt, sie waren besonders geneigt, ihre grossen Besitzthümer in kleinere zu vertheilen und gegen Ländereyen Schutz und mässige Leistungen anzunehmen, oder auch nur ihren Freunden und Verwandten etwas zuzuwenden, die Lehnskammern der geistlichen Fürsten und Klöster waren bey weitem die ausgebreitetsten, nnd nichts hat in Deutschland mehr zu der glücklichen Vertheilung des Grundeigenthums in kleine Besitzthümer, dadurch zur grössern Bevölkerung und zur Beförderung der Industrie beigetragen, als dieses Lehnsverhältniß, wo kleine Besitzthümer unveräußerlich Familien eigen blieben. So schwang sich der germanische freie Sinn, der in Eigenthum jeder Art Schützen und Ehren besteht, daher jeder Eigenmacht eben so feind ist, als jeder gewaltsamen Veränderung, durch manche Fehden und Kämpfe, im bunten Gemisch von individuellem Herkommen und Gesetzgebung, zu einem hohen Grade der Humanität empor, die dem Gängelbande der Hierarchie nach und nach von selbst entwuchs.

§. 49.

4) Die durch Römerjoch entwafnete und durch römischen Luxus verweichlichte Nation der Britten nahm das Christenthum früh an, für ihre Humanität vielleicht weniger gedeihlich als im Orient. Nichtige Streitigkeiten der verschiedenen Secten entzweieten die ohnmächtige Nation und machten sie und ihre Reli-

gion den angelsächsischen Eroberern verächtlich. Das Reich wurde von verschiedenen Banden germanischer Freibeuter erobert, unter diesen entstand kein Lehnsystem, nur ein auf äußere Gewalt gestüztes Ringen nach Besitz und Oberherrschaft; der fast zwey hundert Jahre dauernde Krieg war ein Vertilgungskrieg, wo Aberglaube und Mönchsthum sich gegen Raub-

---

*) Auch bey der Britten ist es nicht zu verkennen, daß äußere Calamität am leichtesten zu religiöser Schwärmerey führt. Ihre Klöster waren in dieser Zeit wo möglich noch überfüllter, als die des Orients und Italiens zu Zeit der Gothen und Vandalen. Das einzige Kloster Bangor in Northumberland war eine kleine Stadt, deren Thore eine englische Meile weit von einander entfernt waren, und die allein 2100 Mönche enthielt. Es sandte der belagerten Stadt Chester ein Hülfscorps von 1250 Mönchen, die in einiger Entfernung für den glücklichen Ausgang eines verzweifelten Ausfalls der Belagerten beteten. Auf die Frage des angelsächsischen Königs Adelfried, was diese Leute wollten, erhielt er zur Antwort, sie beteten gegen ihn: dann sind sie eben so sehr unsere Feinde, wie die fechtenden, antwortete er und ließ sie bis auf 50, die entflohen, zusammenhauen. Hume Histor. of. Engl. Vol. 1. pag. 40. — In der unglücklichsten Zeit der französischen Revolution vermehrte sich die Zahl des strengsten Mönchsordens der Trappisten in dem Maaß, daß allein im Paderbornischen und Münsterschen (wie ich aus genauen Nachrichten weiß) über 500 männliche und auf 200 weibliche Individuen dieses Ordens sich aufhielten. Fast alle waren erst nach der Revolution in den Orden getreten. Die Regierung hielt es für nothwendig, sie aus den Gegenden zu entfernen. Ich glaube, in Friedenszeiten dürfte keine Regierung eine zu grosse Verbreitung dieses Ordens fürchten, und in jener Zeit erhielt mancher Unglückliche durch harte Arbeit und religiösen Enthusiasmus Ruhe und Trost, die für ihn in der Welt nicht mehr zu finden waren. Ich habe Gelegenheit gehabt, diese Mönche drey Jahre als Arzt zu beobachten. Ihr Familien-Name und frühere Lebensgeschichte wurde nicht bekannt,

sucht schwach vertheidigte *). Unter diesen Umständen begannen die ersten Bekehrer der Angelsachsen, Augustin und sein grosser Sender Pabst Gregor, das Bekehrungswerk bey den Angelsachsen, Ersterer mit mönchischem Eifer und sinnlicher Casuistik *), Lezterer schon mit deutlicher Politik für die Befestigung der päbstlichen Oberherrschaft. Mit Hoffnungen mächtiger Unterstützung wurde es von den Heptarchen nach und nach angenommen, oft auch mit ähnlichen Rücksichten wieder verworfen, und das Volk sah Taufe oder Götzendienst als eine Art Policeyverordnung an. Schon früh begründete sich dadurch eine innigere Verbindung der Politik mit der Religion, wie sie vielleicht in keinem andern Lande statt hatte, die auch unter den Normannen nicht aufhörte und in allen spätern religiösen Kämpfen Englands nicht zu verkennen ist. Je schwächer der Regent war, desto mehr wurde er von der Hierarchie abhängig, desto mehrere Rechte erwarben sich aber auch die Unterthanen, indem sie die römischen Bannflüche gelten liessen, verwarfen oder ihr In-

---

aber bey Mehreren war es nicht zu verkennen, daß sie in gebildeten Cirkeln der menschlichen Gesellschaft gelebt und ihren Wechsel erfahren hatten. Von Heucheley und Verstellung in ihren strengen Regeln war gewiß keine Spur, und ein Mann, den die Geschäfte des Klosters oft zu mir führten und dessen Narben eine frühere militärische Laufbahn verriethen, versicherte: daß er, auch abgesehen von seinen religiösen Hoffnungen, seine gegenwärtige Lage mit der nicht unrühmlichen vorigen nicht vertauschen möge.

*) Beyspiele davon hat Hume Histor. of England Vol 1. pag. 37. gesammelt.

teresse mit in den Frieden verflochten. Keine Herrscher sind grössern Demüthigungen von der Hierarchie ausgesetzt gewesen, als die englischen; von des heiligen Dunstans mit Hülfe Odo's Frevelthat gegen den liebenswürdigen König Edwy und seine Gemalin, und von Johanns entehrender Resignation der Krone in die Hände des päbstlichen Legaten sind wohl keine ähnliche Beyspiele in der Geschichte anderer Staaten. Und doch verdankt England dieser selben Resignation und demselben Manne, Cardinal Langton, der dem Könige vom Pabst zum Erzbischof von Canterbury aufgedrungen wurde, das eigentliche Palladium seiner Volksrechte, die Magna charta. So wurde zuletzt die Kirche (Kirk) und der Haß gegen Pabstthum die grosse Kraft, wodurch die gegenwärtige politische Verfassung Englands befestigt ist.

§. 50.

Kein Mißbrauch der Hierarchie entstand, wogegen nicht einzelne Männer oder ganze Gemeinden bald auftraten und mit Eifer sprachen. Gegen die Anbetung der Heiligen und die Wunder der Reliquien sprach bey der ersten Entdeckung der wunderthätigen Gräber des Apostels Peter und Paulus in Rom und der wunderbar geträumten Auffindung des Leichnams des ersten Märtyrers Stephan, mit allem Eifer griechischer Dialectik Vigilantius, und wurde vom heiligen Chrysostomus mit kaum einem Heiligen dieses Namens zu verzeihenden Verfluchungen, vom heiligen Augustin durch eine Menge erzählter Thatsachen zurückgewiesen. Gegen die geistliche und weltliche unbedingte Gewalt des Pabstes erhob sich schon früh (im Jahr 825) Claudius Turinensis, ihm folgte später ein Kaufmann in Lyon, Pierre Valdo mit der enthusiastischen Secte der Waldenser und nachher der Albigenser. In England lehnte sich Wicklef mit Beifall dagegen auf, und in Böhmen errichtete Huss eine mächtige Secte. Gegen das Cölibat sprachen schon auf dem Nicäischen Concilio mehrere unverheirathete keusche Bischöfe, und der heilige Clemens von Alexandrien ist ihm nicht unbedingt gewogen. Aber so lange die Hierarchie Selbstüberzeugung und Zutrauen zu sich selbst hatte, konnte sie durch diese Auflehnungen nicht gefährdet werden. Auch durfte kein Punkt des hierarchischen Systems von der Art seyn, daß es unbedingt und ohne auf den Mißbrauch Rücksicht zu nehmen, nicht vor dem Richterstuhle der christlichen Vernunft vertheidigt werden könnte. Die Wunder der Reliquien waren Thatsachen, gegen die das Verneinen der Gegenparthey nichts bewies, und die doch wohl oft selbst dem unpartheiischen Forscher als Wunder erscheinen mußten, eben so gut, als die Orakel nnd der Tempelschlaf der Griechen und magnetische Heilungen in unsern Tagen. Wenn bey den Gräbern und Altären der Heiligen eben so Hülfsmittel angewandt wurden, um die Wunder zu vermehren, wie in der Höle des Trophonius und — in mancher Magnetisirstube der neuesten Zeit, wenn der Mönch mit enthusiastischer Beredtsamkeit nur Wunderthaten zu preisen suchte und die Nichtwunder darüber vergaß, wenn

Hysterische und Geistesschwache einen ähnlichen unwiderstehlichen Drang hatten, als Gegenstand des Wunders gepriesen zu werden: so geschah nichts anders, als was bey jedem Enthusiasmus geschieht, der seiner Natur nach nur das beobachten kann, was zu seiner Ueberzeugung paßt (S. C. 1. §. 16.) für alles Andere unerregbar ist und lieber in Hypocrisis als in völlige Vernichtung übergeht. — Und welcher Philosoph hätte Muth genug, hier den ganzen Zusammenhang des unbegrenzten Lebens begreifen und es in Grenzen fassen zu wollen? — Nur unbedingtes Leugnen, Verspotten und Betrug wittern waren die Waffen der Gegner, der fromme kindliche Glaube neigt sich stets zu dem Bejahenden; Cölibat ist an sich ein ehrwürdiges Verzichten auf sinnliche Genüsse, um sich ganz dem höhern Berufe zu weihen, natürliche Anlage oder hohe Begeisterung können ihn dem Individuo sehr leicht machen. Es ist eine höchst ehrwürdige Idee: daß die Kirche von einem Oberhaupt geleitet wird, das nur für das Höhere, Geistige lebt. Daß aus den Reliquien und Heiligen Götzen, aus den Ehelosen wollüstige Verführer und aus dem von Gott belebten Anführer der Kirche und seinen Rathgebern oft herrschsüchtige Tyrannen wurden, war eine nothwendige Folge der thierischen Natur des Menschen, des einseitigen Enthusiasmus und der mit der Cultur zunehmenden Verwickelung der Verhältnisse.

§. 51.

Von diesen Verwickelungen der Verhältnisse der Menschen war das durch frühere Kultur der Römer, durch Handelsverhältnisse und durch Unbestimmtheit der Rechte eines umgestürzten Reichs, in ein regeres Leben gesetzte Italien der Mittelpunkt. Fast alle übrige europäische Staatsverhältnisse hatten dort ihre lezte und wichtigste Beziehung; die Kunst, diese Gährungen der sich so mannigfaltig widerstrebenden Tenzenzen zum eigenen Vortheil zu benutzen, bildete sich hier in eine eigene Wissenschaft, die, von allen Partheien längst geübt, Machiavel systematisch darzustellen versuchte.

§. 52.

In Verein mit diesen, der Hierarchie nachtheiligen Verhältnissen, trat Litteratur und Kunst nicht als Feindin, sondern als gefährliche Freundin der Hierarchie auf. Scholastische Casuistik und Theologie konnten weder den seit Augustus Zeiten zunehmenden Verfall der Sitten bessern, noch konnten die metaphysischen Träumereyen die Räthsel der physischen und hyperphysischen Welt lösen. Durch die Eroberung Constantinopels durch die Türken kamen mehrere griechische Sprachkundige nach Italien und belebten die Neigung für classische Litteratur zum hohen Enthusiasmus, und die Erfindung der Buchdruckerkunst erleichterte ihre Verbreitung. Die practische Lebensphilosophie der Griechen, die in der Beute des Orients und Occidents schwelgende Genußsucht der Römer, stellte sich mit allem Schmuck der Harmonie des Worts, der Anschaulichkeit der Kunst und der epigrammatischen Unbedingtheit der Behauptung, jener trüben, träumenden unbefriedigenden Scholastik entgegen. In Florenz, in der Familie der Mediceer, bildete sich der Mittelpunkt dieses Enthusiasmus und breitete sich von da über Italien und Frankreich aus. Latein und Griechisch wurden fast die Hofsprache, die Künste des Landes schöpften aus dieser schönen Quelle mit jugendlich-erneuerter Kraft, und die Muttersprache mußte dieser Harmonie nachstreben. Aber auch der Troß der Unbegeisterten folgte jauchzend nach: das schöne Wort galt Alles, eine treffende Antithese bewies Alles und für Manche von diesen lösete sich das Heiligste und Theuerste der Humanität, mit allen Symbolen und Mythen des Alterthums, in einen luftigen Traum auf, der nur durch das Wort ausgesprochen, durch die Kunst dargestellt und im Gesang gefeyert werden sollte. Wohl merkten diese Gefahr verschiedene edle Heroen der Litteratur *); auch der herzlose Troß merkte sie und hielt es nach seiner gewöhnlichen Art für nothwendig, zwey Zungen statt einer anzunehmen, für Religion und Volk die eine, mit allen düstern Träumen der Scholastik begründet und mit allen Schrecknissen der Hier-

*) Peccant, qui dissidium cordis et linguae faciunt, sed qui excordes toti sunt lingua, nonne sunt mere (ut Cato ait) mortuaria glossaria? Vivere sine lingua possumus, forte non commode, sed sine corde nullo modo possumus, sagt der treffliche Joannes Picus Mirandola (den Scaliger ganz im Geiste jener Zeit ein monstrum sine vitio nennt) in einem Briefe an Hermolaus Barbarus, wo er erst die schönsten Jahre seines Lebens bedauert, die er der scholastischen Philosophie aufgeopfert, dann aber auch ihre Parthey nimmt und diese Gefahren auseinander setzt. Hermol. Barbarus antwortet ihm wahrlich als ein excors totus lingua. S. Angeli Politiani Epistolas CXII. Hanov 1612. 12. p. 328.

archie eingeprägt, für das frohe Leben die andere, wo die schöne Erfindung jede große Sünde rechtfertigte. Geistreich spotten war Jedem erlaubt, human denken oder an irgend einer religiösen Tradition ernstlich zweifeln, wurde mit Feuer und Schwerdt verfolgt. Ob diese Trennung des Worts und der Ueberzeugung einen sehr nachtheiligen Einfluß auf die Sitten der Nation hatte, ist schwer zu sagen. In den Ländern, die seit Jahrhunderten der Schlund gewesen waren, wohin aller Reichthum, aller Genuß und alle Laster des Orients strömten, wo solche Heere von Ehelosen mit unvollkommnen Waffen die thierische Natur bekämpften, und andere Heere mit thierischer Wuth sich Freiheit und Besitz streitig machten, bedurfte es wohl eben nicht der alten Litteratur, um Laster zu lehren; auch war das Schlimmste dieser verdächtigen Litteratur längst bekannt *). Aber das ganze Leben als eine zierliche, möglichst scherzhafte Comödie anzusehen, worin der Dialog und die überraschende Lösung des Knotens (Theatercoup) allein die Personen hervorstechend und berühmt machten, war die gewisse Folge dieser Trennung des Herzens und der Zunge.

---

*) Wenn die critischen Vermuthungen der Philologen Salmasius und Peter Burmann gegründet sind, so ist das schlimmste Buch der römischen Litteratur, Titi Petronii Arbitri satyricon, nicht etwa ein Auszug, sondern nur Kraftstellen aus einer Satyre auf den Kaiser Claudius, im Mittelalter von irgend einem Mönch ausgezogen: Immo horum otiosorum turpi diligentiae adscribendum puto, quod non integer ad nos pervenerit Petronius, sed illae tantum partes, quae monachis tentigine ruptis, lasciviae et libidinosae proterviae manifestissimis argumentis blandiebantur. P. Burmanni edit. Traject. ad Rhenum 1709. 4. praefatio.

§. 53.

Von den zehn Päbsten, die von der Einnahme Constantinopels an bis zur Reformation den päbstlichen Stuhl inne hatten, war der erste, Nicolaus V, vielleicht der gelehrteste, der lezte, Leo X, aus dem Hause Medicis am meisten lingua sine corde, keiner war unter ihnen, der sich nicht mehr durch Gewandheit in Geschäften und durch vortheilhafte Staatsunterhandlungen, als durch apostolischen Eifer für das Christenthum ausgezeichnet hätte. Die Klagen der Christenheit über Mißbrauch der Hierarchie, Sittenlosigkeit der Geistlichkeit u. s. w. wurden vom päbstlichen Stuhle selbst laut ausgesprochen, aber die Mittel zur Besserung mit kalter ängstlicher Politik aufgesucht, und die beiden lezten Päbste constituirten, nachdem das Concilium zu Basel seinen Zweck verfehlt, des Concilium Lateranense V, wo nur Cardinäle über die Befestigung der päbstlichen Gewalt rathschlagten. Die dringende Gefahr, vom Orient aus der westlichen Christenheit drohend, diente allen diesen Päbsten zum Vorwande, Kreutzzüge gegen die Türken zu predigen, Geld unter manchen Namen von der Christenheit einzusammlen, geistliche Aemter schamlos zu verkaufen, selbst die Käufer widerrechtlich aus dem Besitz zu setzen; aber nur zwey von ihnen meinten es mit diesem Kreutzzuge ernstlich, die meisten vergeudeten die eingesammleten Summen in Prunk und an unwürdige Nepoten; der lezte, Leo X, erfand, nachdem die Gefahr schon größtentheils vorüber war, den schändlichsten Erwerbszweig, den Handel mit der Gnade

Gottes im Ablaß, mit der leichtsinnigen Ueberzeugung: daß die plumpen Deutschen sich das leicht würden gefallen lassen.

§. 54.

In dieser Lage fand der deutsche Luther den römischen Hof bey seiner Anwesenheit in Rom. Durch Philosophie und ernstes Studium der Bibel gebildet, mit germanischem Sinn die Humanität für das kostbarste und einzige Gemeingut haltend, nicht durch orientalische Laster verführt, keine zwey Zungen anerkennend, sondern allein von der einfachen alle Völker und alle Stände beseligenden Lehre Christi durchdrungen, konnte diese Hierarchie ihm nicht zusagen. Bald erhielt er in Deutschland den vollen Beweis, daß religiöser Aberglaube nur als Erwerbsmittel von dem Haupt der Kirche befördert werde, in Tetzels Ablaßkrämerey. Wie er sich diesem alle Humanität tödtenden Geiste mit besonnener Kraft ohne Anspruch auf Reformators-Ruhm entgegensetzte, wie sein edler Enthusiasmus sich so vielen Andern mittheilte, wie er von Fürsten Deutschlands, die Hierarchie und allgemeine Monarchie in gleichem Maaß zu scheuen Ursache hatten, unterstützt wurde, wie Englands König auf gewisse Art seine Vorfahren, die Heptarchen, nachahmte und den Cultus annahm, der seinen politischen Ansichten am meisten entsprach, wie selbst der französische Hof diese religiöse Verbindung mehr aus politischen Ursachen als mit eigener Ueberzeugung begünstigte, erzählt die Geschichte der Reformation. Durch lange blutige Kriege, durch manchen geistigen Kampf, ist der Segen von Luthers Geist, der nun die Banden der Hierarchie lösete, keine neue durch spitzfündiges Grübeln aufgefundene Dogmen lehrt, auf alle Völker der Christenheit gekommen. Die weltliche Herrschaft der Hierarchie ist auf immer gestürzt, kein Bannfluch kann mehr die Völker zum Aufruhr reitzen, kein Scheiterhaufen den ruhigen Denker schrecken. Auf gewisse Art haben Catholicismus und Protestantismus sich wie eine Monarchie und Republik die Hände geboten, um friedlich das Nützliche und Gute gegen einander auszutauschen. Wenn die geistige Monarchie ihrer Natur nach noch immer nach Allgemeinheit strebt, wenn die Republik oft sich zur geistigen Anarchie neigt, so haben sie beide die wahre Lehre Christi zum festen gemeinschaftlichen Mittelpunkt, die in weit dunklern Zeiten der Humanität in den Herzen der Edlen eine unsichtbare Kirche erhielt, sicher vor den Stürmen des Aberglaubens und Unglaubens, die in den Schriften mehrerer Kirchenväter, in den Schriften eines Ficinus, vorzüglich aber in mehreren ächt germanischen ältern Schriften, in Thomas a Kempis und in dem trefflichen Buche, dem Luther so viel verdankt und es daher so hoch preiset, in der deutschen Theologie *) sich deutlich ausspricht und die Thaten so mancher Edlen der Vorwelt und auch unserer Zeit ausgeprägt hat.

---

*) Sehr verdienstlich neuerlich wieder herausgegeben von Prediger Grell, Berlin 1817, nachdem die vielen deutschen Ausgaben, (die erste mit Luthers Vorrede. Wittenberg 1518.) lateinischen, französischen, holländischen und plattdeutschen Uebersetzungen vergriffen waren.

§. 55.

Wenn dann Einzelne aus einem geistigen Staate in den andern übergehen, bald geistige und politische Verhältnisse verwechselnd, bald aus Leerheit des eigenen Geistes, dem sie den historischen Glauben Anderer gern als etwas ihm wirklich Werthes aufdringen möchten, wie manchen Völkern Papier statt Gold und Silber aufgedrungen wird; wenn in der Republik Manche gleich den Gänsen des Capitols schreien, wo irgend ein ihnen bekannter Mann zur Monarchie übertritt; wenn Jesuitenriecherey und Furcht vor Pabstthum zu den nothwendigen Bedingungen der Aufklärung auch bey denen gehört, die die catholische Kirche nur aus den trüben Quellen der Controversen oder aus den herzlosen Träumereyen der Casuisten kennen; wenn gar einzelne Lehrer der protestantischen Kirche aus der Bibel eine Art natürlicher Magie und aus Christi erhabner göttlicher Lehre ein Sittenbüchlein zu machen gedenken; wenn andere, um diesem Unfug zu steuern, selbst Päbste werden und die Gemeinde mit Feuer und Schwerdt zum Bejahen bringen möchten: so ist dies das einzelne Wogen des alles aufnehmenden, alles ernährenden Oceans, der von verschiedenen Winden bewegt an verschiedene feste Ufer getrieben wird, ohne daß Ocean und festes Ufer dadurch verändert werden.

Nec colitur Ille nisi amando.

Viertes Capitel.

Staat.

Poor race of men! said the pitying spirit,
Dearly ye pay for Your primal fall —
Some flow'rets of Eden ye still inherit,
But the trail of the serpent is over them all!
Lalla Rookh p. 144.

§. 56.

Die nächste Einheit, die der Mensch durch diesen göttlichen Geist der Vereinigung des Einzelnen zu einem Ganzen in sich auffaßt, ist der Staat. Das Thier hat sein Revier, worin es seine Nahrung erlangt, hat seine Heerde, seinen Haufen, seinen Schwarm, worin es gemeinschaftlich Schutz, Gelegenheit zur Fortpflanzung u. s. w. sucht, aber sehr uneigentlich sind solche Vereinigungen Staaten, oder gar bestimmte Formen von Staaten, Republiken u. s. w. genannt; nur Verlangen für die Erhaltung der Individualität vereinigt sie, nur Abscheu leitet oder zerstreuet sie. Erst dann nennen wir eine solche Vereinigung einen Staat, wenn die Individualität mit dem Ganzen eins zu seyn strebt, wenn also das Ganze geliebt, das ihm Nachtheilige gehaßt wird; was dem geliebten Ganzen zuträglich ist, fördert auch die Individualität, was ihm Gefahr bringt, droht auch diese zu zerstören, und so erlangt der Staat wie der einzelne Mensch Perfectibilität, die allen übrigen, nur durch Instinct zusammengebrachten, lebendigen Vereinigungen gänzlich mangelt *). Nicht eine kalte Logik hat die Menschen zusammengebracht und erst einen Societäts-Contract entworfen, nach welchem sie in Gemeinschaft leben wollten; sondern derselbe göttliche Geist, der Alles zu einer Einheit in der Idee zu vereinigen strebt, der das Zusammengehörige liebt und das Entgegengesetzte haßt, weil er zugleich Theil und Zweck des Ganzen ist, macht, daß sie nur in dem Verhältniß eines Staats oder als Feinde leben konnten. Daher sind diese Gefühle von Religion, Staat, Freundschaft u. s. w. auch stets inniger vereinigt, je näher wir der ersten Staatsvereinigung kommen: Alle Staaten nähern sich da mehr der Theocratie, alle Begeisterte der Vorwelt, die die Verhältnisse ihres Staats (die Gesetze) deutlicher aussprachen, waren von der Gottheit inspirirt *) und alle nicht zu demselben Staate Gehörige wurden als Feinde, Unmenschen, Barbaren angesehen, die keine Personen-Rechte hatten, und mit denen man also wie mit Sachen schalten konnte.

§. 57.

Das was das Ganze und alle seine Theile im

*) Plato De re publica L. V. p. 658.

**) Marsil. Ficini Argumentum in Platonis Dialogum Minos. Platonis Opera p. 564.

Einzelnen zugleich fördert, nennen wir Recht, das was ihm nachtheilig ist, Unrecht. Nach der verschiedenen Natur des Staats, nach fortschreitender Cultur, Clima und einzelnen Begebenheiten muß sich dieses Recht und Unrecht verschieden gestalten. Bey gebildeteren Nationen, die ihren Staat nicht allein im Auge haben, sondern die ganze Schöpfung als einen Staat ansehen, wird Ethik das Recht überall leiten, und dieses von der Ethik allein bestimmte Recht nennen wir Naturrecht. Die Bestimmung für den einzelnen Staat nennen wir Gesetz, und dieses muß seiner Natur nach oft vom Naturrechte abweichen (z. B. Strandrecht, Erbrecht u. s. w.). Die Kenntniß dieser Bestimmungen haben wir nach den Römern Rechtswissenschaft genannt; Gesetzkunde, wie es in den nordischen Sprachen heißt, dürfte vielleicht passender seyn, um den Unterschied zwischen Ethik und Rechtswissenschaft immer genau im Auge zu behalten und letzterer nicht den Umfang zu geben, den ihr die römischen Institutionen bestimmen. Letztere unterscheidet sich von ersterer in demselben Maaß, wie sich Religion und Moral unterscheiden.

§. 58.

Die humane Auffassung der Einheit im Staat nennen wir Vaterlandsliebe; in so weit sie sich äusserlich und thätig im Individuo äussert, Gemeingeist: durch diese wird der Staat eine lebendige Einheit und in der höchsten Vollkommenheit eine organisirte Humanität, worin jeder Einzelne, wie das einzelne Organ im Organismo, sein individuelles Leben mit dem

Staatsleben innigst vereinigt, alles Zuträgliche, wenn es auch dem entferntesten Theile begegnet, ihm selbst zuträglich, jedes Nachtheilige ihm selbst nachtheilig findet.

§. 59.

Wie aber die Liebe im Allgemeinen durchaus nicht critisch und vergleichend ist *), so ist es auch nicht diese Vaterlandsliebe, und darin dürfte sich wohl der Begriff vom Gemeingeiste mancher Neuern von dem der Aeltern unterscheiden. Es ist nicht Gemeingeist, daß jeder jede Function des Staatslebens verrichten oder gar stöhrend in ihm fremde Functionen eingreifen will, so wenig wie es ein gesundes Leben des Individuums seyn könnte, wenn jedes Organ jede Function verrichten wollte **), im Gegentheil nennen wir das, wo es sich zeigt, Krankheit: Wenn ein Splitter in die lebendige Haut gestossen wird, so fühlt der ganze Körper Schmerz, aber nur die nächst gelegenen Theile verändern ihr Leben, es entsteht um den Splitter Entzündung und dadurch wird der Splitter selbst ausgestossen; nimmt aber die ganze Haut Theil daran, entsteht Röthe in der ganzen Haut (Rose), Fieber im Gefäßsystem u. s. w., so wird der Organismus der Zerstörung nahe gebracht und der Splitter wird nicht ausgestossen. Dies ist nicht etwa eine Parabel, sondern eine im Begriff des lebendigen Organismus begründete Wahrheit, die im vegetativen und animali-

*) Corinther 1. 13. 4.

**) Plutarch. Vita Coriolani, meisterhaft dialogisirt in Shakespears Coriolanus Act 1. Sc. 1.

schen Leben wie im Staatsleben unveränderlich ist. Das Recht lieben und das Unrecht hassen, ist das eigentliche Staatsleben, aber überall thätig seyn wollen, um vermeintes Recht zu fördern und Unrecht zu steuern, da zwischen Recht und Unrecht entscheiden zu wollen, wo wir den ganzen Zusammenhang nicht klar einsehen können, egoistisch die eigene Ueberzeugung Andern durch Enthusiasmus aufzudringen, ist eine gefährliche Krankheit, die Europa im letzten Jahrhundert der Auflösung (dem Staatstode) nahe brachte.

§. 60.

Darin besteht die Manifestation des Lebens im Begrenzten: daß in die Mannigfaltigkeit Einheit gebracht wird, daß wie sich der Einzelne mit Liebe und Zutrauen als Theil des Ganzen und Zweck zugleich, der Natur und der Fügung Gottes hingeben muß, er sich mit ähnlicher Liebe und Zutrauen dem ihm gehörigen Staate hingiebt, jedes Recht erkennt, jedes Unrecht lebhaft fühlt und es unverholen ausspricht, wenn er es vollkommen erkannt hat; aber nimmer den Staat tödtet, um einzelnes Unrecht zu heilen, sondern sich diesen immer als ein lebendiges von Gott geschaffenes Ganze denkt, das nicht von Menschenhänden gemacht, weder durch Organisations-Commissionen noch durch organisirende Clubs wieder erweckt und von neuem dargestellt werden kann. Dieses Zutrauen muß alle Theile des Staats ohne Ausnahme durchdringen, und es ist unbezweifelt das größte Verbrechen, es den Staatsbürgern zu nehmen! — Aber nicht bloß einer einzelnen Classe, nicht bloß der gehorchenden, sondern auch der herrschenden: Geheime revolutionäre Gesellschaften und geheime Anklagen dürften in dieser Rücksicht oft in gleicher Cathegorie stehen.

§. 61.

Der Staat ist keine Individualität, die irgend einem Gliede desselben entgegengesetzt, von dem das einzelne Glied irgend etwas verlangen könnte. Als Individualität setzt er sich nur andern Staaten freundlich oder feindlich entgegen. Das Mitglied des Staats hat nur das eine zu fordern: daß seine Rechte geschützt werden d. h. daß ihm die Verhältnisse nicht zum Vortheil anderer Individuen genommen werden, in deren rechtlichem Besitz er sich befindet; dem Ganzen wird er sich gern aufopfern. Neue Gesetze, um seine Individualität zu begünstigen, wird er so wenig zu fordern haben, als der Isländer eine wärmere Sonne, um die süssen Früchte des Südens zu ziehen. Nur in diesem sichern Schutz besteht die politische Freiheit des Staatsbürgers. Antheil an der Legislatur gehört daher durchaus nicht in den Begriff des freien Staatsbürgers, er kann als Mitglied der Autocratie, der beschränkten Monarchie oder der Republik gleich frey seyn, wenn ihm seine Rechte nicht gekränkt werden.

§. 62.

Im Absoluten, in Gott allein ist ungetrübt Wahrheit und Recht. In jedem Menschen bringen verschiedene, oft sich widerstrebende Tendenzen, Abweichungen hervor. In jedem Staate muß aber eine endliche menschliche Entscheidung des Rechts, eine

Regierung seyn. Welche Regierungsform die wünschenswertheste und beste sey? Ist eine seit Darius *) Zeiten nur zu oft theoretisch und practisch aufgeworfene, in unserm experimentirenden Zeitalter durch schreckliche Versuche erläuterte, an sich aber höchst müssige Frage, deren jedesmalige Entscheidung in den meisten Fällen mehr durch thierische List, wie bey Darius, als durch humane innere Ueberzeugung ausgemittelt wurde, da kein bestehender Staat zu einer andern Form ohne momentane Anarchie übergehen kann, und in der Anarchie thierische List und Gewalt stets unumschränkt walten. Nur in der ersten Kindheit kleinerer Völkerstämme konnte großes allgemeines Unrecht einen allgemeinen Enthusiasmum für Recht und dadurch einen einstimmigen Gemeinsinn erwecken, der z. B. die Athenienser nach dem Sturz der Tyrannen, die Römer nach der Verjagung ihrer Könige, und die Schweitzer nach Ueberwältigung ihrer Zwingherrn beseelte. Seit dem aber hat sich das Verhältniß der Staaten sehr verändert, und die Humanität ist in den meisten aus dem leicht zu befriedigenden Kindesalter in das Alter des rastlosen, Alles verlangenden, Alles unternehmenden Mannes vorgerückt, oder sehnt sich in andern nach der Ruhe des Greises, ohne sie erlangen zu können. Wenn im Kindesalter nur einzelne thierische Tendenzen die innere Ueberzeugung des Rechts verrücken können, so kommen in diesem Alter selbst so manche humane Tendenzen, Religion, Familienbande, Künste und Wis-

---

*) Herodot Thalia 85, 86, 87.

senschaften, Handel und Gewerbe u. s. w. hinzu, die den Gesichtspunkt verrücken, die Regierungen so vielwirkend und die mannigfaltigen Verzweigungen der Administration so nothwendig, die Anforderungen der Individuen aber so mannigfaltig und sich durchkreuzend gemacht haben, daß jede Veränderung immer gefährlicher wird.

§. 63.

Zwey Hauptbegebenheiten in der bekannten europäischen Geschichte haben dieses Verhältniß der Humanität der Staaten in Europa hauptsächlich bestimmt.

I. Der Sturz des römischen Staats.

§. 64.

Wenn uns auch die erste Gründung des römischen Staats, in manche Fabeln und Traditionen gehüllt, dunkel erscheint, so können wir doch wohl mit Gewißheit behaupten: daß kein Staat, von seinem ersten Ursprunge an, durch religiöse Tendenz und durch das geistige Princip, Philosophie, Kunst und Wissenschaft, weniger gebildet wurde, als der römische; im ewigen Kampf um die eigene Existenz, Vergrößerung und Erhaltung der Rechte der verschiedenen Volksclassen, befaßt, hatte er nicht Zeit dazu. Keine eigene Priesterkaste bewahrte das Geistige, aber die stets nach der Oberherrschaft strebende Classe der Patricier suchte die vorzüglich aus Etrurien gebrachten religiösen Vorstellungen als Familieneigenthum zu bewahren, und dadurch ein Band zu bilden, wodurch der Patricier den Plebejer, der Patron den Clienten auch geistig binden konnte. Mysterien und Orakel, Augurien u. s. w., die nur sehr lose und sinnlich mit dem Staatsleben in Verbindung standen, und bald als Fabeln veralteten, erinnerten den Römer nur sehr selten an eine höhere allgemeine Weltregierung. Um so mehr mußte er daher die humane Vereinigung in sich selbst suchen: Drang nach Gesetzen war die erste und lebhafteste Aeußerung der römischen Humanität. Romulus, Numa und Servius Tullius sind als Königliche Gesetzgeber noch in der Geschichte genannt, die den Königen folgenden Decemvirs konnten schon eine bedeutende Sammlung von Gesetzen, in der den spätern Römern kaum verständlichen Pelasgischen Mundart, auf zwölf Tafeln sammlen, und bald waren schon im Staate mehr Gesetze als Humanität, um sie allgemein ins Staatsleben der Nation einzuführen und sie jedem Staatsbürger practisch nützlich zu machen. Wie im Orient sich Priesterkasten der Gottesverehrung allein bemächtigten und diese in Symbole mystisch verhüllten, so bemächtigte sich auch die Classe der Patricier der Auslegung der Gesetze. Aeußere Formen traten hier an die Stelle der Symbole, nicht das Recht, sondern die formelle Art es geltend zu machen, war die Hauptaufgabe, und die Patricier gebrauchten auch diese Formen zum Gängelbande der Nation.

Romae dulce diu fuit et solemne, reclusa
Mane domo vigilare, clienti promere jura.

Horat.

Wer viele solche Clienten hatte, war der Mächtige im Staat. Vergebens strebte das Volk, Theil an der Legislatur zu haben. Ueber die Gesetzvorschläge mußte in den Volksversammlungen gestimmt werden, aber so lange die Stimmen öffentlich gegeben wurden, war der Schuldner und der Client von dem Willen des mächtigen Patriciers abhängig; als ein geheimes Kugeln eingeführt wurde, hatte Demagogie und natürlich darauf folgende Tyrannie vollen Spielraum, und in der speciellen Anwendung galt stets die Kenntniß der Formen und Rednerkunst am meisten. So bildete sich Jurisprudenz im römischen Staat fast als das einzige Studium aus, Philosophie und Bildung der Sprache wurde von den Griechen nur zu dem Zweck erborgt, um der Jurisprudenz mehr Grund und anmuthigere Formen zu geben. Die gesetzgebende Macht fiel nicht bloß dem Senat und Volk und später den Cäsaren anheim, sondern auch die vornehmsten Magistratspersonen, Prätoren, Consuls und Tribunen hatten sie in gewissem Maaße, und ihr Ausspruch machte wenigstens eine bedeutende Präcedenz. So strebte die römische Jurisprudenz fast nach nichts Geringerem, als das ganze menschliche Leben mit allen seinen möglichen Verhältnissen und Vorfällen in ihren Gesetzen zu anticipiren und es im Umriß darzustellen; mit Fleiß und Sorgfalt, die auch den gelehrtesten Forscher noch jetzt in Erstaunen setzen, wurden diese Umrisse in Sammlungen, welche gesetzliche Kraft erhielten, zusammengetragen und Justinian war mit der Arbeit seiner Juristen unter dem Vorsitz des seiner Religiösität wegen nicht berühmten Tribonians so zufrieden, daß er sie gern für ein unmittelbares Product der Theocratie ausgegeben hätte *).

§. 65.

In diese fein abgerichtete Wage der Gerechtigkeit, die doch immer weniger hinreichend wurde, die Humanität gegen Tyranney, Luxus und Sittenverderbniß zu schützen, warf der Gothe sein Schwerdt. Erobern war ihm einziges Rechtsprincip, Kämpfen die einzige Form, und gewissenhafte Anhänglichkeit an seinen Obern der einzige Zusammenhang. Für mehrere Jahrhunderte verlor eigentlich rechtlicher Besitz seine Kraft oder wurde nur da gestattet, wo der Vortheil des Eroberers schwieg. Die gelehrte Kaste der Rechtsgelehrten zog sich in die Klöster zurück und fand in der Hierarchie ein sicheres und fruchtbares Feld der Wirksamkeit, wo sie im canonischen Rechte noch eigentlicher das menschliche Leben abconterfeyen, in der Casuistik ihre ganze Poesie in Thätigkeit setzen konnte. Handel und Gewerbe und die ihnen dienenden Künste vereinigten sich in befestigte Städte, behielten zum Theil die frühere Verfassung der römischen Republik und der Municipalstädte bey oder modelten sich eine, bald mehr aristokratische, bald mehr demokratische Verfassung, nach den Bedürfnissen der Umstände. Zu schwach, gegen die Krieger des Ostens das Eroberungssystem ihres Mutterstaats nachzuahmen, begnügten sie sich durch Handel und Gewerbe, nicht Provinzen, aber den Reichthum derselben zu erobern und wandten diesen

*) S. Gibbon History of the decline and fall of the Roman Empire. Vol. VIII. p. 39.

an, von den Eroberern Schutz, von der Kirche Vergebung und unter sich politischen Einfluß zu kaufen.

§. 66.

So standen, auf den Trümmern der umgestürzten römischen Monarchie, drey Stände sich einander gegenüber, um so schroffer und oft feindlicher, je weniger das Eigenthum und die allgemeine Herrschaft bestimmt war, und jeder Stand begierig darnach griff. In Italien war der Mittelpunkt des Kampfes und der Anarchie, und jedes andere politische Verhältniß hatte dort seine letzte Beziehung. Wie bey allem Mißbrauch der Kräfte, den Enthusiasmus und Egoismus herbeyführen konnten, sich Gottesverehrung inniger mit der Humanität vereinigte, dem Menschen nicht bloß Gesetze gab, auf Tafeln geschrieben, durch schwer zu erlernende Formen geltend gemacht und durch gelehrte Spitzfindigkeiten bald aufgeklärt bald verdunkelt, sondern ihm einen innern Richter gab, der mit der einfachen göttlichen Lehre Christi die meisten schwierigen Rechtsfragen entscheiden konnte, zeigt die Geschichte in manchen rührenden Vorfällen und noch mehr die ehrwürdigen Denkmäler und Ueberlieferungen aus dem Privatleben der frühern christlichen Vorwelt, die frühe Abschaffung der Sclaverey in den meisten Ländern, und die Anstrengungen, welche zur allgemeinen Verbreitung der Volksbildung gemacht wurden. Dem Feudalsystem verdanken wir, bey manchem Mißbrauch der Waffen: daß der Regententhron fester gegründet ist, daß kein Kaiserthum mehr meistbietend in dem Lager der Prätorischen Legionen verkauft, keine zwey Heere das eigene Vaterland verwüsten können, um ihren Feldherrn auf den Thron zu setzen, weil dieser Thron nicht von Sclaven umgeben, nicht durch Heere erobert, sondern von den Edelsten des Landes unterstützt ist, deren eigener Besitz von strenger Erbfolge abhängt.

§. 67.

Handel, Künste und Handwerker flüchteten vor der Hierarchie und vor der Willkühr des Feudalsystems in Städte, die entweder, wie viele Städte Italiens, ihre ganz unabhängige Existenz errangen, oder unter dem mächtigen Schutze eines Fürsten standen, der es ihnen gern überließ, sich selbst zu ordnen, dem Ganzen und den einzelnen Classen der Bürger Privilegien und Freiheiten ertheilte und dafür wenig mehr, als Beistand im Kriege oder mäßige allgemeine Leistungen forderte. Nach der verschiedenen Lage, Thätigkeit und den Handelsverhältnissen bildeten diese Städte eigentliche Handels- und Gewerbsstaaten, wo jede Art des menschlichen Fleißes seine eigene Organisation, seine Rechte und sein gemeinschaftliches Interesse hatte, wo jedes Geschäft, jede Arbeit ehrbar wurde, weil sie eine gemeinschaftliche Corporation, gemeinschaftliche Rechte und Vorzüge hatte; diese Corporationen hatten wieder gemeinschaftlichen Zusammenhang mit dem Ganzen und hatten dadurch das Recht und die Verpflichtung, das Individuum in seinem Besitze zu schützen und ihm das Gefühl von Freiheit, das Gefühl, daß auch seine Person im Staate eine Gültigkeit habe, lebhaft zu erhalten. In diesen Innungen war überall besondere Sorge genommen, daß das einzelne Individuum sich nicht zu sehr über sein Gewerk erheben konnte, nicht durch Geldaufwand, Verkauf oder Anlegung großer Maschinen die Nahrung der Uebrigen an sich reißen konnte, zugleich wurde aber seine Arbeit als eine gemeinschaftliche der ganzen Innung angesehen, die, als schlecht, die ganze Innung nicht beschimpfen durfte. Sie machten unter sich kleine Staaten, ihre Theilnehmer waren zunächst verbrüdert, und Wohlthätigkeitsanstalten jeder Art, die von ihnen, als heilige Denkmäler der Wichtigkeit ihres Standes, gewissenhaft verwaltet wurden, ließen keinen Hülfsbedürftigen Mangel leiden. Der Staat im Ganzen kannte keine Arme, bedurfte keiner Zwangsmittel, um diese zu ernähren und Manchen Lust zu machen, sich schamlos ernähren zu lassen. Die schönste Blüthe der Humanität, Wohlthätigkeit, war nicht auf den dürren Stamm finanzieller Berechnungen gepfropft, sondern, auf Religion und Liebe gegründet, erfreute sie unmittelbar das Herz des Gebers und des Empfängers. Der Bettler war noch mehr als eine lästige numerische Einheit im Staate, es blieb ihm das Gefühl der dankbaren Verbrüderung und der Hoffnung, diese einst wieder bethätigen zu können.

Durch den großen Welthandel wurden Einzelne in diesen Staaten reich, vielleicht reicher, als später die Schätze Indiens einzelne Individuen machten, sie blieben aber immer Bürger desselben Staats, verbrüderte Mitglieder derselben Innung, hatten keine andere Tendenz, als, im Verhältniß ihres Vermögens, ihre Person in diesem Staate mehr geltend zu machen, und wurden so nach ihrer verschiedenen Neigung mächtige

Männer am Staatsruder, oder Wohlthäter durch religiöse und wohlthätige Einrichtungen.

Aller Reichthum blieb dem einzelnen kleinern Staate, Privatcredit wurde gehoben, der Aermere konnte ohne große Schwierigkeiten, nach dem was seine Person in der Zunft galt, Darlehn erhalten, und der Fleißige erhielt Arbeit durch die Verwendung der Schätze im Staate selbst. Sich durch Zahlung eines Capitals Inscriptionen in das große Buch eines fremden Staats zu kaufen, oder, mit andern Worten, ein Recht zu kaufen, die Abgaben fremder Unterthanen verzehren zu helfen, konnte kaum einem einzelnen Reichen einfallen, er wäre dadurch auf gewisse Art Unterthan jenes Staats geworden, noch weniger Ehrenauszeichnungen irgend einer Art anzunehmen, die ihn aus seinem Kreise zogen.

§. 68.

Auch auf das Land verbreitete sich dieser Geist der Innungen oder der nähern Verbrüderung da, wo es der Egoismus nicht rathsamer fand, den Landbauer in Sclaverey zu erhalten und ihm humane Perfectibilität zu rauben. Der Landbauer ist seiner Natur nach derjenige Stand, welcher am wenigsten Beruf hat, in das größere Getriebe des Staats einzugreifen und an der Leitung Theil zu nehmen. Er hat mehr als seine numerische Einheit in seinem eigenen Königreiche, sey dieses ein Gut, eine Hufe oder ein Gartenstück Landes, oder selbst nur seine kräftigen Arme, mit denen er den Segen des Landes aus dem Schooße der Erde hervorruft. Diese unmittelbare Herrschaft über die

Mutter Erde und ihre Gaben läßt ihm weder Zeit noch Gelegenheit, sich um größere Verhältnisse des ganzen Staats zu bekümmern; er giebt gern von dem Seinigen ab, was Recht ist, d. h. was er mit dem Eigenthümer des Landes bedungen hat und was der Staat von seinem Nachbar zur Rechten und Linken auf gleichmäßige Art fordert. Ihn über die Verwendung des einen oder des andern zu Rathe zu ziehen, würde in seine Rechte eingreifen heißen, die sich gern auf seinen ihm dann eigenen Boden beschränken und da wahrlich einen weiten Wirkungskreis haben. Wo aber in jener Zeit der Bauer frey war, bildete auch er auf eine ihm würdige Art seine Verbindungen, die Recht und Eigenthum in gemeinschaftlichen Schutz nahmen und oft den Nothleidenden unterstützten, einen Gemeingeist für seinen Beruf, für bessere Benutzung des Bodens und für Veredlung der Producte hervorriefen und in ihm das freye Gefühl der Perfectibilität belebten. In Deutschland waren die verschiedenen Tinge (Meyerting, Bauerting u. s. w.) die letzten ehrwürdigen Schatten davon, die aber freilich durch die calculirenden Regierungsformen immer mehr verwischt wurden und zuletzt nur noch in den Staaten der weniger regierenden Bischöfe und Landesherrn bemerklich waren.

§. 69.

Dieser Geist der Corporationen, den man Bürgersinn oder auch Industriegeist nennen dürfte, verbreitete sich über alle Stände in dem Maaß wohlthätiger und allgemeiner, als die Segnungen des Friedens dem

Geistigen, der Gottesverehrung, den Künsten und Wissenschaften Zeit ließen, die Humanität zu vervollkommnen. Die Herrscher waren auf ihre eigenen Kräfte beschränkt, keine unverhältnißmäßige Darlehne konnten sie momentan über dieselben erheben und in den Stand setzen, Andere zu unterdrücken; die Baronen und Edlen waren die wahre unmittelbare Stütze des Throns, wurden, wie der Schutzherr selbst, von dem Bürger hoch verehrt, ohne beneidet zu seyn; in der Armee und in der Kirche eröffnete sich für sie eine ehrenvolle Laufbahn, so daß sie wohl um Verdienst und Würde, aber nicht um Gewinnst mit dem Bürger wetteifern durften. In Handel und Gewerbe fühlte sich dieser hinlänglich belohnt, und der Bauer war mit seiner Herrschaft über die Erde zufrieden. Ueber Deutschland, Holland, die Niederlande und einen Theil Frankreichs verbreitete sich dieser Geist vorzüglich, weil hier Leibeigenschaft am frühesten abgeschafft war, und Städte durch gemeinschaftliche Verbindungen ihren Wohlstand zu befördern suchten.

II. Entdeckung von Amerika.

§. 70.

Sobald die Schätze des südlichen Amerika's eigentlich anfingen zahlbar zu werden, äußerten sie ihre, die bisherigen humanen Verhältnisse störende, Kraft dadurch: daß sie den kriegslustigen Regenten Mittel in die Hände gaben, eine ihre bisherigen Kräfte weit überwiegende Kriegsmacht zu rüsten. Philip II von Spanien war es, der mit Peru's Schätzen die unüberwindliche Flotte ausrüstete und England zwang, alle Nationalkräfte aufzubieten, um einen nur möglichen Widerstand zu leisten. Das große Buch der Nationalschuld, wovon man früher keinen so deutlichen Begriff gehabt hatte, wurde eröffnet und brachte in das Staatsleben einen merkantilischen Geist, der ihm bisher größtentheils fremd gewesen war. Wenn Elisabeth auch mit edler Bescheidenheit, auf einer bei dieser Gelegenheit geprägten Denkmünze (deren Inschrift auch in unsern Zeiten wohl gewürdigt zu werden verdient *), anerkannte: daß die höhere Macht England vom Untergange gerettet habe, so lernte doch Nation und Staat, wozu die wooden walls eigentlich gut waren. Bewaffnete und unbewaffnete Schiffe durchstreiften alle Meere, bald als Freibeuter, bald als Entdecker neuer Handlungscanäle, und brachten zum Theil Schätze mit, die früher hingereicht hätten, das Schicksal ganzer Staaten zu entscheiden. Die übrigen Staaten blieben, in Verhältniß ihrer Lage, Cultur und politischen Verhältnisse, in diesem Erwerbszweige nicht zurück, und Schiffe ausrüsten und reich werden erhielten fast gleiche Bedeutung. Diese Reichthümer kamen aber nicht in die Hände von Staatsbürgern, deren politisches Leben innigst mit dem Staate verbunden war, sondern von Glücksrittern, die mehr sinnlichen Genuß als Würde im Staate suchten. Das zufällig gewonnene Vermögen zu sichern und fruchtbringend zu machen waren Staatsanleihen ein gar

*) Afflavit et dispersi sunt.

einladendes Mittel. Der Regent bedurfte nun nicht mehr, wie hundert Jahre früher der mächtigste Monarch Carl V, des freundschaftlichen Einflusses seines Generals, um die Genueser zu einer Anleihe von 60000 Ducaten zu vermögen, oder Ferdinand die Revenüen seiner Neapolitanischen Staaten zu verpfänden, um den dreimonatlichen Sold seiner 16000 Mann starken Armee in Italien (die einzige welche er im Felde hatte) zu bezahlen, die Könige von England bedurften nicht die Bürgschaft ihrer Bürger in London, um eine Anleihe in Antwerpen zu 10 bis 12 pCt. zu machen, Franz I. von Frankreich den Genuesern 40 Procent jährliche Zinsen für eine Anleihe von 50000 Ducaten zu zahlen: eine eigene Classe von Staatsbürgern (Rentenirer) bildete sich, die weit bereitwilliger war, Geld auf Zinsen auszuleihen, als die Regenten, es anzunehmen.

§. 71.

In England hatte das karge Widerstreben des Parlaments, die nothwendigen Verwilligungen von Steuern zu machen, schon mehrere Könige in die Nothwendigkeit gesetzt, das Recht, Monopole zu ertheilen, gegen das Interesse und die lauten Klagen der Nation zu benutzen. Die Königin Elisabeth mußte in der verhängnißvollen Zeit ihrer Regierung mehr als einer ihrer Vorgänger Gebrauch davon machen, und sie übte diese, dem Bürgersinne und Industriegeiste widerstrebende, Maaßregel ohne Schonung. Auch die wahrscheinlichen Vortheile des Handels nach Ostindien wurden in den letzten Jahren ihrer Regierung,

1600, als Monopol verliehen. Mit dem tiefsten Gefühl von dem Nachtheil dieser Maaßregel *) machte das Parlament ehrerbietigst Vorstellungen dagegen, ohne es zu wagen, das Königliche Recht in Zweifel zu ziehen, noch weniger zu ahnen: daß in diesen monopolisirenden Handelsgesellschaften der Keim einer völligen Umstaltung der europäischen Humanität liege. Durch sie entstand ein neuer Götzendienst, Nationalhandel und Nationalcredit genannt, der mit unerbittlicher Grausamkeit mehr Menschenopfer und mehr Hingeben der ganzen Individualität in seine Willkühr forderte, als irgend eine Hierarchie. Nicht aus bestimmten Kasten, nicht nach gewisser geistiger Erziehung und Absichten, wählte er seine Priester, sondern der Zufall, oft thierische Lust und rücksichtloses Aneignen allein weihete sie ihm aus allen Volksclassen und von jeder geistigen Bildung.

§. 72.

Früher war jede Handelsstadt auf gewisse Art wie eine Handelscompagnie anzusehen, mehrere Handelsstädte machten gemeinschaftliche Verbindungen zum Schutz und Beförderung ihres Handels; so kann die Hanse als eine große Handelscompagnie angesehen werden. Diese Compagnieen erwarben sich Privilegien und Handelsmonopole in andern Ländern, z. B. die Hanse in Norwegen u. s. w., aber immer blieb das Geschäft im Einzelnen, in den Händen der

*) Hume Hist. of Engl. Vol. V. p. 476.

einzelnen Kaufleute, persönliche Thätigkeit, persönliche Einsicht und persönliche Gefahr des Gewinnstes oder Verlustes leitete es, und so blieb es immer der Industrie einer bestimmten Classe von Staatsbürgern vorbehalten, die sich unter sich selbst constituirten und bildeten. In diesem Sinne hatten auch schon früher englische Kaufleute besondere Privilegien, z. B. die Hamburger Handlungscompagnie von Heinrich IV, die Moscovitische unter Eduard VI. u. s. w., erhalten. Daß eine ganze Nation ein Handelshaus constituiren könne, daß jeder Staatsbürger in dieses große Handelshaus als Theilnehmer eintreten und dennoch in gewisser Rücksicht Herr seines Capitals bleiben könne, daß seine Persönlichkeit dabey gar nicht erfordert werde, sondern daß er sein Geld allein in die Welt senden konnte, um Geld zu gewinnen, nicht um bestimmte Zinsen zu erhalten, daß solche National-Handelshäuser unumschränkte Herrn ganzer Reiche mit allen Hoheitsrechten werden könnten, war bisher unbekannt.

§. 73.

Der große Vortheil, den die Holländer, troß den Verfolgungen ihrer Feinde, der Spanier, durch Privatvereinigungen in den letzten Jahren des 16ten Jahrhunderts aus Ostindien gezogen, machte die Engländer vielleicht zuerst aufmerksam darauf, daß solche vereinte Unternehmungen den Handel allein begünstigen und sichern könnten. Sie erhielten von der Königin Elisabeth im Jahr 1599 ihre ersten ausgedehnten Privilegien unter dem Namen der Ostindischen Compagnie, worin Privatpersonen ihr Geld einer Direction anvertrauten, die damit Handel nach Afrika, Ostindien und Amerika, bis an die Magellansche Straße, also auf der Westküste von Amerika treiben sollte. Diese Compagnie erhielt schon von Elisabeth das Recht, in diesen Ländern Krieg und Frieden zu machen, ihre Untergebenen nach den englischen Gesetzen zu richten und zu bestrafen und jedes Eindrängen in ihren privilegirten Handel mit Gewalt der Waffen abzuhalten. Unter Jacob I. und Carl II. wurden diese Privilegien erweitert, und letzterer trat der Compagnie die den Portugiesen abgenommene Insel und Hafen Bombage, gegen eine jährliche Abgabe von 10 Pfund Sterling auf den 30sten September im Londonner Zollamte zu bezahlen, ab. Die weisesten Verordnungen, sowohl zur Administration dieser Compagnie, als zur Sicherung des Landes, um den Zoll zu erhalten und den zu großen Export von baarem Gelde zu verhindern, wurden gemacht und waren um so nothwendiger, da das Parlament stets mit Mißtrauen diese monopolisirende Compagnie ansah und unter Carl II. selbst das Recht der Könige, solche Privilegien zu ertheilen, gerichtlich bestritt, von dem allgemeinen Gerichtshofe aber mit der Klage abgewiesen wurde.

§. 74.

Die fleißigen Holländer sahen bald ein: daß kleine Privatgesellschaften den Handel in Ostindien nicht mit Sicherheit betreiben konnten, sich zum Theil selbst störten, zum Theil gegen Nebenbuhler und Feinde nicht hinlänglich vertheidigen konnten; daher traten im Jahr 1602 die verschiedenen kleinen Gesellschaften, in eine große Ostindische Compagnie, mit 60 Directoren zusammen, die von der Republik ähnliche Privilegien wie die Englische erhielt.

§. 75.

So waren zwey große Handelsstaaten gebildet, die sich bald ganze Länder zueigneten und sie einer bisher unerhörten Regierung von Handelscommis unterwarfen, deren einziger Zweck war, sich und ihre Committenten zu bereichern. Die Producte anderer Welttheile, seidene und baumwollne Zeuge wurden den Producten der europäischen Industrie um so leichter substituirt, als manche Umstände die Production in jenen Ländern erleichtern, die lebhaftern Farben des Südens und das leichtere aber auch vergänglichere Gewebe den öftern Wechsel derselben anlockender machten. Die Gewürze, welche man früher durch den Levantischen Handel sehr selten hatte, und deren Wunderkräfte durch die pomphaften Beschreibungen der Araber den meisten Aerzten nur durch Tradition bekannt geworden, wurden mit einem Enthusiasmus als Kostbarkeiten aufgenommen, von dem man jetzt wohl schwerlich einen Begriff hat; die Capitalisten kauften große Vorräthe davon, um ihr Geld sicher und mit ohnfehlbarem Vortheil anzubringen *). Auf den

*) Vorzüglich aber um Geld auf doppelte Art zu benutzen, den Credit zu vermehren und darauf die Masse des circulirenden Vermögens zu vergrößern. Als bald die indischen Waaren zu diesem Zweck nicht mehr hinreichten, verfiel man auf fingirten Werth inländischer Producte, z. B. Tulpenzwiebeln; über einzelne Zwiebeln, die vielleicht nie existirten, wurden Contracte

Banda-Inseln wurden von den Jahren 1662 bis 1682 im Durchschnitt jährlich 117,682 Pfund Muskatblumen und 5,236,570 Pfund Muskatnüsse gewonnen, den Pflanzern nach einer sehr beschränkten Berechnung ihrer Bedürfnisse bezahlt und zu hohen Preisen durch die ganze Welt wieder verkauft *), ein

auf viele tausend Gulden geschlossen; der Verkäufer verpflichtete sich, binnen 3 oder 6 Monaten die Zwiebeln abzuliefern, benutzte während der Zeit die Kaufsumme, und dem Käufer diente wieder der Kaufcontract auf gewisse Art als baares Geld, das nur im Werth zu- oder abnahm, wie die Witterung eine glückliche oder unglückliche Erndte der kostbaren Zwiebeln wahrscheinlich machte. Es war auf gewisse Art der Anfang des Papiergeldes, er wurde aber so allgemein, daß die Staaten von Holland mehrere Gesetze darüber beschließen mußten. Wer in einem Staate, dessen momentanes circulirendes Numerär nicht hinlänglich ist, die Anforderungen zu befriedigen, die Erfindungen beobachtet hat, um alles in Circulation zu setzen, wird dieses begreifen können. Als in den für Dännemark so verhängnißvollen Jahren von 1809 bis 1814 aller auswärtiger Handel beynahe gänzlich aufgehört hatte, keine Schifffahrt neue Handelsartikel zuführen konnte u. s. w., waren die Auctionen von zum Theil gar nicht vorhandenen Waaren auf der Börse beynahe fünfmal so häufig und groß, als bey dem blühendsten Handel; jede Waare ging schnell von Hand in Hand, um nur Numerär zu erhalten, und bald wurden Contracte auf Lieferungen von Kaffee, Eisen u. s. w. abgeschlossen, wovon Käufer und Verkäufer wußten, daß sie nicht existirten. Die Geschichte des höchst merkwürdigen Handels mit Blumenzwiebeln in Holland, der hierin und nicht in der Liebhaberey des Kaufmanns für die Schönheiten der Natur seinen Grund hatte, hat Joh. Beckmann (Geschichte der Erfindungen, B. V.) mit der ihm eigenen Genauigkeit und Sorgfalt dargestellt.

*) Mich. Bernhardi Valentini India Literata seu Dissertationes epistolicae ab europaeis curiosis et eruditis, Clegero, Rumphio, Herberto, de Jager ten Rhyne, Kaempfero aliisque in India reciprocatis. Francof. ad Moenum 1716. Fol. Eine höchst interessante Quelle der statistischen Geschichte des merkantilischen Ty-

Handelsrtikel, der jetzt kaum in Anschlag kömmt und auch damals im Verhältniß der vielen andern kostbaren Waaren einen sehr geringen Theil des Ganzen ausmachte; Färbehölzer, Perlen, Diamanten, Thee, Kaffee waren von viel größerer Bedeutung. Wenn es auch nicht historisch zu beweisen ist, daß die Compagnie selbst Aerzte mit großen Summen erkaufte, um vorzüglich diese letzteren Waaren in Prosa und in Versen anzuempfehlen *), so war doch der Eifer von Vielen, das Neue merkwürdig und gemeinnützig zu machen, ihnen höchst günstig.

Die Producte ihrer eigenen Länder konnten diese Compagnieen in so großer Menge und oft mit so weniger Rücksicht auf ihre Güte, absetzen, ihre Schifffahrt selbst verbrauchte so viele Artikel, daß es ihnen möglich war, sich über die bisherigen Verhältnisse der industriösen Bereitung wegzusetzen und Fabriken jeder Art zu befördern. Alles, was ihnen zur Ausbreitung des Handels diente, wurde reichlich belohnt. Mechanische Künste und physische Wissenschaften drängten sich zu ihren Diensten und machten Fortschritte, die

rannenstaats der Holländer in Ostindien. Productentabellen, Berechnungen der Bedürfnisse jedes Individuums u. s. w. wurden bald so vollkommen eingerichtet, daß man denken sollte, unsere neuesten Statistiker hätten von ihnen gelernt. Die hier genannten Männer standen an der Spitze der Geschäfte, und waren sehr unterrichtete Männer.

*) Der Holländer Cornelius von Bontekoe erfand eine eigene Pathologie zu Gunsten des Theetrinkens und verordnete Gesunden und Kranken täglich 200 Tassen (zweyhundert Tassen); da wird man doch fast gezwungen an Procente zu denken. Ein deutsches medicinisches Lobgedicht kann man in dem angeführten Buche von Valentin lesen.

man früher unmöglich gehalten hätte. Nur Waaren schnell zu bereiten und schnell abzusetzen, war die Aufgabe und Maschienen aller Art löseten sie so vollkommen, daß man bald hätte Hoffnung fassen können, das ganze menschliche Leben mit allen seinen Anforderungen durch eine Dampfmaschiene vollendet zu sehen.

§. 76.

Spanien hatte sich in den Besitz des reichen Südamerika's gesetzt, und glaubte dieses Handels nicht zu bedürfen, da große Schätze unmittelbar der Regierung und den Großen des Reichs zuflossen. Alle übrigen Nationen strebten aber diesem Götzen des Nationalhandels und Nationalcredits um so eifriger nach, als sie sonst eine völlige Abhängigkeit von jenen Handelsstaaten zu befürchten hatten. Frankreich, nachdem die frühern Versuche von 1604 an mißglückt waren, gab vielleicht zum ersten Male 1664 seine alten Grundsätze des Feudalsystems auf und errichtete nach dem größten und ausgedehntesten Plane eine ostindische Compagnie, worin der König die Grenzen zwischen Adel und Bürgerstand bestimmt aufhob: Que la compagnie sera formée de tous les sujets de sa Majesté, *même des nobles, sans crainte de la derogéance*. Er gab ihr die Insel Madagascar nebst allen Ländern, festen Plätzen und Inseln, die sie von den Feinden erobern oder den Barbaren entreißen könnten, mit allen Hoheitsrechten ohne Ausnahme, nur sollte die Compagnie dem Könige Treue schwören und als Unterthänigkeitsbeweis bey jedem Wechsel der Königlichen Person eine Krone und ein

Scepter 100 Mark Goldes schwer darbringen. Außerdem verwilligte der König aber so große Vorschüsse aus dem eigenen Schatze und solche Prämien auf den Handel, daß nach einer authentischen Berechnung, bey der ungünstigen Wahl der Handelsplätze und der Commis und bey den unbarmherzigen Bedrückungen der concurrirenden Handelsstaaten, die Compagnie dem Staate binnen 40 Jahren 400 Millionen Livres kostete *). Eben diese Vorschüsse veranlaßten aber auch, daß diese und ähnliche in Frankreich errichtete Compagnieen immer enger mit dem Staatshaushalt verwickelt wurden; die Hoffnung des künftigen Gewinns erforderte, wie beym Goldmachen, immer momentane Aufopferungen; Tobacksregie und andere Staatseinnahmen wurden mit der ostindischen Compagnie verbunden, bis zuletzt der Engländer Law diesen Goldmacher-Projecten die Krone aufsetzte, alle Compagnieen in die Königliche Bank vereinigte, einen Staatsbankerott von Billiarden veranlaßte, der das Eigenthum in Frankreich momentan weit mehr erschütterte, als alle politische und Religionskriege, und zu den spätern Revolutionen den Hauptgrund legte.

§. 77.

Oesterreich folgte mit ähnlichen Einmischungen der eigenen Finanzen im Jahr 1719 durch Errichtung der Compagnie des Orients, die solche ausschließende Privilegien erhielt, daß alle Industrie dadurch gelähmt

---

*) Encyclopédie methodique Commerce. T. 1. p. 602.

werden mußte. Eine andere mehr projectirte Compagnie zu Ostende begründete langjährige Zwistigkeiten zwischen Oesterreich und Holland; so folgte Dännemark in der Mitte des 17ten Jahrhunderts mit mehreren Compagnieen; in Schweden projectirte bereits Gustav Adolph eine solche Compagnie 1626, die aber nie von Bedeutung wurde. In Preußen bewies erst spät Friedrich II. durch die Anlegung einer Ostindischen Handlungsgesellschaft mit einem Fond von einer Million Thaler, daß er der Neigung zum Goldmachen nicht ganz entsagt, die Versuche aber häuslich und den Kräften des Landes angemessen einrichten wolle. Sogar im Churfürstenthum Hannover dachte man im Anfange des 18ten Jahrhunderts ernstlich an eine Ostindische Compagnie und erhielt von Georg I. bedeutende Privilegia, ohne daß das Unternehmen zur Wirklichkeit kam *). Portugall und Spanien errichteten nur Compagnieen für den Sclavenhandel.

§. 78.

So wurden Besitzungen in Ost- und West-Indien, die man Anfangs bescheiden Handelscomptoirs, bald aber Provinzen und dann Reiche nannte, der Hauptgegenstand der europäischen Politik und mannigfaltiger Eifersucht, Zwistigkeiten und Kriege, worin

*) Encyclopédie Commerce. T. I. l. c. Patje (Kurzer Abriß des Fabriken-, Gewerbe- und Handlungszustandes in den Chur-Braunschweig-Lüneburgschen Landen. Göttingen 1796.) der über Handlungs-Compagnieen mit zuerst frey und liberal geurtheilt und die vorzüglichsten genannt hat, erwähnt dieser Hannöverischen nicht.

England größtentheils durch seine geübten Flotten und durch seinen Reichthum an Nominalwerth, die Oberhand behalten und sich vergrößern konnte. Die Hauptfolge dieser veränderten Handelsform griff aber noch viel tiefer in die Verhältnisse der Humanität.

§. 79.

Jeder ausgebreitete Handel muß die nothwendige Folge haben, daß einzelne Personen ihr Geld auf gewisse Art doppelt brauchen können. Der unmittelbare Tausch von Waaren gegen Waaren, oder von Waaren gegen Geld, ist bald nicht mehr hinreichend, die wechselseitigen Bedürfnisse gegen einander auszugleichen; hier werden Waaren genommen und an einem entfernten Orte können sie zum Vortheil beider Contrahenten mit Waaren oder Geld bezahlt werden, dessen Transport hin und zurück unnöthige Kosten und Gefahr veranlassen würde *). Der Käufer giebt Wechsel, die in dem Maaß sicher sind, als sein Handelsgeschäft und Credit ausgebreitet ist, und wird dadurch oft in den Stand gesetzt, das Baare in der Zwischen-

*) Colquhoun berechnet, daß allein in London durch die Banquiers (nicht den Handel von Hand zu Hand gerechnet) täglich 5,000,000 Pfund Sterling, oder ein Jahr zu 310 Geschäftstagen gerechnet, 550,000,000 hin und her bezahlt werden; daß ein Mann, wenn er 12 Stunden arbeitet, 5,000,000 Guineen nur in vier Monaten zählen kann und daß also eine unverhältnißmäßige Zahl von Zählern, Trägern, Aufbewahrern erfordert würde, wenn alle Geschäfte mit baarem Gelde gemacht werden sollten, nicht gerechnet, daß wenigstens die vierfache Summe erfordert würde, um Stockungen im Geschäft zu vermeiden.

zeit zu andern Geschäften zu benutzen. Inzwischen kann er auch durch diese verwickeltere Benutzung seines Vermögens unvermögend werden, zur gehörigen Zeit zu zahlen, und so mußte es für jeden größern Handelsstaat bald nothwendig werden, das nicht zu transportirende Geld in sichrem Gewahrsam zu haben, damit die darauf gegebene Anweisung ohnfehlbar werde. Eine solche sichere Niederlage hieß Bank. Mehrere italiänische Staaten richteten solche Banken ein, als ihr Handel am blühendsten war, in und bald nach den Kreuzzügen. Venedig im Jahr 1152 *); kurz darauf Genua. Man sah aber auch bald ein, daß das niedergelegte Geld nicht müssig zu liegen brauche, daß es in dringender Noth, die bey den beständigen Kriegen oft vorkam, zum Nutzen des Staats gebraucht werden könne, und Florenz sprach diesen italiänischen Grundsatz deutlich aus, indem es 1354 seinen Monte errichtete, wo ein Capital von 504 tausend Goldgulden niedergelegt wurde, um jede Anforderung sogleich zu befriedigen, wohin aber die Bürger ihr Geld auf hohe Zinsen (ein Denar von einer Lira monatlich) gegen transportable Bankscheine, die mit besondern Privilegien begünstigt waren, niederlegen konnten **). Durch erniedrigten Münzfuß suchte man dann von Zeit zu Zeit diesem Monte aufzuhelfen. Die germanischen Nationen fühlten erst das Bedürf-

---

*) Robertson Historical Disquisition concerning India. Basil. 1792. p. 240.

**) Carli Rubi delle zecche d'Italia. T. II. p. 420. Allgemeine Weltgeschichte von le Bret. 4to. Bd. 45. S. 10.

niß einer sichern Geldniederlage, als der Handel nach den beiden Indien blühender wurde; die Holländer richteten ihre Bank in Amsterdam 1605 ein und Hamburg folgte 1619 nach. Aber anders sprach sich auch hier der germanische Geist aus; der feste, sichere Begriff von Eigenthum ließ keine Einmischung des Staats, keine weitere Benutzung des kostbaren Depositums zu; auf Waaren, die im Gewahrsam der Bank seyn mußten, wurde auf 6 Monate geliehen, dann wurden sie aber öffentlich verkauft, um jede Gefahr veränderter Preise oder des Verderbens zu vermeiden; jede Summe, die die Bank zu zahlen schuldig war, lag vorräthig in der Bank, trug aber auch keine Zinsen. Wenn in Italien die Geldarmuth der benachbarten Feudalstaaten, die eifersüchtige Wachsamkeit der selbst Handel treibenden Beherrscher und oft die Veränderung des Münzfußes diese Monte's auch vor dem Schicksal mancher spätern Banken schützte, daß sie zu zahlen aufhören mußten, wenn man die Großthaten, welche jene italiänischen Republiken durch Geld verrichten konnten, höchst weise und nachahmungswerth fand, so legten sie doch den ersten Grund zu der so bedeutenden Veränderung der humanen Verhältnisse, welche Europa nachher erschüttert haben.

§. 80.

Die Handelsgesellschaften waren in England um so weniger mehr im Stande, der Regierung die nothwendigen Summen vorzuschiessen, als der ausgebreitetere Handel selbst eine größere Masse von Numerär erforderte und also das baare Geld zu schnell von

Hand zu Hand gehen mußte, als daß es in größere Capitalien gesammlet und auf längere Zeit ausgeliehen werden konnte. Durch den ausgebreiteteren Handel wurde das Geld troß dem größern Zufluß aus Amerika rar. Unter Wilhelm III. im Jahr 1693 wurde die Königl. Bank in London errichtet, die sich offen und frey nicht als eine Deposito-Bank, sondern als einen Florentinischen Monte, als eine Papierfabrik ankündigte. 40 Kaufleute legten ein Capital von 500,000 Pfund baar zusammen, wovon die Anforderungen auf ihre ausgestellten Wechsel (Banknoten) sogleich bezahlt werden konnten, diese Banknoten liehen sie der Regierung, welche sie als baare Münze, die jeden Augenblick realisirt werden konnte, in Curs setzte, der Mangel an Numerär im Lande sicherte sie, daß nicht alle Banknoten auf einmal eingefordert wurden, sondern der größte Theil von Hand zu Hand cursirte. Von Zeit zu Zeit wurde dann die Schuld der Regierung vom Parlamente anerkannt, der Bank wurden fundirte Staatsobligationen gegeben, die diese wieder verkaufte und so ihren Fond sicherte. Es ist unser Beruf nicht, die Geschichte des Papiergeldes in den verschiedenen Staaten zu verfolgen; wie dadurch in England die Productions-Thätigkeit auf einen Grad gebracht ist, daß das vorhergehende Jahrzehend die Fortschritte des folgenden kaum glauben würde; wie in andern Ländern, wenn zu viel unbezahlbares Papiergeld ausgegeben wurde, ein Nationalbankerott und damit Lähmung aller Thätigkeit entstand; wie die Fortschritte in der Productions-Thätigkeit auch die Vermehrung der circulirenden Surrogatmünze nothwendig machte, so daß im Jahr 1815 fünf Königliche auctorisirte und etwa 866 Privatbanken die englische Nation mit 40,000,000 Pfund Sterling circulirender Papiermünze*) versahen und diese bey der sichersten Ueberzeugung, daß aller Metallwerth in England nicht im Stande seyn würde, diese Summe auf einmal zu realisiren, doch meistens den vollen Werth behält; dahingegen weit kleinere Summen circulirenden Papiergeldes in andern Staaten, welche vielleicht mehr Metallwerth besitzen, größere Volksmenge und ausgedehntere Provinzen haben, bey dem geringsten Anschein von Verlegenheit der Regierung, den größten Theil ihres Werthes verliert. Unser Zweck ist, den Einfluß dieses Papiergeldes im Allgemeinen zu betrachten.

§. 81.

Man könnte mit vollem Recht das Papiergeld das Grab des Feudalsystems und des germanischen Industriegeistes nennen. Dieser germanische Industriegeist giebt Jedem so viel Ansprüche an die ganze Production des Staats, als er entweder Grundeigenthum, Körperkräfte oder Geisteskräfte hat, zu dieser allgemeinen Production beizutragen. Uebergespartes Capital jeder Art mag er gebrauchen, sein Grundeigenthum zu vergrößern und zu verbessern, sich Anderer Körper- und Geisteskräfte eigen zu machen, oder sich von Pri-

---

*) Colquhoun On the wealth, power and Resources of the British Empire London 1815 p. 81.

Die Königliche Bank in London hatte im Jahr 1821—1822 18,000,025 Pfund Banknoten circulirend.

vatpersonen oder dem Staat eine Prämie (Zinsen) zahlen zu lassen, wenn er es zu demselben Zwecke ausleihet. Bey geringerem Umlauf des baaren Geldes, also bey geringerer Geldmasse, wird aber ein solches Capital als ein schwer zu erringendes Eigenthum angesehen; daher bewahrten es Regenten wo möglich in Schatzkammern (wie es noch jetzt bey den orientalischen Regenten der Fall zu seyn scheint), und Privatpersonen setzten es lieber in kostbares Geschirr, der Kaufmann in große Waarenlager, die ihm Credit und Handelsverbindungen verschafften, und Andere bewahrten es in klingender Münze als Nothpfenning. So wie es durch das Papiergeld dem Staate leicht wurde, Anleihen zu machen, entstand ein überwiegender anderer Anspruch an die Landesproduction, Zinsen. Ohne Landeigenthum, ohne geistige oder körperliche Thätigkeit konnte man diesen erlangen, konnte diesen Anspruch zu jeder Zeit, wenn man wollte, auch gegen Landeigenthum oder andere Güter vertauschen und erhielt so einen weit independentern Stand im Staate. Jedermann griff nach diesem Glücke, jeder Besitzthum wurde möglichst versatil. Keinem Staat wurde es nun schwer, Schulden zu machen, wenn er kein Bedenken trug, seine Staatspapiere wohlfeil zu verkaufen; kein Gläubiger weigerte sich, sie zu kaufen, weil eine politische Conjunctur, eine Zeitungs-Nachricht sie in wenig Tagen um einige Procente besser machen oder er sie höchstens mit einigen Procenten Verlust wieder verkaufen konnte, es entstand der Papierhandel, der allen übrigen Welthandel an Größe der umgesetzten Summen bei weitem übertraf. Ohne uns auf staatswirthschaftliche Berechnungen einzulassen, dürfte es doch wohl sehr leicht zu erweisen seyn: daß diese Anweisungen auf Landesproduction, ohne Grundeigenthum und ohne geistige oder körperliche Thätigkeit, in den meisten Staaten bei weitem den größten Theil der Staatseinnahme hinwegnehmen, daß also, wenn die Rentenirer eine eigene Classe von Staatsbürgern bildeten, diese Classe bei weitem mehr verzehren würde, als alle stehende Heere, alle Flotten, alle Staatsbeamte und alle Mönche ehemals zusammen genommen. Die producirende Classe müßte dann bei weitem mehr, als früher für diese so oft beneideten und getadelten Classen produciren, ehe sie selbst etwas genießen könnte, der Druck würde unerträglich seyn. Glücklicher- — oder unglücklicherweise kann aber der producirende Staatsbürger auch selbst Rentenirer seyn, und begreiflich drängt sich Jedermann zu dem Glücke, es zu werden. Nicht anhaltende sorgfältige Production, sondern glückliche Handelsspeculation in Waaren und noch mehr in Papieren, Lotterien, karges Zinsen- auf Zinsen-Häufen, schnelle Bereitung eines Products, das häufig gesucht und theuer bezahlt wird, Einrichtung von Maschienen die solche Producte ohne viele Arbeiter hervorbringen, ausschließende Privilegien u. s. w. sind die Mittel dazu; aber diese Mittel sind nicht in allen Ländern gleich! Wo der Producent des Landes nicht im Stande ist, Rentenirer zu werden, da treten ausländische Rentenirer gern zu, und dann ist die Lage weit schlimmer als ehemals, die Producte des Landes werden im Auslande verzehrt!

§. 82.

In das ganze Staatsleben kam nun eine Betriebsamkeit, oder vielmehr ein Geschwindleben, das man früher unmöglich geglaubt hätte. Es war nicht mehr die Frage, ob die Staatseinkünfte diesen oder jenen Aufwand erlaubten, sondern ob er nothwendig sey? Die Mittel dazu konnten auf Zinsen angeliehen werden. Im Kriege lernte man, dem Feinde nicht bloß das zu nehmen was er hatte, sondern auch seine künftigen Hofnungen, Brandschatzungen wurden durch Staatspapiere berichtigt. Im Frieden schloß sich fast alle geistige Thätigkeit an den Staat, und das Studium des Nützlichen wollte beinahe das Humane verdrängen. Die von den Staatsbürgern erworbenen Reichthümer dann wieder durch Anleihen oder Abgaben in die Staatscasse zu leiten, war die nothwendigste Aufgabe, da diese in dem Verhältniß dürftiger wurde, als der große Geldumtrieb nur durch sie ging. Statistiker hielten es für eine wesentliche Wissenschaft, dem Staatsbürger seine Bedürfnisse eigentlich zuzurechnen und Schleusen zu erfinden, wodurch der Abfluß des Geldes in den einzelnen Staaten gehemmt, der Zufluß vermehrt werden sollte. Trauben zu pflücken an den Dornen, und Feigen an den Diesteln, war oft ihr Bestreben. Die Wahrheit, daß eben darin das organische Leben eines Staats, wie jedes lebendigen Organismus besteht, daß er aus freyer Spontaneität sich so und nicht anders bildet, daß äußere Umstände, Verbreitung gründlicher Kenntnisse, nach den Bedürfnissen und eigenem Wunsche der Individuen,

Auffindung bisher unbenutzter Schätze der Erde u. s. w. diesem organischen Leben innere Kraft und Richtung geben können; daß aber gewaltsame Mittel, Hinderung der einen Thätigkeit, um andere zu heben, Sperren jeder Art, mit einem Worte, der einseitige Wille Einzelner den Staat nicht organisiren, sondern krank machen: kam nicht in ihren Kopf. Jeder machte es dem Staat zur Pflicht, sein Betreiben als wesentlich wichtig für das Ganze zu erkennen und es durch eigene Gesetze, in den ärmern Staaten oft durch Geldvorschüsse und neuen Staatsaufwand, zu befördern. Der Flor einzelner Städte und Gegenden wurde nicht nach der allgemeinen Verbreitung von Cultur und Wohlstand, nicht nach dem schönen Einklang zwischen Genuß und Thätigkeit, sondern nach der Menge der Fabriken und großen Unternehmungen, wodurch Geld ins Land kömmt, berechnet. Industrie, wodurch der fleißige Hausvater geregelte liebevolle Thätigkeit in der Familie verbreitet, und das Geschäft jeder Art von Geschlecht zu Geschlecht an Fertigkeit und Vollkommenheit des Products zunimmt, wurde durch die Fabriken zurückgedrängt, deren Hauptziel schnelle Verfertigung und schneller Absatz, oft auf Kosten der Güte des Products, ist. Schneller Verbrauch brachte die Moden über alle Stände und vermehrte die Bedürfnisse, ohne den Genuß zu erhöhen. Selbst die Musen konnten diesem merkantilischen Gedränge nicht ausweichen, eine eigene sich täglich mehrende Classe von Kaufleuten führten sie mit freundlichen Worten über Aufklärung, Menschenwohl und Menschenrechte auf den großen Handelsmarkt, und da war kein Geheimniß des innersten Lebens, kein Staatsverhältniß, keine Tugend und kein Laster, worüber nicht in Journälen, Taschenbüchern und Romanen unvollkommne Kenntnisse, Ahnungen und Verlangen unter Kindern und Alten, in allen Ständen und unter beiden Geschlechtern verbreitet wurde *).

§. 83.

Wer mögte es wagen sich auf den Richterstuhl der Geschichte zu setzen, um zu entscheiden, wie diese Fluth der Gewinnsucht, sich von Westen über Europa wälzend, durch die Mißgriffe Einzelner in den verschiedenen Ländern anders geleitet wurde, hier Ueberfluß und Volksgedränge, dort, selbst bey häufigem Zufluß der Schätze, Armuth, Trägheit und Entvölkerung, überall aber der wahren Humanität Verderben brachte; wie in dem einen Lande sich der habsüchtige Kaufmannsgeist zum Herrn des Lebens und der Freiheit der Menschen aufwarf, jenes in gefährlichen Unternehmungen und in Kriegen zur Unterdrückung und Plünderung harmloser Völker spenden ließ, ohne das seinige selbst zu wagen, diese in Pflanzungen und Fabriken beschränkte und sich noch für den Wohlthäter des Vaterlandes ausgab; in dem andern sich Bettelstolz mit geraubten Reichthümern brüstete und Trägheit um sich her verbreitete; in einem dritten Sittenlosigkeit und Herabwürdigung des Heiligsten als höchste Stuffe

*) Lichtenberg pflegte zu sagen: er suche neugierig in jedem Meßcatalog ob nicht endlich ein lang vermißtes Hebammenbuch für Kinder erschienen sey.

der Aufklärung und des höheren Standes galt, und Schulden machen als nothwendiges Uebel entschuldigte; wie nicht mehr geistige Intoleranz, oder ritterliche Kampf- und Eroberungs-Sucht, sondern kaufmännische Berechnung von Gewinnst und Verlust, Kriege veranlaßte und dadurch die Humanität noch mehr entwürdigte. Es ist unser Beruf nicht, die Kehrseite der beiden letztverflossenen Jahrhunderte, die sich am Ende des achtzehnten am schärfsten ausprägt, näher zu schildern, da wir leicht in Gefahr gerathen könnten, die großen Wohlthaten zu verkennen, die sie durch wahre Wissenschaft und Kunst der Menschheit gebracht und eine bessere Zeit für dieselbe gewiß vorbereitet haben. Der Hauptcharacter dieser Kehrseite war: daß der industriöse Bürgersinn, im ausgebreitetsten Sinne des Worts, wie er auch jeden Fürsten, jeden Ritter und jeden Bauer allein glücklich macht, sich mehr verlor und statt dessen ein allgemeiner Weltbürgersinn sich entwickelte, den man wohl den Fabrikensinn nennen könnte. Selbst in sich und durch sich zu schaffen war weniger, als durch lebendige oder todte Maschienen schaffen zu lassen; seinen vom Schicksal angewiesenen Kreis fest und mit dem ganzen Geiste der Humanität ins Auge zu fassen war nichts, sondern Alles zu übersehen, das Ganze bessern zu wollen und darüber die nähere Einsicht des Einzelnen zu verlieren war die eigentliche Aufklärung. Ein Kleinstädter und ein Dummkopf, ein kleiner Fürst und ein Bettler, ein kleiner Kaufmann und ein Betrüger droheten in manchem Kopfe Synonyme zu werden. Der Großprahler nannte mit angenommener stolzer Bescheidenheit was er hatte klein, wie es der Chinese aus Niederträchtigkeit thut: der Petit Maitre, der seine ganze geistige und leibliche Habseligkeit auf einen Blick darlegt, fand überall Eingang und die pétite maitresse galt oft mehr, als die ehrwürdige Gefährtin des Lebens. Selbst in der Litteratur wollte sich diese Verkehrung des Großen und Kleinen wenigstens symbolisch aussprechen: Infusionsthiere, Moose, Wanzen und Ungeziefer wurden auf groß Royal Folio abgebildet, und ganze Welttheile auf Tobacksdosen und in Taschenbüchern. Kein Wunder also, daß sich alles nach den großen Städten hindrängte, wo für dieses Haschen des Kleinen im Großen, für dieses Glückspiel mit papiernem Reichthum der Tummelplatz war.

§. 84.

Einen wesentlichen Nachtheil, den dieses Fabrikensystem hatte, und woran ganz Europa mehr oder weniger leiden wird, können wir nicht mit Stillschweigen übergehen: Die großen Fabriken brauchen ihre Arbeiter so lange sie Kräfte haben, oder ihre Fabrik Vortheil schafft, durch das Papiergeldspiel kommen momentan eine Menge kleiner Herrn empor, die Matrosen, Comtoirbediente, Packknechte und Bediente gebrauchen, so lange ihre Glückssonne scheint, und der Bediente ihrem Interesse, oft nur ihrer Eitelkeit entspricht; früher war auch die Klage nicht ungegründet, daß die großen Heere ihre Soldaten so lange gebrauchten, als sie in Reihe und Gliedern figuriren konnten. Wer kann allen diesen Menschen die Freuden der Liebe verbieten, die sie freylich auf jeden Fall, verheirathet oder unverheirathet, ohne den eigentlich humanen Zweck der Ehe, eine glückliche den Aeltern nacheifernde Nachkommenschaft zu erziehen, genießen. Ohne Heerd und ohne feste bürgerliche Bestimmung, ohne Verbindung mit Wohlhabendern, irren Herren und Knechte oft im Alter als Bettler umher und setzen eine Nachkommenschaft in die Welt, die nicht das Glück der Neger in Westindien hat, einem Herrn anzugehören. Auch hierin mußte England, in der verhängnißvollen Zeit Elisabeths, mit einer Maaßregel vorangehen, die die schönste und zarteste Blüthe der Humanität, Wohlthätigkeit, dem einzelnen Menschen zum Theil nahm und sie einer calculirenden Administration unterordnete, die nicht Christi erhabenes Gebot befolgen kann: was die rechte Hand giebt, soll die Linke nicht wissen; die den Armen von der Schaam, zu fordern und verpflichtet zu seyn, den Wohlhabenden von der freyen freudigen Spendung entledigt und so das festeste Band zwischen Menschen, das Band der Dankbarkeit und Hoffnung auf wechselseitige Unterstützung, löset, eine Classe von Menschen unabhängiger macht, deren Erziehung und Geistescultur eine kindliche Abhängigkeit sehr wohlthätig ist und einer andern eine Sorglosigkeit für die Leiden Anderer gar leicht einflößt, weil mit ihren Mitteln von Andern dafür gesorgt wird. Die Aufhebung der Klöster machte es wohl zuerst nothwendig, daß unter Eduard VI. durch eine Parlamentsacte verordnet wurde, daß die Kirchenvorsteher freywillige Armenspenden sammlen und diejenigen, die sich dieser Wohlthätigkeitsäußerung entziehen, oder Andere dazu verführen wollten, von dem Bischof kirchlich gestraft werden sollten; im 5ten Jahre der Regierung Elisabeths wurden aber diese Wohlthätigkeitsäußerungen zu einer völlig gezwungenen Abgabe, im Verhältniß des Landeigenthums und Einkommens gemacht, ohne daß man bey dem niedrigen Stande des Fabrikwesens und der Handlung damals berechnen konnte, welche große Last man von dem Handelsstande auf den eigentlich producirenden Stand wälze, ohne vorauszusehen, daß dieser Stand allein einst in manchen Provinzen den 4ten, in andern den 5ten — 7ten Theil der ganzen stets zunehmenden Bevölkerung zu ernähren gezwungen seyn würde *). In andern Ländern, wo Leibeigenschaft lange fortgedauert, hat diese Maaßregel der gezwungenen Armenpflege die entgegengesetzte Wirkung gehabt. Die Landeigenthümer und Gemeinden hüten sich, irgend jemand einen langen Aufenthalt auf ihrem Grunde zu gestatten, oder die Zahl der Wohnungen für Unbemittelte zu vermehren, aus Furcht, daß sie der gezwungenen Armenpflege zur Last fallen könnten. Die Folge ist, daß Leben und Thätigkeit auf dem Lande vermindert wird und alle Menschen, die nicht eigenen Heerd erlangen können, den größern Städten zuwandern, wo sie in jene Fabriken-Knechtschaft sich geben müssen, um ihren Unter-

*) Die ältesten europäischen Armengesetze sind wahrscheinlich die Norwegischen, weil da keine Geistlichkeit war, welche diese Sorge ganz übernahm. Aber sie lauten ganz anders, wie die jetzigen Englischen oder Dänischen. Kein Haus soll dem Armen verschlossen seyn! Nimmt jemand einen Armen auf, so muß er für seine Sicherheit stehen, darf ihn nicht Gefahren, von wilden Thieren zerrissen zu werden u. s. w., aussetzen. Aber von Abgaben ist nicht die Rede!

halt zu erlangen, so lange sie brauchbar sind. Mit verzärtelter weibischer Sorgfalt hat man für die Erhaltung Einzelner sorgen wollen und hat Millionen in der Zukunft getödtet. In Schottland, Irland, im größten Theile von Deutschland sind keine solche Armenpflegen und niemand verhungert, Viele aber leben mit mancherley vermeinten Entbehrungen glücklicher, als bey der stets pflichtmäßig kargenden und scheelsehenden Armenpflege *).

§. 85.

Aber nicht bloß als Arme sind diese Menschen ohne nähere Verbindung dem Staate drückend; aus ihnen ging stets der Drang nach Reichthum und Luxus hervor. Wer nichts hat, strebt nach Allem; wer etwas hat, sucht dieses sorgfältig zu bewahren. Nicht der Reichthum hat Ueppigkeit und Luxus er-

*) Auch die Athenienser ließen ihre Arme vom Staate ernähren und, wie es scheint, weit reichlicher, als jetzt Arme ernährt werden. Der Arme erhielt ein bis zwey Obolen vom Staat täglich. Jährlich wurde das Verzeichniß öffentlich in der Volksversammlung verlesen; im Kriege Verwundete und durch körperliche Gebrechen zur Arbeit Unfähige wurden in die Listen aufgenommen oder wieder ausgestrichen. Ein Obol kann etwa mit $1\frac{1}{2}$ Schilling Hamb. Cour., nach seinem innern Werth, gleich gerechnet werden. Für einen Obol konnte er $\frac{1}{30}$ Medimne Waizen (etwa 2 ℔ oder $\frac{1}{480}$ Theil des besten Ochsen), also doch gewiß $1\frac{1}{3}$ ℔ Rindfleisch kaufen; erhielt er also 2 Obolen, so hatte er reichlich Waizenbrod und Rindfleisch. S. Voyages du jeune Anacharsis Chap. XX. mit der Vergleichung von Maaß und Gewicht. Man erinnere sich aber: daß die ganze eigentlich arbeitende und dienende Klasse Sclaven waren, die im Kriege nicht verwundet und wenn sie zur Arbeit unfähig waren, von ihren Herren ernährt wurden.

zeugt, sondern die Armuth. Wenigstens einen Tag zu glänzen, ist für den Versuchung, der nicht Hoffnung hat, stets angesehen zu seyn, und das Beyspiel eines glücklichen Spielers in dem großen Nationalspiele der Speculation, ist ein Krankheitsstoff, der oft Viele ansteckt.

§. 86.

So häufen sich für den eigentlich erwerbenden Staatsbürger nicht bloß die Landesabgaben *), sondern auch seine Bedürfnisse vermehren sich, wenn er auch als Individuum auf jede Art des Luxus Verzicht leisten will. Er muß den vermehrten Aufwand des Handelsstandes mittragen, auf die ihm unentbehrlichen Materialien wird dieser gelegt, er kann seinen Hausgenossen den Drang nach jenen Artikeln des Luxus nicht versagen, wenn er selbst sie auch gern entbehrt. Seine Erspahrungen arten leicht in zweckwidrige Knickerey aus.

§. 87.

Alles dieses würde sich aber in der ganzen Masse menschlicher Betriebsamkeit aufheben, wenn nicht auf ihn, als eigentlichen Producenten, die ganze Last allein fiele, wenn er den Preis seiner Producte in dem Maaß

*) In den am meisten mit Abgaben belasteten Ländern dürften diese vielleicht noch nicht so groß seyn, als sie zur Zeit der spätern Kaiser im römischen Staat waren (Gibbon, the Fall of the R. E. T. III. p. 90.); aber ein wesentlicher Unterschied war darin: daß jene Abgaben, wenn auch ein Theil davon auf die thörigste Art verpraßt wurde, doch immer im Lande blieben, nicht in die Hände ausländischer Wucherer kamen. Und — mächtiger wurde der römische Staat auch wahrlich nicht dadurch.

erhöhen könnte, als seine Lasten sich mehren. Aber dieses Maaß des Preises hängt nicht von seiner Willkühr ab, sondern 1) von der Nachfrage nach seinen Producten (dem Markte), 2) von der Nothwendigkeit für ihn, einen Käufer zu finden. In Rücksicht des erstern giebt fast in allen Artikeln der Production nicht die Concurrenz in den einzelnen Ländern, sondern der ganze Welthandel den allgemeinen Maaßstab. Korn in der Ostsee, Leinen in Schlesien wird nicht theurer bezahlt, weil der Producent mehr Lasten zu tragen hat, sondern weil man es aus andern Quellen nicht wohlfeiler haben kann. Der Producent kann nicht sagen: unter diesen Umständen producire ich nicht mehr, ziehe ich mein Capital zurück und verwende es zu einer andern Bestimmung; sein Capital, sey es Grundeigenthum, Geistes- oder Körperkraft, ist unbeweglich *).

§. 88.

Hingegen berechnet der Kaufmann seinen Vor-

*) Von allen politisch-statistischen Ansichten scheint mir keine inhumaner, als die von den englischen Schriftstellern zuerst zum Grunde ihrer Berechnungen gelegte, von Neuern, selbst dem humanen Say (Traité d'Oeconomie politique. Paris. 1817. 8.) nachgeahmte; der Maaßstab der Ansprüche des Individuums an die Production des Landes, nach Capital. Meine geistige und körperliche Kraft und mein Grundeigenthum ist kein Capital im Sinn des Wucherers, sondern sollte ein unveränderlicher, möglichst gleichgültiger Anspruch seyn. Ich kann ihn nicht umsetzen, wie der Papierhändler seine Staatspapiere; Jenes Speculationen, nachdem er das Geld wohlfeiler oder theurer, den Privatcredit geringer, die Concurrenz mit meinen Producten veränderlicher macht, können mein Capital vermindern oder ganz vernichten.

theil nur nach dem momentanen Zustande des Welthandels im Allgemeinen und kann sein Capital anlegen, wo es ihm die meisten Zinsen trägt, und der letzte Maaßstab dieses Gewinnstes wird immer durch den Papierhandel bestimmt werden. Was da verdient werden kann, muß auch der kleinste Kaufmann in Verhältniß verdienen, denn die Quellen, aus welchen er seine Waaren zieht, richten sich darnach, der Disconto und die Bedürfnisse, um sein Geschäft am vortheilhaftesten zu treiben. Diese Bedürfnisse müssen sich aber in dem Verhältniß vermehren, als das Geschäft im Allgemeinen (nicht für den Einzelnen) verwickelter wird.

§. 89.

2) Die Nothwendigkeit, einen Käufer zu finden, wird aber bey dem Producenten in dem Maaß zunehmen, als er weniger Vortheil von dem Product und eine größere Concurrenz hat, sein Antheil an der Disposition von baarem Gelde (seine Stimme im allgemeinen Welthandel) und die Hoffnung einen bessern Markt finden zu können, geringer werden. Ein noch drückenderes Verhältniß entsteht hier aber für den Landeigenthümer aus dem Fabrikensystem. Durch die todte Hand, durch Maschinen und den Handel, wird ihm der Absatz jeder Production seiner Hände verkümmert. Eine Menge Menschen leben in den Fabriken von Kartoffeln, die bey weniger Bearbeitung des Landes wenigstens viermal so viel Menschen ernähren können; der Wohlhabendere selbst folgt dieser Sitte; dem Bier ist zum Theil Thee und Kaffee substituirt, für Leinen sind baumwollene und seidene

Zeuge an die Stelle getreten u. s. w.*) Der Geschichte liegt es ob, die Versuche der Regierungen, diesen Zustand abzuändern in den einzelnen Staaten, der Nachwelt aufzubewahren, von den gelindern Mitteln an, durch Luxus- und Kleiderordnungen dahin zu wirken, bis zu dem schrecklichsten von Napoleon versuchten Continentalsystem, durch ein Heer gieriger Zollbediente

---

*) Wenn England sich rühmt, daß es seinen Kornbedarf bey einer über das Vierdoppelte vermehrten Volksmenge selbst producirt, so heißt das wohl eigentlich, daß der einzelne Mensch viermal weniger Korn genießt.

Wenn es (Colquhoun) jährlich zum Gebrauch im Lande einführt:

		Tonnen Waizen.
Zucker 328,288,730 ℔ und wir 1 ℔ Zucker an Nahrungsstoff gleichsetzen mit 3 ℔ Waizen, so beträgt das . . .		4,476,664
Thee 25,000,000 ℔, woraus 3,000,000 Orhoft Theeaufguß . . . . . gemacht werden.	=	1,500,000
Rum aus Westindien 57,900 Punchions oder 63,690,000 Gallonen = 106,150 Orhoft	=	424,600
Arrack aus Ostindien?	=	212,300
Kaffee aus Westindien . . 31,871,612 ℔		
„ „ Ostind. u. Arabien 15,900,000 „		
47,771,612 ℔		
giebt 1,393,338 Orhoft Getränk .	=	696,669
Reis?	=	2,000,000
Differenz zwischen Kartoffeln- und Gartenfrucht-Cultur gegen Waizen . .	=	6,000,000
Summa	=	15,310,233

England kann also mit den Nahrungsmitteln, die ihm der Handel zuführt und mit der Differenz des Kartoffelnbaues 5,000,000 Menschen mehr ernähren, ohne den Kornbau zu verbessern und allerdings ist auch dieser sehr viel ergiebiger. In andern Ländern ist alles dieses mehr oder weniger der Fall. Ist die Bevölkerung von Europa in dem Verhältniß größer?

diesem fremden Bedürfnisse den Eingang zu versperren. Das Resultat wird seyn: daß sie fruchtlos waren.

§. 90.

Wird diese Beschwerde unter dem Gesichtspunkte der allgemeinen Humanität angesehen, so ist sie höchst ungerecht. Durch menschliche Thätigkeit werden Europa wenigstens für 30,000,000 Menschen mehr Nahrungsmittel angeboten, als es früher hatte und mit weniger als der halben Arbeit mehr Kleider. Die Klage ist: Wir werden arm, weil wir sie nicht verzehren können! Für Länder, die den größten Theil ihrer Bedürfnisse selbst produciren, oder gegen eigene Fabrikate eintauschen können, die nicht mit Armentaxen und Verzinsungen fremder Capitalien zu sehr belastet sind, kann diese Klage nicht statt haben, aber für Länder, die auf Kornbau, Viehzucht u. s. w. größtentheils eingeschränkt sind, ist sie doch wohl sehr gegründet. In allen Ländern entsteht doch aber das Gedränge nach Nominalwerth, und Besitzthum wird immer weniger den Familien eigen, sondern das Resultat jenes Glücksspiels in Papier- und Waarenhandel. Nach diesem Gedränge wird der Werth der Dinge, hauptsächlich der Lebensmittel (der Hauptmaaßstab der menschlichen Verhältnisse gegen einander), schwankender und ungewisser, ein für den einzelnen Staat unabwendbarer Zufall verändert den Werth der Landesproducte und dadurch des Grundeigenthums so bedeutend, daß der einzelne Besitzer nicht mehr dabey bestehen kann; er muß sein Grundstück mit in den Strudel des stets wechelnden Mobiliareigenthums geben und nicht der nächste Erbe, für den er vielleicht sein ganzes Leben durch gesorgt und gearbeitet hat, sondern ein glücklicher Spieler in dem fingirten Nationalreichthum und Nationalcredit wird sein Nachfolger.

§. 91.

So ist überall die eigentlich germanische Freiheit zum Theil verloren gegangen, die nicht in Antheil an der Regierung des Staats, nicht in repräsentativer Legislatur, sondern in dem freyen und möglichst gesicherten Gebrauche des Eigenthums jeder Art besteht, die ebendaher jedes andere Eigenthum ehrt, weil sie das Ihrige bewahrt haben will; durch welche die Norwegischen Klippen, wie die fetten Fluren der Niederlande bevölkert wurden; die unter jeder Art von Regierungsform und Landesreligion ihr Gedeihen hatte, wenn diese nur nicht zu willkührlich sie angriffen, unter der Regierung geistlicher Fürsten in Deutschland, unter den Mißbräuchen des Feudalsystems in südlichen Ländern, selbst unter der tyrannischen Regierung Spaniens in den Niederlanden, sich lange erhielt; bis endlich Religionskrieg, dann mißverstandene Regierungssucht u. s. w. sie hin und wieder zur Verzweifelung brachten und sie zu dem unglücklichsten Mittel veranlaßte, in der Abänderung der äußern Staatsform auf ähnliche Art Linderung zu suchen, wie der leidende Kranke in der öftern Veränderung des Bettes Linderung der Schmerzen sucht. Uns gebührt es nicht zu bestimmen, welche Länder mehr, welche weniger von dieser calculirenden Agorasmonarchie, die sich das Ansehn der Agorarchie geben, die Börse zum Forum umwandeln wollte, gelitten haben; unverkennbar ist es aber: daß die Länder, welche vom germanischen Geiste beseelt, der Hierarchie früher am meisten widerstanden, auch von dem Selbstmorde der Staaten, durch Veränderung der äußern Staatsform, am meisten frey geblieben sind; in dem Verhältniß am meisten, als ihre geographische und politische Lage ihnen jenes Streben nach Nationalreichthum und Nationalcredit am wenigsten zuließ *).

§. 92.

Wenn die Geschichte in Rücksicht des Staats auch nicht auf einen so lichten, allen Partheien Segen bringenden Punkt hinweisen kann, wie sie in der Gottesverehrung auf die Reformation hinweiset, so zeigt sie doch immer deutlicher: Was Regierung und

---

*) Die Geschichte der letzten dreyßig Jahre spricht dieses deutlich aus. Erfreulich ist es doch aber, wenn auch ein einzelnes Zeugniß, unter Umständen, die keine vorgefaßte Meinung voraussetzen, dasselbe bestätiget: William Henry Drayton war ein eifriger Beförderer der amerikanischen Revolution, in welcher er nächst Washington und Franklin die Hauptrolle spielte. Er starb 1776 und hinterließ viele Documente und Manuscripte, die er zu einer vollständigen Geschichte der amerikanischen Revolution bestimmt hatte. Diese Papiere hat sein Sohn John Drayton: Memoirs of the american Revolution etc. Charlestown 1821. 8vo. 2 Vol. bekannt gemacht. Jener Präsident des ersten Congresses von Süd-Carolina, vorhin Geheimerath des Königl. Raths, sagt: Es ist merkwürdig, daß unter den vielen Nationen, welche sich in Süd-Carolina angesiedelt hatten, die Deutschen die Einzigen waren, die weder durch Versprechungen, noch durch Drohungen bewogen werden konnten, an dem Aufstande Theil zu nehmen.

was Volk einseitig handelnd verderben, was Beyde mit vereintem Willen schaffen können. Daß

1) Der Staat eine, nicht durch Willkühr, durch Philosopheme oder selbst nicht durch die tiefste Weisheit des Einzelnen, sondern durch den ganzen Gang des großen Weltlebens aus seinem Innern sich ausbildende Individualität ist, ein Organismus, der in seinem Ganzen um so vollkommner und zweckmäßiger lebt, als vollkommne Harmonie in allen seinen Theilen herrscht.

2) Die Kenntniß dieser Harmonie, als des eigentlichen Lebens des Staats, nennen wir Aufklärung. Je größer der Staat ist, desto nothwendiger ist es, daß diese Harmonie, diese Aufklärung erst in dem einzelnen zusammengehörigen Theile lebe, ehe aus dem Gemeinleben aller Theile ein harmonischer Organismus entstehen kann. Versammlungen der zu gleichem Zweck strebenden Staatsbürger werden wirksamer seyn als Volksversammlungen, wenn sie ihr Gemeinleben für den einzelnen Zweck, ihre Berathungen, Beschlüsse u. s. w. wieder mit dem ganzen Leben des Staats verknüpfen, ihre Bedürfnisse auf irgend eine Art geltend machen können, ohne zu verlangen, daß nur diese einen entscheidenden Einfluß auf das Ganze haben sollen.

3) Wie aber der eine Organismus sich nicht die Formen des andern aneignen, also auch nicht vernünftigerweise wünschen kann, die ehrwürdige Matrone nicht die Rosenwangen der Jungfrau, der Dornstrauch nicht die Früchte des Apfelbaums, so ist es thöricht, sich diese oder jene Staatsverfassung zu wünschen.

Das Bestehende ist das Beste, weil es so geschaffen ist; durch Aufklärung in den einzelnen Theilen und nur durch diese kann es vervollkommnet werden, durch menschliche gewaltsame Abänderung immer gestört werden. Die Geschichte zeigt revolutionirende Regierungen und revolutionirende Völker stets als abschreckendes Beyspiel.

4) Wenn dann diese Aufklärung für das Ganze öffentlich von den Aufgeklärtesten befördert wird, wenn diese Aufgeklärtesten auf irgend eine Art mit Beyfall des Ganzen erwählt sind, so wird sich das Allgemeinleben des Staats kräftiger und sicherer auch dem Einzelnen mittheilen, jede Maaßregel, jedes Gesetz, mit allen Gründen vor dieser Versammlung erwogen, wird mehr Nationalzutrauen erhalten, die Nation wird mit innerer Ueberzeugung, nicht auf leicht zu umgehende Befehle gesetzlicher werden. Nur erinnere man sich:

a) Daß die Geschichte aller Staaten, vorzüglich aber die Geschichte der letzten dreyßig Jahre sowohl, als die Kenntniß der menschlichen Natur überhaupt uns lehrt: Daß, so wie jede Volksversammlung die nächste Veranlassung zu vegetativer Ansteckung giebt, auch diese Versammlungen selbst den Weisesten leicht zu Enthusiasmus führen, der keine andern Rücksichten nehmend, sein Ziel gewaltsam zu erreichen sucht, der das Große und Schöne mit verdoppelter Kraft, aber auch das Zweckwidrigste und Schädlichste gewissenlos durchsetzt, der eine desorganisirte, so vieler Hülfsmittel entbehrende Nation, zu Ueberwindern großer geregelter Kriegsheere, aber auch übrigens vielleicht rechtliche Männer zu Königsmördern machen kann.

b) Diese Weisesten sollen von den nicht Weisesten gewählt werden. Wer Volkswahlen kennt, wird eingestehen, daß sie die heftigste Aufregung des politischen Organismus sind, man könnte sie Fieber des Staats nennen, die bald ein kräftigeres Leben enthusiastisch vermehren, Gemeingeist, größere Achtung vor dem Gesetz u. s. w., sehr leicht aber auch Auflösung der wichtigsten bürgerlichen Verhältnisse als Crise zur Folge haben.

c) Die Regierung ist gezwungen, nicht blos um ihre Plane durchzusetzen, sondern auch um Demagogie abzuwenden, wo möglich die Majorität in diesen Volksversammlungen leiten zu können. — Besoldungen und Sinecuren sind fast unvermeidlich.

Alle diese Schwierigkeiten werden in dem Verhältniß größer werden, als die Nation selbst in ihrem innern Leben mehr zerrüttet ist, d. h. weniger geregelte Humanität hat.

§. 93.

5) Wenn dann aber ein Staat mit oder ohne Volksrepräsentation eine humane Einheit darstellt, so sollte er gegen andere Staaten vollkommenes Personenrecht haben, alle Staaten sollten vor dem Gesetze gleich seyn, wie es die Staatsbürger der einzelnen Staaten sind. Können wir ein solches Recht haben? Wer kann es geben, wer handhaben? — Nur der humane Geist, der alle Regierungen um so mehr leiten wird, als die ganze Nation humaner ist, der in der Geschichte der ganzen Menschheit Beweise genug findet, daß nur Gerechtigkeit, ohne Rücksicht auf momentane einzelne Vortheile, den Staat glücklich und groß machen kann.

Vorzüglich die Geschichte der letzten dreyßig Jahre hat in dieser Rücksicht Materialien geliefert, die uns mit Gewißheit hoffen lassen, daß auch das Blut, welches in ihnen geflossen, für die Menschheit nicht vergeblich vergossen ist.

Das höchste Ideal dieser Hoffnungen dürfte seyn: Daß man einst auf den Kampf über das Gleichgewicht von Europa eben so herabsähe, wie jetzt auf den Kampf über gleiche Vertheilung der Aecker und des Vermögens.

Daß man jeden einzelnen Defensiv- und Offensiv-Tractat, selbst jeden einzelnen Handels-Tractat in die Zeiten des Faustrechts zurückweise; Universal-Monarchie und Goldmachen dahin, wohin alle Anforderungen des Unmöglichen gehören.

Daß man Staatsschulden und das Rentenirsystem als eine gewaltsame Plünderung wehrloser Kinder ansehe, als das Verderblichste für die ganze Humanität und für das Leben des einzelnen Staats, das bey allem Geschwindleben des Einen und bey knechtischer Unterdrückung Anderer, für Jeden den Keim des Verderbens in sich hat, weil ein Stand, nicht durch sichern Antheil am Staat, nicht durch Geburt und nicht durch eigene Production und Thätigkeit, sondern vorzüglich durch Glück, oft selbst durch verwerfliche Mittel, Vorrechte vor allen übrigen Ständen erlangt, wie sie vorhin weder Hierarchie noch Feudalsystem gab: Vollkommen willkührliche Wahl des Vaterlandes und des Genusses, ohne Beytrag und Uebernahme von Pflichten. Nicht ein Staat wird hierin kräftige Maaßregeln nehmen können! — Werden gemeinschaftliche Maaßregeln möglich seyn *)?

§. 94.

Hat Europa dann die zunehmende Cultur von Amerika zu befürchten? Hat es zu befürchten, daß die Länder der Barbaren, mit denen es keinen Frieden (nach der ursprünglichen Bedeutung des Worts) machen kann, die also seine Feinde sind, von befreundeten Nationen bewohnt werden? Kann die Humanität sich nach einem Lande allein flüchten? Wird es in seiner Thätigkeit verlieren, wenn alle Schätze Amerika's, alle Producte seiner Oberfläche von einer zahllosen Bevölkerung benutzt werden: Humanität ist keine Waare, die verschifft, keine Kostbarkeit, die auf irgend einem Markt gekauft werden kann. Sie ist das Licht, das überall scheint, und nur Augen bedarf, um gesehen zu werden. So wie der Einzelne nicht in einer menschenleeren Wüste Handel treiben kann, sondern nach bewohnten Städten sich hinwendet so können Nationen in menschenleeren Ländern nicht Handel treiben. Nur Abenteurer und Handlungs-Compagnieen können dort nicht handeln, aber zusammenraffen, und diesem strebt die wahre Cultur entgegen.

---

*) Wir dürfen es hoffen, wenn viele höhere Staatsbeamte mit dem Verfasser des Buchs: Ueber Weltreichthum, Nationalreichthum u. s. w. gleiche Gesinnungen haben.

Fünftes Capitel.

Familie.

Wohl dem, der seiner Väter gern gedenkt,
Der froh von ihren Thaten, ihrer Größe
Den Hörer unterhält, und still sich freuend
Ans Ende dieser schönen Reihe sich
Geschlossen sieht! Denn es erzeugt nicht gleich
Ein Haus den Halbgott.

Göthe in Iphigenie auf Tauris. Act. 1. S. 3.

§. 95.

Das durch die Erzeugung dargestellte Individuum der Pflanzen und der niedrigern Thierklassen bedarf keiner weitern Vorsorge der Aeltern. In eine, die Bedürfnisse unmittelbar darbietende, Aussenwelt versetzt, ist die Aneignung derselben sein ganzes Leben, das durch keine Lehre erhöhet, durch keine Uebung geleitet werden kann. Hat es verschiedene Zwecke, so müssen sich diese in der Zeit folgen, es muß ein anderes Individuum werden, muß durch eine neue Erzeugung die dazu nöthigen Organe erhalten. (Inflorescenz; Verpuppung.)

Sobald sich aber der Wirkungskreis des Thierlebens erweitert, sobald das Thier mehrere Zwecke auf einmal haben kann, bedarf es einer fortdauernden Erzeugung; die Tendenzen müssen in ihm erregt werden, und in seinem Leben liegt es, daß sich die Organe erst vollkommen entwickeln, so wie das Bedürfniß dazu in ihm erregt wird. Daher wird das Raubthier blind und unfähig zu gehen geboren, das grasfressende Thier folgt der Mutter wenige Stunden nach der

Geburt, das stehlende Nachtthier wird noch hülfloser geboren, als das Raubthier, und das sorglos sich nährende Sumpfthier, z. B. das Schwein, springt in dem Augenblicke nach der Geburt fröhlich um die Mutter, und findet seine Nahrung sogleich, als wenn es nie eine andere gehabt hätte. So der hochfliegende Raubvogel und das auf der Erde Körner fressende Geschlecht der Hühner, der in der Ferne seine Nahrung ausspähende Storch, und der im Schilf lebende Wasservogel. Sobald das Thier die gehörige Ausbildung der zu seinen Zwecken erforderlichen Organe erhalten hat, ist es auch völlig von seinen Aeltern getrennt, seine individuelle Existenz, das einzige Ziel seines Lebens, ist gesichert, es ist keiner weitern Ausbildung fähig. Daher können sich keine Familien im Thierreich bilden, und keine Perfectibilität der Geschlechter ist möglich.

§. 96.

Der Mensch muß, vermöge seiner göttlichen Natur, (Cap. 1. §. 4.) hülfloser als alle Thiere geboren werden. Im Erlangen und Vermeiden wird er langsamer geübt, weil zugleich sein humanes Leben mit entwickelt wird, das der Entwickelung seiner thierischen Fertigkeiten keine Grenzen setzen, aber sie stets mit leiten will. Seine nächste Umgebung wird in und mit ihm eine Einheit, er muß sich ihr mittheilen, ihre ganze Existenz in sich aufnehmen. Sein erstes Lächeln, das erste Streicheln des nährenden Busens ist seine Sprache, der erste Ton der Mutter, tief in sein Inneres dringende Harmonie. In jede Fertigkeit des Erlangens und Vermeidens mischt sich dieser göttliche Odem, er muß mitschaffen, was seine Umgebungen schaffen, muß die Worte von ihren Lippen haschen, um ihnen sich begreiflich zu machen, und sie zu verstehen. Jedes neu Erlangte muß er seiner Umgebung mittheilen, gegen jedes Verabscheute sucht er nur bey ihnen Schutz. So bildet sich das engste aller menschlichen Bündnisse, das Familienband, welches aber auch dadurch der Perfectibilität am meisten fähig ist. Jedes neue Mittel zum Erlangen und Vermeiden wird ein Eigenthum des ganzen Bundes, und in dieser Mittheilung liegt der Begriff des Lernens.

§. 97.

Das Thier kann abgerichtet werden, durch Menschen veranlaßt werden, seinem Willen bestimmte Aeußerungen zu geben, nicht um zu schaffen, nicht um eine neue Individualität sinnlich oder geistig darzustellen, sondern um sein eigenes Leben zu äußern; der Mensch allein lernt, um zu schaffen, und das Geschaffene gehört dann nicht ihm allein, sondern gehört dem ganzen größern oder kleinern Kreise der Menschheit an, mit dem er vereinigt ist, kann von diesem verbessert und berichtigt werden. Wir können die Thiere zu wunderbaren Fähigkeiten abrichten, die selbst über das Vermögen der Menschen zu gehen scheinen, aber das Thier theilt diese Fertigkeit keinem andern Thiere mit und niemand anders als der Herr kann es zu dieser Willensäußerung bestimmen. Der Mensch sieht eine Lebensthätigkeit, frägt sich oder Andere nach der Ursache, d. i. nach der Einheit wozu sie gehört, und nicht um nachzuahmen, sondern um dadurch eine für seine Zwecke passende Einheit zu schaffen, sucht er diese Fertigkeit sich anzueignen. Wir könnten uns leicht einen historischen Zusammenhang träumen, wie durch eine Art von Abrichten das Menschengeschlecht aus dem ersten Zustande des Nichtwissens und der Rohheit zu diesem oder jenem Grade der Cultur gekommen sey, und mehrere Gelehrte haben Untersuchungen darüber angestellt, haben aus einem Lande diese Cultur, wie Licht aus einem Punkte verbreitet gewähnt, aber auf jede einzelne Nation wird diese Geschichte nicht passen, weil jede durch äußere Umstände und eigenthümliches inneres Leben sich organisch ausgebildet hat und das Lernen, wie die Humanität, eben so wenig etwas von aussen Mitgetheiltes seyn kann, als das Leben jedes organischen Körpers selbst.

§. 98.

Je größer der Kreis der vereinigten Menschen ist, der durch Familienbanden in dieser humanen Einheit lebt, je mehr bereits in diesem Kreise geschaffen ist, desto mehr wird gesehen, gelernt und dem Ganzen nach der verschiedenen Fähigkeit, dem größern oder geringern Vorherrschen der Humanität der einzelnen Individuen, angeeignet werden. Je kleiner der Kreis ist, desto leichter wird das einzelne Gelernte wieder vergessen, weil es kein fähiges Individuum findet, desto weniger wird Neues gelernt werden.

§. 99.

Wir könnten das Menschengeschlecht in dieser Rücksicht in drey Hauptfamilien theilen, die bey aller

Vermischung unter einander, in der Geschichte doch stets ihren Hauptcharacter beybehalten und selbst in der physischen Classification der Varietäten des Menschengeschlechts wohl nachzuweisen seyn dürften, wenn wir an der Idee festhalten, daß das Leben die Organe, nicht die Organe das Leben schaffen.

1) Der von der Natur unmittelbar, ohne große eigene Anstrengung, ernährte und beschützte Mensch, muß sein humanes Leben auf die größern Einheiten wenden. Die ihn umgebenden Pflanzen und Thiere sind seine Gespielen, der gestirnte Himmel ein Feld voll glänzender Ahnungen, in dem er so gerne wandeln mögte. Alles muß er benennen, in Alles muß er Zusammenhang und Einheit bringen, in Allem ahnet er die letzte, ewige und unbegrenzte Einheit. Aber Alles hat auch wieder Bezug auf seine Individualität, für diese lebt auch das humane Leben zunächst, in jeder Einheit mögte er einen Vortheil für dieses finden. Genüsse jeder Art sind der Lohn dieses humanen Lebens. Hindernisse des Genusses wird er sich nicht selbst willkührlich setzen; nichts veranlaßt ihn, sein Vaterland zu verlassen, Schiffahrt in entfernte Länder u. s. w., wird ihn nicht beschäftigen. Auf Inseln, auf weiten Landstrecken, wo er sich in einsame Familien vereinzelt u. s. w., steht er in Gefahr, bald die höchste Stufe seiner Cultur zu erreichen, oder selbst, wie der Aethiope, von einer höhern Stufe herabzusinken und bloß für den sinnlichen Genuß und einzelne, nicht durch fortgesetztes Streben des ganzen Geschlechts ausgebildete, geistige Ideen, die bey ihm nur Reminiscenzen werden, zu leben. Auch das

Geistige sucht er in die begrenzte Sinnlichkeit herabzuziehen: Fetische und Symbole sind sein Streben, um sich ein weiteres schwieriges Nachdenken zu ersparen, und mit diesem fängt seine Neigung an, in colossalen Tempeln sie zu bewahren und in unnatürlichen Fabeln sie zu versinnlichen. Diese Neigung zum Genuß, mit dem Gefühl einer höhern Bestimmung, macht ihm bald selbst das leichtere Streben zur Erlangung der äußern Bedürfnisse verhaßt; er sieht es als etwas unter seiner Würde an und bürdet es gern Andern auf. Kastenverhältniß hat bey diesen Menschen ihren Ursprung und mit diesem größere Unthätigkeit und Tyranney. Der Regent ist Herr alles geistigen und leiblichen Eigenthums; dem einzelnen Staatsbürger ist es nicht möglich, sich eine andere Existenz willkührlich zu erringen, er ist nicht allein fähig sich Eigenthum einzurichten, und die Symbole (der babylonische Thurm, die Pyramiden, die Teocallis oder Penaten) halten ihn am väterlichen Boden fest. Nur Colonieen und Heere können von dem Regenten ausgesandt werden. Dasselbe absolute Recht eignet sich der Vater auch über die ganze Familie an. Er kann entscheiden, ob er den Neugebornen aufnehmen will; er hat in den rohern Zeiten das Recht über Leben und Tod des Kindes und später noch große Willkühr *). Daher wird das

*) So wenig Clima, Boden und Herkunft die Griechen in diese Menschenclasse setzt, so verrathen doch einzelne Züge in ihrem Familienleben, daß ägyptische Colonieen zu ihrer Bildung mit beygetragen haben, die aber bald sehr gemildert wurden. Hingegen hatten die Römer durch die Etrurier einen weit größern Antheil an diesem Ursprunge aus mildern Climaten. Daher

Verhältniß des Mannes zum Weibe anders: die dem Vater eigene Tochter wird dem Manne gegeben, oft an ihn verkauft, sie wählt nicht, sie gebiert dem Hausvater Kinder, nicht sich; ihre Rechte in der Familie sind geringe, wenn sie auch in großer Unthätigkeit mit Sclaven umgeben unterhalten wird.

§. 100.

2) Anders gestaltet sich der Mensch, wenn er auf dem Gebürge oder in kältern Himmelsstrichen mühselig der Natur seine Existenz abgewinnen muß. Hier ist eigene Thätigkeit die Hauptsache, die nie genug gelernt werden kann: Vertheidigung und Angriff, Jagd des wilden Thiers und Fischfang, Bearbeitung des wenig dankbaren Bodens u. s. w., können nicht in Symbole verhüllt, nicht den Kindern als Geheimnisse vorenthalten werden. Sie können nicht Sclaven überlassen werden. Sclaverey und Kastenverhältniß ist diesen Menschen fremd *) Erst wenn sie Nationen in reichern Gegenden unterjochen, machen sie diese zu ackerbauenden Leibeigenen. Kömmt ein Strahl höherer göttlicher Humanität unter sie, eine Ceres, Bachus, Buhda, Zoroaster, Odin, Manco Capac und seine

---

hatte das weibliche Geschlecht bey ihnen weit geringere Menschenrechte und die väterliche Gewalt war weit unumschränkter.

*) Von den Pelasgern und Atheniensern bemerkt es Herodot ausdrücklich, Erato c. 137, daß die Griechen erst sehr spät Sclaverey eingeführt haben, und über den Ursprung derselben bey ihnen S. ausführlich Athenaeus Deipnos. L. VI. c. 83 —94. Ueber das Verhältniß der Sclaverey unter den Germanischen Völkern Tacitus De moribus Germ.

Ehehälfte Mama Ocollo *), so tritt zwar das Geschichtliche davon, die Individualität dieser Heroen, bald in die Dämmerung der Sagen und Mythen zurück, aber das thierische Leben ist vorbereitet, sich mit dem humanen inniger zu vereinigen; geübtes Anstreben gegen jedes äußere Hinderniß, festere Vereinigung der kleinern Familienkreise, freyere Aeußerung des Lebens ohne frühere Bande der Symbolik, Hierarchie und des Despotismus, läßt sie bald zu einer höhern Stufe der Cultur sich emporschwingen. Immer wurden diese rohen Stämme die Besitzer und Gesetzgeber der glücklichern Gegenden, theilten dann aber auch mehr oder weniger bald ihre Sclaverey **).

Unter diesen Umständen ist aber der Vater nicht der einzige Quell des Wohlstandes der Familie. Der Sohn und die Tochter streben bald mit ähnlichen Kräften der rauhen Natur ihre Existenz abzugewinnen. Sie bedürfen keiner Einweihung in Mysterien und haben wenig Ahnung davon. Der Kriegszug eines berühmten Anführers, ein Stück Land, das Unterhalt und Schutz verspricht, können sie veranlassen, ihr Glück mit eigener Kraft zu prüfen; es bedarf

*) Robertsons History of America. Vol. III. p. 329.

**) „Den Persern rieth Artembores, da sie nun die Macht hätten, „aus ihren rauhen Gebürgen auszuwandern und sich die benachbarten fruchtbarern Gegenden zu unterwerfen. Cyrus „antwortete kaltblütig: Ja, thut das nur Perser, macht Euch „aber zugleich bereit, nicht Andern zu befehlen, sondern Andern „zu dienen. Auf weichem Boden wachsen weiche Menschen. „Süße Früchte und tapfere Männer trägt nicht dieselbe Erde". Herodot. Calliope 122.

keines zusammengesetzten Staats, um ihnen Sicherheit zu geben, ihr Arm und der Friede mit den Nachbarn sichert sie. So wählt das der Mutter ähnliche Mädchen ihr Loos, sie wird nicht vom Vater gegeben oder verkauft, sie läßt sich werben und der Werbende muß durch Geschenke ihre Gunst gewinnen *). Das Weib gebiert nicht dem Manne allein das Kind, er hat kein ausschließend Recht es aufzunehmen, noch weniger rohe Tyrannengewalt über seine Existenz; durch die Liebe und Tugend der Mutter ist es Mitglied der Familie, und Liebe zur Mutter ist bey ihm der kräftigste Impuls zu allem Guten und Schönen. Beide haben in der Zeit, wo thierisches Streben hauptsächlich vorwaltet, nur den einen Zweck, eine ihnen ähnliche Nachkommenschaft zu erzeugen; kränkliche, mißgestaltete Kinder sind beiden gleich verhaßt und werden über die Seite geschafft. Das war bey den Normannen und Isländern noch bey Einführung des Christenthums und selbst nachher Sitte **); aber nicht Willkühr des Vaters entscheidet, und wo dieser seine Gewalt gemißbraucht hat, ist es in den Sagen als Unsitte geschildert. Daß aber unter diesen Völkern keine Gesetze gegen Mißbräuche dieser Art gegeben waren, lag wohl überhaupt in dem Begriffe der unumschränkten Familienfreiheit. Daher ist Frauenwerth bey diesen Nationen mit weit humanern Begriffen verbunden, als bey jenen der fruchtbaren Ebnen. Es ist nicht die Menge des Gelernten, nicht die

*) Münter, die Odinsche Religion a. a. O. S. 97 u. f.

**) Tacitus De moribus Germ.

Schnelligkeit des Geistes, das Gelernte wieder zu äußern, sondern es ist der göttliche Odem, der aus dem Familienkreise ein schönes Ganze zu schaffen sucht, dem zu diesem Zwecke nichts zu klein und nichts zu groß ist. Schlachtengewühl und ruhiges Hin- und Hergehen des Weberschiffs, Krankenpflege und Bereitung des Mahls, Wissenschaft und Kinderspiel, nichts schreckt und nichts macht Langeweile, weil es von jenem göttlichen Geiste belebt, nicht geboten wird.

Nur diese Völker allein waren im Stande, die Erde zu einem gemeinschaftlichen Wohnplatz der Menschen zu machen, sich nach und nach über die fruchtbaren Fluren der gemäßigten Zonen, wie über die Klippen des kalten Nordens zu verbreiten. Sie waren im Stande, zu Lande oder zu Wasser, einen Zusammenhang zwischen Amerika und der alten Welt zu finden und auf dieselbe menschliche Art, da wo die rauhe Natur ihre thierische Kräfte in Anspruch nahm, in roher Unabhängigkeit zu leben, auf den reichen Fluren Mexico's den Göttern Teocallis zu bauen und Hierarchie einzuführen.

§. 101.

3) Den dritten Menschenstamm könnte man den unveränderlichen nennen, der aber auch dadurch der Perfectibilität am wenigsten fähig ist: die wandernden Hirtenvölker des Hochlandes, wo Mangel an Quellen und unfruchtbare Strecken dem Ackerbau entgegenstehen, wo keine feste Wohnplätze und also kein Landeigenthum statt haben kann, weil die Heerden der Weide nachwandern müssen. Die Wartung des Vieh's

ist hier das zum Unterhalt erforderliche Streben, Schnelligkeit, um auf den unabsehbaren Ebnen das flüchtige einzuholen, Kampf in der Ferne mit Schleudern, Bogen und Schießgewehr, das Erforderniß dazu. Diese Sorge kann keinem Sclaven überlassen werden, daher wird der größte Theil des Lebens auf sie verwandt. Keine neue Bedürfnisse geben zu neuem Lernen und zu Combinationen in größere Einheiten Veranlassung. Aber in dem engern Familienkreise äußert sich der schaffende Geist: Ausbildung der Sprache, Uebung in epigrammatischer Darstellung des innern Gemüths, des Gemeinlebens in Fabeln, Gedichten und Erzählungen, strenge Gesetzlichkeit des Familienlebens, sind seine ausgezeichnete Wirkung. Die höchste absolute Einheit wird nur geahnet, nicht durch mannigfaltige Combinationen deutlicher erkannt; einzelne Symbole genügen *), sind dann aber auch um so heiliger und das Zweifeln daran um so strafbarer. Der Hausvater ist alleiniger Herr der Heerde, wie der Familie; er wird mit unbegrenzter Ehrfurcht verehrt und beide vermehrt er so sehr, als es die äußern Bedingungen nur zulassen; Polygamie ist daher allgemein. So werden aus den Familien Stämme, Staaten und Reiche, die durch gemeinschaftliche Symbole vereinigt den Character der häuslichen Tyranney behalten; der

---

*) Ein auf einen erhabenen Erdwall in die Erde gestecktes Schwerdt war schon zu Herodots Zeiten das Hauptsymbol der Gottheit, Melpomene c. 62, war es zu Ammiani Marcellini Zeiten, XXXI. 2., und Attila empfing es mit großer Ehrfurcht aus der Hand eines Hirten, als Symbol der Gottheit und seines Rufs zum Heerführer. Gibbon History. Vol. VI. p. 43.

Regent ist der Vater des Staats, aber auch der Quell aller Gesetze und daher über sie erhaben, mehrere Bedürfnisse kennt er nicht, über das Hirtenleben kann er sich nicht erheben. So beschreibt Herodot die nomadischen Scythen Asiens und die jetzigen weichen wenig von seiner Beschreibung ab; selbst auf den Hochlanden Mexico's will ein neuerer, sehr scharfsinniger Reisender in den Hirten Herodots Beschreibung wieder erkennen *). Religiöse Intoleranz **), loser Zusammenhang der Staaten ***), strenge Zucht in der Familie und in der Horde, daher manche häusliche Tugend: Gastfreyheit, gewissenhafte Treue für das gegebene Wort, Unverletzlichkeit der Wohnung, Mangel an Sclaven ****), große Fertigkeit im Reiten, Bogenschießen und scharfer Blick in die Ferne, aber sehr geringe fortschreitende Cultur in allen Künsten nnd Wissenschaften, die das menschliche Leben verschönern und veredlen, Grausamkeit gegen Menschen, die nicht zu ihrem Stamm gehören, weil sie gegen ihr Vieh es sind *****). Auf die europäische Humanität haben sie nur von Zeit zu Zeit den Einfluß eines reißenden Stromes gehabt, der die menschliche Thätigkeit erweckt, um ihm Dämme zu setzen. In zahllose Heere vereinigt, wollten sie oft die fruchtbaren Flußthäler in

*) Notes on Mexico made in the autumn of 1822 by a Citizen of the united states. Philadelphia 1824. 8vo. p. 203.

**) Sie kostete schon den beiden aufgeklärtesten Scythen Anacharsis und dem König Scyles das Leben. Herodot l. c. c. 80.

***) Gibbon l. c. V. V. p. 384

****) Herodot IV. 72.

*****) Gibbon V. V. p. 43.

Viehweiden verwandlen, nie konnten sie sich aber lange als bleibende Nation halten, weil sie die Eingränzung in Ringmauern scheuten und festes Eigenthum nur den kornbauenden Menschen begreiflich ist. So machten sie sich in frühern Zeiten dreymal einen großen Theil des fruchtbaren Asiens unterwürfig, drangen unter Attila und Gengischan tief in Europa ein, aber sie veränderten nichts, sie verheerten nur; keine Vermischung mit den überwundenen Völkern, keine bleibende Herrschaft fand statt, mit dem einzelnen Heerführer starb anch ihre Macht, die Nachfolger wurden bald schwelgende Tyrannen, die zahllosen Heere theilten sich wieder in kleinen Horden und wurden von den Ueberwundenen verjagt. Nur der zum Theil unter den Hirtenvölkern Arabiens entstandene Muhamedismus nahm bey der physischen und geistigen Schwäche der östlichen Völker eine zum Theil andere Richtung. Von der Ueberzeugung des einzigen wahren Gottes tief durchdrungen, wollte Muhamed diesen mit Feuer und Schwerdt lehren; Nomaden und angesiedelte Völker mußten sich zu seinem Glauben bekehren oder sterben, und so bildete sich das Reich der Califen in Osten und Süden vielleicht als die erste Vermischung von Hirtenvölkern und Ackerbauern, das doch aber den nomadischen Ursprung in allen seinen Schicksalen bis auf die jetzige Zeit nicht ganz verläugnen kann. Intoleranz, väterliche Tyranney, hohes Ansehen des Stammvaters, geringe Neigung zu Ackerbau und Künsten, Polygamie, die mit dieser verbundene Eifersucht, welche sich bald nicht bloß auf Weibertreue einschränkt, sondern auf jedes menschliche Verhältniß sich verbreitet und die, von den südlichen Völkern erlernte, aber durch Haustyranney und Eifersucht einen weit grausamern Character annehmende Sclaverey, ist der allgemeine Character der Bekenner des Islams, so verschieden sich derselbe nach Clima, früherer Cultur der Länder u. s. w. auch ausspricht.

§. 102.

Aus der Vermischung und mannigfaltigen Reaction dieser verschiedenen häuslichen Humanität ist die gegenwärtige Cultur der Völker entstanden, wie aus der mannigfaltigen Reaction der Aussenwelt und des Organismus die individuelle Bildung entsteht. In dieser Reaction besteht das Leben und die Bildung der Völker. Wer wird es wagen, in dieser Rücksicht die Geschichte des einzelnen Volks bis zu seinem ersten Ursprung zu verfolgen? Bald haben bereits cultivirtere Völker rohe Nationen erobert und sie zum eignen Nachtheil zu Sclaven gemacht; bald überschwemmten rohe Völker cultivirtere, nahmen die Sitten derselben an, ohne sie eigentlich zu lernen, Gottesverehrung gieng in Symbolendienst über, das schwankende Gesetz diente nur dem Mächtigern und der verfeinerte Genuß wurde Schwelgerey und Wollust, sie bedurften Jahrhunderte des Kampfes und der Sittenlosigkeit, ehe sie wieder zu einer Nationaleinheit gelangen konnten; die Eroberung einer cultivirten Nation durch die andere war stets mit der sittlichen Vernichtung beider verbunden, und nie wollte es einem Herrscher glücken, seiner Nation fremde Sitten aufzudringen, sie konnten wohl thierisch nachgeahmt, aber nicht gelernt werden. Nur das langsame Aneignen und Lernen, das lebendige Abstrahiren und Combiniren, konnte den Völkern wahre Humanität und dadurch eine bleibende Existenz geben.

§. 103.

Aus dem Familienbande mußte bald Kastenverhältniß hervorgehen. Der Sohn lernte vorzüglich das, was in seiner Familie geschaffen wurde, der Vater wollte sein ganzes geistiges und leibliches Eigenthum nur seinen Kindern hinterlassen.

In den glücklichern Ländern, wo physisches Schaffen unter der Würde des edlern Menschen war, bildete sich dieses bald in scharfe Abtheilungen der Einwohner desselben Staats. Die Depositärs des höchsten Geistigen, der Gottesverehrung, bildeten die erste Kaste und wandten ihre ganze hierarchische Dichtkunst an, die übrigen Menschen sich zu subordiniren. So entstanden in Indien die zahlreichen Kasten, deren dem Europäer fast unbegreifliche Gesetze, da sie mit dem Höchsten genau vereinigt waren, ganz in den Geist der Nation eindrangen, so daß der arme Chandala (von einer Brahminin mit einem Schuder erzeugt) selbst überzeugt ist, daß er von der Gemeinschaft anderer Menschen entfernt leben, diesen sich nur mit niedergeschlagenen Augen nähern darf und die verworfenen Geschäfte des Nachrichters verrichten muß *).

*) Ausführliche Beschreibung der 36 und mehrerer Kasten in Indien S. H. T. Colebrooke in Asiat. Researches. T. V. p. 53. Die Buhdaverehrer, welche sich jetzt über die Länder östlich

Von Indien aus verbreiteten sie sich über Aegypten, wo Herodot sieben Kasten namhaft macht *), über den größten Theil des südlichen und westlichen Asiens, als Magier, von da zu den Etruriern, als Lucumonen, und in Gallien und Britannien, als Druiden.

§. 104.

Anders verhielt es sich, wenn thätige Bewohner der gemäßigten Zone sich in einen Staat vereinigten. Sie hatten gleiche Rechte unter sich, diese mußten aber gegen Ausländer bewahrt werden, das Bürgerrecht war das Höchste, was vererbt, aber auch nur durch Erbschaft erlangt werden konnte; Bürger des Staats zu seyn, war mit keinem andern Glücke zu vertauschen. Bis auf die Zeiten, wo unser jetziges Handels- und

vom Ganges, Ceylon u. s. w. verbreiten nnd vielleicht dem Lamaismus den ersten Ursprung gegeben, früher sich aber bis westlich vom Indus erstreckten, haben keine Kasten, ihre Depositärs des Geistigen (Talapoins) sind unverheirathet, leben in Klöstern, werden aber noch höher als die Brahminen verehrt; eine Art des Adels haben aber die meisten von ihneu und ihren mannigfaltigen Sprößlingen. Beide Secten scheinen einige Jahrhunderte vor Christi Geburt sich gebildet und heftig verfolgt zu haben. Sie sind gewiß beide aus einem Stamme entsprungen, welche Veränderungen aber ihre einzelnen Lehrsätze und Sitten in den zweitausend Jahren erfahren, läßt sich bis jetzt nicht bestimmen. Bestimmt ist es, daß die Indier schon um jene Zeit (beym Zuge Alexanders nach Aegypten) Kasten hatten; Plinius konnte seine Nachrichten nur von Alexanders Begleitern wissen und diese sprechen das Kastenverhältniß deutlich aus., H. N. L. VI. c. 19., und es ist fast nicht zu zweifeln, daß die Aegyptier es von den Indiern hatten.

*) Euterpe 163.

Colonialsystem vorherrschend geworden, hatte diese abgeschlossene Einheit der Staaten den entschiedensten Einfluß auf Humanität.

§. 105.

In jedem Staate, wo Eigenthum nicht von der Willkühr eines Einzelnen abhieng, mußte auch wahres Verdienst, kräftige Vertheidigung des Vaterlandes, Fortschritt in Gesetz und Sitte, ein Eigenthum seyn, das der Besitzer gern auf seine Kinder vererbte und das durch die allgemeine Meinung auch den Kindern beygemessen wurde. Ein Adel bildete sich daher überall, nur nicht unter späterer orientalischer Tyranney *), er war in Republiken, wie in gesetzlichen Monarchieen und aus ihm wurden die Herrscher gewählt, wenn sie nicht selbst durch eine ähnliche Erbfolge schon bestimmt waren. Der Geschichte liegt es ob, die Mißbräuche in den einzelnen Staaten zu würdigen, ohne dem heiligen Rechte des Familieneigenthums zu nahe zu treten.

---

*) Reliquum est, ut etiam de monarchiis disseramus et quibus rebus solent interire natura et quibus conservari. Fere autem iis, quae diximus caeteris reipublicae administrandae formis evenire, similia sunt ea, quae regnis et tyrannidibus accidunt. *Nam regnum quidem aristocratiae congruit, tyrannis autem ex oligarchia ultima et democratia componitur.* Quapropter etiam iis, qui sub imperio vivunt, perniciosissima est, ut pote quae ex duobus malis concreta sit, et degressiones a recto et peccata, quae ab utraque proficiscuntur, contineat. Aristoteles De re publica. L. V. c. 10.

§. 106.

Griechen und Römer, als die ersten Stammväter der europäischen Cultur, waren in Rücksicht dieses Kastenverhältnisses wesentlich verschieden. Durch eigene Kraft in kleine Staaten mit Bürgerrecht vereint, ohne bedeutende Eroberung und ohne selbst erobert zu werden, eigneten sich jene nach und nach die Humanität anderer Nationen an, lernten von andern, ohne daß ihnen etwas aufgedrungen wurde, religiöse Mysterien, politische Grundsätze, Kunst und Wissenschaften, nach freier Wahl, mit wahrer Aneignung und innerer Ueberzeugung. Ihre Sclaven wurden nicht im Kriege erobert, sondern meist in Thracien, Thessalien und Creta gekauft und waren doch bey weitem mehr zu Feldarbeit und Fabriken, als zur Pracht gehalten. Verdienst der Vorfahren wurde geehrt, aber kein gezwungenes Kastenverhältniß fand statt; einzelne Familien hatten Rechte auf die ersten Priesterstellen, aber es gieng nicht von Vater zu Sohn, aus dem ganzen Stamme wurde gewählt. Selbst die Schule der Aerzte in Kos hatte ausgezeichnete Männer, die sich einer unmittelbaren Abkunft von Aeskulap rühmten, sie war aber Keinem verschlossen. So war jede Art des menschlichen Wissens und Lernens, selbst wenn es unter der Form von Mysterien zu ihnen kam, Gemeingut der ganzen Nation, kein einzelner Stand suchte neidisch es dem andern vorzuenthalten, es wurde darüber gestritten, gezweifelt und anerkannt, die ganze Nation erhielt eine mehr geistige Richtung: Die Erforschung war werther als die Erfindung, die wahre

Darstellung mehr als das Buhlen des Beifalls einzelner oder ganzer Klassen; so konnte in einem glücklichen Himmelsstriche, bey leichter Befriedigung der Bedürfnisse, das Lernen jeder Art mit Liebe geübt werden. Das war die schöne Jugend Griechenlands, worin der unsterbliche Mäonide sang, Hesiod seine lebendigen Ahnungen der Gottheit in die Mythen des Volks kleidete, Pindar mit dem höchsten Bewußtseyn von Menschenwerth und Menschenbestimmung das Löbliche prieß, Herodot mit klarer Kenntniß der Natur und der menschlichen Verhältnisse der Geschichte ihren Werth und ihr Ziel in einem trefflichen Muster setzte, und Hippocrates tief in das Leben des Menschen blickte. Wenn dann auch, von dem Zeitalter des Pericles an, die Eroberung der Schätze des Orients, mannigfaltigere Kriege der Bundesstaaten und ausgebreiteter Handel ein größeres Treiben veranlaßten, wenn später alle Genußsucht der Hauptstadt sich in die Provinzen verbreitete, wenn Griechenland bald die Schicksale erobernder, später die härtesten eroberter Staaten empfand: so erhielt sich doch die so erzogene Nation, wie sich ein wohlerzogenes Individuum auch noch in den größten Abweichungen von Sittlichkeit erhält. Shakespears Heinrich IV, Fallstaff, Bardolph und Pistol bleiben verschieden, wenn sie auch gemeinschaftlich ausschweifen.

§. 107.

Ganz anders verhielt es sich mit den Römern. Am westlichen Abhange der Appeninen, an den reichen Ufern des Arno, des Umbro und der Tiber, wohnte ein Volk, das vor der Zeitperiode der schönsten griechischen Cultur bereits ganz die Humanität gesegneter Länder hatte, umgeben mit rohen Bergvölkern, die Humanität ahneten und suchten, aber die schwere Schule bey ihren Nachbarn, Sclaverey scheuten. Etrurier hießen jene, Sabiner, Samniter u. s. w. diese. Die Frage, woher diese Hetrurier stammten, wo sie ihre Humanität erlangt hatten, war schon den Griechen nur aus dunklen Traditionen zu lösen; für Lydier hielt sie Herodot *), für Rhätier oder nordische Völker Dionysius von Halicarnaß **), und die Forschungen der Neuern darüber konnten wohl schwerlich ein entscheidenderes Resultat geben ***). Gewiß hatten sie aber alle Eigenheiten der südlichen Völkererziehung: Tiefere Kenntniß der Natur und ihrer Relationen mit dem Menschen, Astronomie und Zeitbestimmung, zugleich mit der Ahnung des Bezugs der Harmonie des Macrocosmus und der Individualität, Bedeutsamkeit gewisser Zahlenverhältnisse und Constellationen, größerer Cyclen im großen Leben der Weltkörper, angewandt auf die Schicksale der Staaten, Pflanzenkenntniß und Arzneykunde, Metallbereitung, Kenntniß der Thiere, vorzüglich der Vögel, denen sie als Luftbewohnern eine nähere Gemeinschaft mit der Gottheit, ein bestimmtes Wissen der Zukunft zutrauten, und von ihnen zu erforschen hofften. Aber auch hierbey finden wir Spuren: daß sie diese Kenntnisse aus ei-

*) Herodot I. 94.

**) Dionysii Halicarnassensis Antiq. rom. L. I.

***) Die Litteratur darüber S. Kreutzers Symbolik B. 2. S. 829.

nem südlichen Lande gebracht, wie die ägyptischen Priester ihre heiligen und nützlichen Pflanzen deutlich aus Ostindien gebracht haben. Plinius bemerkt ausdrücklich: daß in den Abbildungen der Vögel der etrurischen Haruspicien manche Vögel vorkämen, die jetzt in Italien nicht gesehen würden *). Mit dieser Richtung der Humanität hatten sie aber auch alle Mängel jener orientalischen Cultur. Das Geistige war das eigentlich Köstliche, das durchaus über das Sinnliche herrschen sollte, es wurde als Mysterie dem eigenen Geschlechte vererbt und Kastenverhältniß war die Folge. Die Lucumonen hatten die Verwaltung des Göttlichen und des Staats, sie regierten unter dem Schutz und Zwang der Götter und ahnungsvoll gehorchte das Volk. Unter ihrem Befehle führten Sclaven Werke der Baukunst (Cyclopen-Mauern) auf, die noch jetzt eine mit ägyptischen und indischen Riesenwerken bekannte Nachwelt in Erstaunen setzen und wovon man nur bey den Peruanern etwas Aehnliches findet.

Denen mit einer rauhern Natur kämpfenden Bewohnern der Appeninen konnte manches nützliche Wissen nicht unbekannt bleiben; Ackerbau, Waffenübung, geregeltes Zusammenwohnen in Städten, Handel und Gewerbe, mußten sie bey der nahen Nachbarschaft lernen, aber das Kastenverhältniß blieb ihnen fremd und verhaßt, und sie blieben mit jenen im beständigen Kampf und so wie sie mehr lernten, sank auch die

*) H. N. L. X. c. 13.

Wage jener gebildeten Völker, so daß schon vor Erbauung Roms sie in engere Grenzen zurückgedrängt waren.

In Unter-Italien ließen sich schon lange vor Erbauung Roms Colonien anderer Völker, Siculer, Griechen und Trojaner nieder. In der Natur der Colonialverhältnisse ist Democratie, es ist ein Verein Gleichberechtigter, die sich ihre Anführer und ihre Gesetze wählen, bey denen Legislatur daher das vorzüglichste geistige Streben ist. Ihre Verbindung mit den Mutterländern hörte nicht auf und es bildete sich dadurch größerer Weltverkehr mit allen seinen Folgen, Luxus, Streben nach fremdem Besitz und nach Reichthum. Capua, Sybaris u. s. w. waren große Handelsstädte vor Erbauung von Rom.

§. 108.

Aus diesen heterogenen Principien wurde der römische Staat und die römische Humanität gebildet. Ihre höhern geistigen Erkenntnisse, Gottesverehrung und Staatsverbindung konnten die ersten Gründer nur von den orientalisch gebildeten Hetruriern haben, sie vorzüglich waren im Besitz der Schriftsprache und höherer Kenntnisse, und gern nahmen sie von ihnen Kastenverhältniß, Symbole, unumschränkte Herrschaft des Familienhaupts über Weib und Kind, und Gesetze an; diese mit Freiheit und Luxus zu verbinden, so wie andere Völker mit den Rechten der Plebejer in den Staat aufgenommen wurden, war die schwere und nie vollkommen gelösete Aufgabe, die durch die ganze römische Geschichte einen unaufhörlichen Kampf, aber auch ein unaufhörliches Streben nach neuem Besitzthume und ein nie zu befriedigendes Bedürfniß nach bestimmtern Gesetzen veranlaßte: Roher und lauter ausgesprochen in den frühern Zeiten der Republik, wo Furcht vor den Göttern und ihren Symbolen noch vorherrschten, grausamer und in griechische Sophistik gehüllt in den spätern Zeiten der Republik und unter den Kaisern. August sah das Unvereinbare dieser Principien ein und warnte seine Nachfolger vor neuen Eroberungen; wo aber das Leben des Staats diese Richtung genommen, wird er leblos, so wie er darin aufgehalten wird und krampfhaft strebt er nachher, unter andern Formen dieser Richtung ferner zu folgen.

§. 109.

Folgende äußere Bedingungen scheinen zur Bildung einer Familie wesenlich erforderlich.

Eigenthum

ist die erste und nothwendigste äußere Bedingung zur Einheit einer Familie. Diese Einheit wird durch die Zeit immer mehr befestigt. Nicht der einzelne Besitzer lernt allein, wie die ganze Familie dem Besitz und dieser der Familie anzupassen ist, keine Wissenschaft lehrt es, weil es ganz individuell ist, sondern das freye ungestörte Geschlecht schreitet auf ähnliche Art fort, wie Staaten in ihrer Ausbildung fortschreiten, oder vielmehr die Staaten bilden sich durch das Fortschreiten der Geschlechter.

Je weniger das Eigenthum veränderlich (versatil) ist, desto sicherer wird diese Bildung von Geschlecht zu Geschlecht fortgehen, einen desto bleibendern eigenthümlichen Character wird die Familie und dadurch die Nation annehmen; je öfterer das Eigenthum, als Hauptgrundlage der Familieneinheit, verändert wird, desto öfterer muß sich die Familie von Neuem bilden, muß andere Sitten und Gewohnheiten annehmen. Der producirende Ackermann muß anders leben als der Kaufmann und Seefahrer u. s. w., und bey jeder Veränderung bringt der Stammvater keinen von den Vorältern ererbten Schatz von Grundsätzen, Gewohnheiten und Denksprüchen mit, die ihm von Jugend auf eigen waren. Die auf das am wenigsten versatile Eigenthum, auf Landbesitz gegründeten Familien müssen daher den eigentlichen Stamm der Nation zuerst bilden. Ihre Sprache, Religion, Sitten und Aufklärung wird von den Aeltern auf die Kinder fortgepflanzt. Das durch Modesucht fast zweydeutig gewordene Wort altväterisch, erhält in diesen Familien seine wahre würdige Bedeutung, ohne dem Fortschreiten der Humanität in den Weg zu treten *). Ein Mann von Familie, d. i. dessen Vorfahren längere Zeit hinlängliches Eigenthum zur Erhaltung einer ähnlichen Familie besessen haben, kann in keinem Lande und bey keiner Regierungsform ein leerer Titel seyn. Im Verhältniß als in einem Staate die Mittel zur Erlangung einer wahren Humanität erleichtert sind, muß dieser Unterschied wohl mehr verwischt werden,

---

*) Wir haben im Deutschen drey bedeutsame Gradationen für das Nichtfortschreiten mit den Gewohnheiten des Zeitalters: Altväterisch, altmodisch und altfränkisch.

das einzelne Individuum kann auch durch Unterricht sich ausbilden, nie dürfte er doch wohl ganz verschwinden, weil der Unterschied zwischen Lernen und Unterricht nie ganz aufhört, jenes mit der Geburt, dieser erst bey dem schon Halbgebildeten anfängt, jenes mit der ganzen Kraft der Liebe, dieser unter manchen störenden Einflüssen und Zwang erfaßt wird.

§. 110.

Daher war das Bestreben aller ältern Legislatoren, den Grundbesitz, als den sichersten des freien Bürgers, so unveräußerlich wie möglich zu machen. Die griechischen Gesetze, namentlich die Lycurgischen, strebten zugleich nach einer vollkommnen Gleichheit aller Bürger. Alles Land war in gleiche Theile getheilt, so daß für den Mann, außer Wein und Oel, 70 Medimnen, für die Frau 12 geerntet werden konnten, hinreichend, eine zahlreiche Familie von Geschwistern des Mannes und Kinder mit Brodt zu versehen. Dieses Grundstück war unveräußerlich, erbte auf den ältesten Sohn, und den Töchtern wurde keine Morgengabe gegeben. Die jüngern Söhne konnten nur durch Heirath mit Erbtöchtern, wo keine männliche Nachkommenschaft in der Familie war, oder vom Staat, wenn eine Familie ausstarb, oder neue Ländereyen acquirirt wurden, Landeigenthum erlangen. Nur in einem Staate wie Sparta, der auf alle Genüsse fremder Betriebsamkeit Verzicht leistete, konnte eine solche Einrichtung von langer Dauer seyn, sie erhielt sich bis gegen die 105te Olympiade, wo sie unter dem Ephor Epitades zum Theil umgestoßen wurde. In

Athen und den übrigen griechischen Staaten zielten wenigstens viele Gesetze, z. B. die Ehegesetze, darauf ab, die Vereinigung mehrerer Antheile des Eigenthums zu verhindern, und die ältern Legislatoren, z. B. Philolaus für die Thebaner, sprachen diesen Grundsatz deutlich aus; sobald aber mehr Handel und Industrie in die Staaten kam, konnten diese Gesetze nicht bestehen, und bey den Atheniensern finden wir wenigstens zur Zeit des Demosthenes und Alcibiades größeres Landeigenthum, wenn gleich noch sehr klein im Verhältniß mit Römischem oder Gothischem. Wenn auch die römischen Ackergesetze, dieser Gegenstand des langwierigen Kampfs zwischen Plebejern und Patriciern, keine unerreichbare Gleichheit im Eigenthum zum Zweck hatten, sondern die Plebejer den Patriciern das durch ihre Anstrengung eroberte nnd nun als Staatseigenthum von den Patriciern allein usurpirte und von allen Abgaben befreite Land zu entreißen suchten: so hatten doch vorzüglich die Licinischen Gesetze den Zweck, vielen Familien Landeigenthum, als einen unveräußerlichen Stützpunkt für ihre Einheit und Fortdauer zu verschaffen. Dem Plebejer wurden 7 Jugera = ($3\frac{3}{7}$ Tonnen Holsteinisches Maaß) ausgetheilt, niemand sollte mehr als 500 Jugera (257 Tonnen) besitzen dürfen. So strenge auch sonst die Creditgesetze waren, dem Creditor Recht auf Freiheit und Leben des Schuldners ertheilten, so konnte doch kein Grundstück verpfändet oder verkauft werden, um den Creditor zu befriedigen, und oft zog der Schuldner Knechtschaft und Tod vor, ehe er seiner Familie das Eigenthum raubte. Dennoch klagte schon Horaz:

Jam pauca aratro jugera regiae
Moles relinquunt — —
Non ita Romuli
Praescriptum et intonsi Catonis
Auspiciis, veterumque norma.
Carm. L. II. 16.

und später Plinius: Latifundia perdiderunt Italiam, jam vero et provincias.
H. N. L. XVII. c. 7.

Wer wollte sich mit einem drey bis vier Tonnen großen Eigenthum bemühen, dessen Abgaben täglich stiegen und dessen eigenhändige Bearbeitung ihn dem Sclaven des Nachbars gleich machte, wenn er durch andere Mittel im Heer oder im Handel ein unabhängigeres Leben erwerben konnte, wozu ihm der von dem Reichern gebotene Kaufschilling den Fond versprach?

§. 111.

Der Umsturz des römischen Staats und das Lehnsystem machten eine Veränderung, die keine Gesetze mehr bewirken konnten. Es knüpfte die Familien und das Eigenthum durch festere Bande der Ehre, die den germanischen Stämmen eigene Anhänglichkeit an ihre Obern ohne Knechtschaft, durch frühe Liebe für väterlichen Boden und Vaterland, und durch wechselseitige Rechte des Lehnsherrn und aller Glieder der Familie fester zusammen, als Lycurgische oder Licinische Gesetze im Stande gewesen waren. Durch die mannigfaltigsten Revolutionen der Anarchie, des Kampfs der größern Vasallen unter einander und gegen wirkliche oder vermeinte Bedrückungen, durch das Bedürfniß von Schutz der kleinern Eigenthümer, durch die hierarchische Begierde nach Eigenthum bildete sich dieses Lehnsystem in jedem Lande und in jeder Provinz verschieden. Aber auch in ihm ist der Unterschied nicht zu verkennen, wodurch es in den Ländern, die bereits römische Cultur hatten, weniger Segen bringend, selbst Veranlassung zu neuen Bedrückungen, und in denen, die sich ohne römische Cultur erst selbst ausbildeten, eine reiche Quelle der wahren Humanität und des häuslichen Glücks wurde. In Italien wechselten zum großen Theil die Latifundia nur den Herrn, und aus den Sclaven wurden Pächter, deren Lage oft drückender als die der Sclaven war, weil der Pachtherr so viel von ihnen fordern konnte, daß ihnen auch nicht einmal das Sclavenbrodt blieb.

§. 112.

Weniger war dieses in Frankreich der Fall: die fast gänzliche Zerstörung alles frühern Eigenthums durch die wiederholten Ueberzüge der Barbaren, die Vertheilung des eroberten Landes von den Burgundiern und Visigothen, so daß dem frühern Besitzer ein Drittheil blieb und zwey Drittheile unter das Heer vertheilt wurden; die spätere Sorge der Fränkischen Könige, ihre Franken mehr mit den Domainen der Kaiser, mit herrenlosem Lande und den ungerechten Usurpationen der Gothen, als mit dem Eigenthum der catholischen Gallier zu belehnen; die Neigung dieser Könige für ländliche Einfalt, Landbau und eigene kleinere Meyereyen, die dann später andern

Besitzern zugetheilt wurden, beförderten die Vertheilung der frühern großen Besitzthümer und von Sclaven für üppige Herrn angebauten Länder ungleich mehr, und machten das Feudalsystem für Frankreich wohlthätiger *).

§. 113.

England hat eigentlich nie mehr als ein theoretisches Facsimile des Feudalsystems gehabt. Früher durch die Römer war harte Leibeigenschaft und unbeschränkte Willkühr des Grundbesitzers eingeführt, die Angelsächsischen Herrn hatten das Schicksal aller Eroberer in bereits cultivirten Ländern, aus rohen Helden wurden weichliche Schwelger und Anarchie machte das Land wehrlos. Wilhelm der Eroberer fand es rathsam, Normannische Heere zum Schutz des Landes gegen gedrohte Invasion der Dänen kommen zu lassen. Der Druck der Einwohner wurde dadurch noch weit härter. Durch diese Hülflosigkeit wurden alle Landeigenthümer bewogen, im Jahre 1080 ihren Grundbesitz in die Hände des Königs zu geben und solchen von ihm als Lehn anzunehmen, wogegen sie sich zu kriegerischem Lehndienst verpflichteten **). Bald wurde aber dieses künstliche Lehnsverhältniß nur Mittel von Seiten der Könige, Erpressungen zu machen. Die

---

*) S. Gibbon History Vol. VI. S. 352 u. f., der diesen Gegenstand mit seiner gewöhnlichen Sorgfalt behandelt und die Ansichten von Montesquieu, Abbé de Mably u. s. w. berichtigt hat.

*) So erzählt es Blackstone on the Laws of England Vol. II. p. 48 mit historischen Beweisen gegen Hume und frühere Geschichtschreiber.

Normannischen Rechtsgelehrten waren sehr geneigt, jede Lehnssitte anderer Länder als ein Vorrecht des Lehnsherrn zu erklären: Vormundschaft, Moritagium oder das Recht den unmündigen Lehnserben zu verheirathen und sich dafür Summen zahlen zu lassen, neue Belehnungen, Confiscationen, Fräuleinsteuer, Ritterschlag der Söhne u. s. w. waren unerschöpfliche Quellen der Anforderungen des Lehnsherrn an seine Vasallen. Der erste Adel ahmte dieses gegen seine Hintersassen nach, bald wurde aber auch den Vertheilungen der großen Lehne in kleinere Parcelen Grenzen gesetzt, um die Barone zu verhindern, zu viel Vasallen zu haben und dadurch zu mächtig zu werden.

So fanden die kleinern Besitzer das Lehnsverhältniß am drückendsten und suchten mit Hülfe der Geistlichkeit ihren Besitz dem Lehnsverhältnisse zu entziehen (Pia Fraus nannten es die Mönche). Ein Dritter machte Ansprüche an den Besitz, als ihm gehöriges Allodium, der Lehnsbesitzer wurde ohne Wissen des Lehnsherrn vor Gericht geladen, erschien aber nicht, und so wurde Jenem das Eigenthum als Allodium zugesprochen, der es dann dem Lehnsbesitzer als solches wieder überließ. Diese common recovery wurde bey dem allgemeinen Hasse gegen den Lehnsdruck von den Richtern begünstigt und erhielt zuletzt sogar die Billigung des Parlaments (Blackstone Vol. II. p. 117). War das Lehn auf die Leibeserben gegeben, so konnte der Lehnträger dasselbe nicht verkaufen, so lange er keine Kinder hatte, sobald er aber Kinder bekam, war die Bedingung erfüllt und er konnte es verkaufen oder mit Schulden belasten.

Für kleineres Eigenthum wurden keine Pacht= oder Meyerbriefe von dem Gutsherrn gegeben, hatte aber der Pächter es eine gewisse Reihe von Jahren in Besitz gehabt, so konnte er sich aus den Registern des Guts eine Abschrift geben lassen, daß sein Grundstück in diesen Jahren nicht mehr abgegeben habe, und gewann dadurch das Recht, auch für die Zukunft nicht mehr zu zahlen (Coppy holders). Alles dieses zeigt, daß die Nation selbst dem Lehnssystem nicht gewogen war, es wurde aber durch diese von den Richtern selbst begünstigten Deutelungen und Evasionen verwickelter, zweifelhafter und schwieriger, als in irgend einem Lande; die größern Besitzthümer wurden weniger getheilt und die kleinen wurden unter gewissen, oft schwierigen Formalitäten, versatiler.

Leibeigenschaft wurde nicht abgeschafft, die magna charta galt dem Freyen, nicht dem Leibeigenen (villains), erst durch jenes Gesetz, daß der Leibeigene aus den Registern seine Leistungen bestimmen lassen und so ein Coppy holder werden konnte, wurde sie gemildert; aber nur erst unter Carl II wurde sie ganz abgeschafft, Blackstone Vol. II. p. 96, ungeachtet schon unter Eduard VI und in den letzten Jahren der Regierung Elisabeths kaum Leibeigene mehr existirten (Hume Histor. of Engl. Vol. III. p. 304). Die Folgen dieser länger dauernden Leibeigenschaft und der Schwierigkeiten, kleinern Besitz den Familien anzueignen, waren nicht zu verkennen. Noch unter Elisabeth war die Bevölkerung in England im Verhältniß weit geringer wie in Frankreich, Holland und Deutschland. Nach den wahrscheinlichsten Angaben waren zur Zeit der gedroheten spanischen Invasion 1574—75, in England 111,530 waffenfähige Männer, wovon 80,875 mit Waffen versehen und 44,777 eingeübt waren (Hume H. o. E. Vol. V. 482). Im Parlament selbst wurde von einem mit der Volkszählung beauftragtem Mitgliede die ganze Volkszahl auf 900,000 Seelen angegeben. Wenn man auch andere größer angegebene Zahlen und die Unerfahrenheit der Volkszähler mit in Anschlag bringen will, so dürften doch wohl schwerlich über 1,500,000 anzunehmen seyn. Noch dürftiger sah es mit jedem Zweige der Industrie aus, wenig gewobene Tücher, die doch in den Niederlanden gefärbt werden mußten, Wolle, Leder und Talg waren die Hauptexporte des Landes. Die Börse in London wurde erst in den spätern Jahren der Regierung Elisabeths erbauet, Posten wurden erst projectirt und unter Carl I waren noch wenige Posthäuser.

§. 114.

Die nördlichen Länder, weder durch die Verheerungen der Gothen zerstört, noch durch die wohlthätigen Einrichtungen Carl des Großen und seiner Nachfolger wieder emporgehoben, haben wohl überall kein eigentliches Lehnsverhältniß gehabt, wenn auch einzelne Besitzungen von dem Landesherrn auf männliche Erben verliehen wurden. Länger dauernde Leibeigenschaft, geringere Bevölkerung und Mangel an Industrie ist überall die unverkennbare Folge davon gewesen. Auch die Friesischen Länder waren durch ihre Lage vor eigentlicher Theilung fremder Völker gesichert, desto mehr hatten sie aber von Raubzügen und Plünderungen der Normannen und Dänen auszustehen, welches sie zu festerer Vereinigung zwang, die einer republikanischen Verfassung ähnlich wurde. Daher waren auch in Rücksicht des Grundeigenthums ihre Gesetze vorzüglich darauf gerichtet, Theilung desselben in kleinere Besitzthümer zu befördern und Vereinigung zu großen Gütern zu verhindern. In einigen Districten näherten sie sich in dieser Rücksicht fast den Spartanischen Gesetzen. Ihre Theelmänner oder Theelbauern in den Aemtern Norden und Bertum konnten nur ein Theel besitzen und mußten es abgeben, wenn ihnen durch Heirath oder Erbschaft ein anderes zufiel. Dieses Theel konnte nicht verkauft oder verpfändet werden; es erbte auf den jüngsten Sohn oder die jüngste Tochter, wenn sie verheirathet, die übrigen Kinder erhielten aus dem Gemeindelande ihr Theel; starben Theelmänner ohne Erben, so fiel ihr Land an die Gemeinde zurück. Aber überall konnte getheilt werden, nur behielt der jüngste Sohn so viel, als zur Erhaltung des Hofes nöthig war. S. Asega-Buch, ein altfriesisches Gesetzbuch der Rüstringer, herausgegeben von Wiarda, Berlin 1805. Industrie blühte in keinem Lande schöner zu der Zeit, als England noch in mancher Rücksicht auf einer sehr niedrigen Stufe der Cultur stand.

§. 115.

Am wohlthätigsten wirkte das Lehnsystem auf Deutschland und zwey große Vorzüge desselben haben dasselbe gegen manche Nachtheile seiner Constitution geschützt.

1) Lehnsverhältniß war ein ehrenvolles zwischen Freyen. Der freye Mann nahm einen Besitz für sich und seine Erben, und verpflichtete sich dagegen zu Leistungen, die anfangs nur auf gemeinschaftliche Wehr lauteten, später Ehrenämter, selbst Natural-Lieferungen zur Pflicht machten, nie unbestimmte Arbeit heischen konnten. Der Mächtigere nahm auf diese Art oft selbst von den weniger Mächtigen Lehn, der Fürst und Ritter von dem Mönch u. s. w. *) Dieses Verhältniß wurde stets ausgedehnter, gieng von größerm zu kleinerem Besitz über, und schwebte fast jeder Uebertragung von Grundeigenthum vor; auch der früher Leibeigene erhielt seinen Antheil an diesen Begriffen, er bebaute das Land des Grundherrn unter bestimmten Bedingungen, z. B. gab die Hälfte der Erndte (qui laborant ad medietatem in den Capitularien Carl des Großen, daher Metager und Meier), so wie aber das Eigenthum des Grundherrn unter gewissen Bedingungen erblich wurde, so wurde es auch

*) Noch bis zur Aufhebung des deutschen Reichs und Säcularisation der geistlichen Stifter war auf diese Art das Gesammthaus Hannover Lehnsvasall des Abts von Corvay. Jährlich auf den Tag des Schutzheiligen (Sct. Vitus) sandte Hannover einen jagdbaren Hirsch feyerlich an das Kloster, und versah durch einen Gesandten bey der kirchlichen Feyerlichkeit die Dienste eines Ministerialen, goß Waschwasser auf die Hände des Abts u. s. w.; bey Lehnswechsel waren die Leistungen und Anerkennung der Vasallenverhältnisse noch feyerlicher. Dem letzten Abt von Corvay sind in den letzten Jahren des 18ten Jahrhunderts diese Vasallenpflichten noch geleistet, zwey Jahre später — wurde er durch preußische Militairgewalt aus seinem Kloster entfernt, weil er allein von den säcularisirten Bischöfen nur der offnen Gewalt weichen wollte.

das seinige (Erbmeierrecht, das man auf gewisse Art das Palladium der deutschen Verfassung nennen könnte). Er konnte nun sagen, daß er Erbherr auf seinem Eigenthum war, er erhielt eine Familie, und Familieninteresse an dem Boden, den er baute.

2) Aber weder der erste Vasall, noch seine Hintersassen konnten ihr Eigenthum zu versatilem Kaufgut machen. Ihre Kinder und Agnaten hatten Erbrecht daran, und der Lehnsherr mußte erst einwilligen, wenn es verpfändet oder verkauft werden sollte. Dadurch war die Familie und das Eigenthum weit inniger vereinigt, als es Lycurgs Gesetze je bewirken konnten, ohne dem menschlichen Streben nach Besitz Banden anzulegen, und eine unmögliche Gleichheit zu bezwecken. Dieser Zusammenhang des Eigenthums und der Familie blieb auch den entferntesten Gliedern. Die Hoffnung, Erbe eines Lehn- oder Meyerguts zu seyn, machte ihnen Vaterland, Familie und Stand, selbst bey momentanen Entbehrungen werth. Daher war Deutschland stets die Wiege der Industrie und der größten Volksmenge, bis England sich zu e i n e r g r o ß e n F a b r i k- u n d H a n d e l s s t a d t bildete. Kleine Städte waren auf die erste Grundlage des Landbesitzes und des Ackerbau's, demnächst auf Veredlung roher Producte gegründet, aber wenige große Haupt- und Handelsstädte, wo ein Patent, Lotterien, Papierhandel und neue Fabriken Träume verwirklichen oder das Individuum vernichten, auf jeden Fall aber es von dem Berufe seiner Väter abziehen konnten.

§. 116.

Aus den Tabellen 1—6 ist die Vertheilung des Grundeigenthums in Frankreich, England, Preußen und den dänischen Staaten in so weit ersichtlich, als diese (alle officielle) Tabellen, nicht mit einer Rücksicht, von verschiedenen Personen und zum Theil nicht in denselben Jahren aufgenommen sind, sie haben aber auf jeden Fall wohl mehr Anspruch auf Glaubwürdigkeit, als viele Tabellen von Ein- und Ausfuhr, und dürften für den Menschenfreund wichtigere Resultate liefern.

1) Frankreich hat 14,479,830 Einwohner, deren Existenz auf Grundeigenthum gestützt ist, also bey 29,003,830 Einwohnern beynahe die Hälfte.

England hat 1,390,000 Einwohner, deren Existenz auf Grundeigenthum gestützt ist, also gegen 17,150,000 Einwohner kaum der zwölfte Einwohner mit Grundeigenthum. Rechnet man aber auch die Pächter als Eigenthümer mit, so ist doch nur $\frac{1}{6}$ aller Einwohner Grundeigenthümer.

In Preußen sind 792,813 wahre Eigenthümer von Grundstücken, jede Familie wie in Frankreich auf 5 Menschen berechnet, ist das Verhältniß der Eigenthümer zur Bevölkerung 3,964,065 : 9,845,267 oder $\frac{2}{5}$; rechnet man aber, wie in Frankreich geschehen, die Hauseigenthümer in den Städten mit, so ist das Verhältniß größer wie in Frankreich, über die Hälfte.

In Dännemark und den Herzogthümern ist das Verhältniß der Grundeigenthümer sehr verschieden. Ohngeachtet in allen diesen Ländern die Leibeigenschaft erst 1785 abgeschafft ist, so waren doch in den Herzogthümern die Marschen stets frey und in kleinere Eigenthume getheilt, die Königlichen Domainen und die Güter der Klöster seit langer Zeit auf Erbpacht an kleinere Eigenthümer gegeben, so daß das Verhältniß der adlichen Güter gegen das Ganze nur $\frac{1}{3}$ beträgt (Okens Isis 1820. 2ter B.), hingegen in Dännemark der größte Theil des Landes in adlichen Gütern besteht, die an die kleinern Pächter nur auf Lebenszeit vermiethet sind, wobey dem Grundherrn das Eigenthum über Gebäude und Vieh bleibt. Dieses Verhältniß steht der Verbesserung des Landbau's und der Bevölkerung sehr entgegen, da alle diese Pächter keine eigentliche Familie (ὄικος) bilden können.

Aus der Tabelle Nr. 4, die in Dännemark 1801 amtlich aufgenommen ist (seitdem hat sich doch die Volksmenge vermehrt), und Nr. 5, die für Holstein 1803 aufgenommen ist (die Volkszahl hat sich bis Ende 1822 auf 698,864 vermehrt), ergiebt sich:

Das Verhältniß der auf Landeigenthum gegründeten Familien (wovon freylich bey weitem der größte Theil Zeitpächter sind) in Dännemark wie 408,837 : 926,109 $= \frac{100}{226}$, in Holstein, wovon aber der größte Theil wirkliche Eigenthümer sind, wie 196,017 : 604,085 $= \frac{10}{30}$.

2) In Frankreich leben 4,945,000 Einwohner als Tagelöhner von Feldarbeit und Ackerbau; zu obigen Grundbesitzern gefügt, 19,424,830, leben über $\frac{2}{3}$ aller Menschen von Grundbesitz und Cultur desselben.

In England sind Tagelöhner beym Ackerbau und Bergbau 3,154,142, zu 2,975,000 gerechnet, leben

6,129,142 Menschen vom Grundbesitz und dessen Cultur, also nicht völlig $\frac{1}{3}$.

In Frankreich leben Arbeiter in Fabriken ohne Eigenthum 4,309,000, also nicht viel mehr als der siebente Einwohner.

In England 5,113,389, also nicht viel weniger als der dritte Mensch!

In Frankreich sind Capitalisten, Kaufleute, Manufacturherren, Staatsdiener und ihre Bediente 5,270,000 = etwas weniger als der fünfte Einwohner.

In England dieselbe Classe 6,207,469, also mehr als ein Drittheil.

In Dännemark 280,909, also etwas weniger als $\frac{1}{3}$.

In Holstein 148,107, also etwas mehr als $\frac{1}{4}$.

In ruhigen, glücklichen Jahren nimmt überall die Bevölkerung zu, in England mehr wie in andern Ländern, aber die ganze Vermehrung fällt auf (2) die Tagelöhner in den Fabriken und die nicht Producirenden. Hingegen in allen andern Ländern wenigstens zum großen Theil auf die Landbewohner.

§. 117.

England hatte im Jahr 1801 Arme, (ohne die in Hospitälern) 1,040,716, bey einer Bevölkerung von 8,872,980, also beynahe der 8te Mensch war ein Armer. Seit dieser Zeit bis 1818 hat dieses Verhältniß furchtbar zugenommen. Im Jahr 1776 betrugen die Kosten der Versorgung der Armen 1,720,316 Pfund Sterling, in den Jahren 1783,

84 und 85 stiegen sie auf 2,157,748 Pfd., im Jahr 1803 betrugen sie 5,348,204 Pfd., und in den Jahren 1814 und 1815 stiegen sie auf 8,164,496 Pfd. in ordentlichen, vom Staat bewilligten Armenabgaben, und mit dem, was Gesellschaften noch freywillig contribuirten, auf 10,000,000 Pfd. *) Seit 1818 haben sich, durch sorgfältigere Administration mehr, als durch Verminderung der Zahl der Armen, die in manchen Grafschaften unerzwinglich gewordenen Armenabgaben vermindert, aber aus diesen Datis dürfte man doch wohl nicht irren, wenn man in England den siebenten Einwohner als Armen zählt.

In Dännemark ist das Verhältniß wie 28,416 : 926,109 oder 1 : 32.

In Holstein wie 17,235 : 604,085 oder 1 : 35.

In Preußen und Frankreich hat die linke Hand noch nicht berechnet, was die rechte giebt, aber ich glaube mit Gewißheit behaupten zu können: daß in beiden Ländern nicht der achtzigste oder hundertste Mensch ein von der Commüne ernährter Armer ist **).

---

*) Maggridge Remarks On the report of the select Commitée of the house of commons on the poor laws. Bristol 1818. 8vo.

**) Englische Statistiker, z. B. Colquhoun, trösten sich mit dem Grundsatze:

„Armuth ist ein höchst nothwendiger und unvermeidlicher „Bestandtheil der Societät, ohne welche Nationen und Ge- „meinheiten in einem Zustande der Civilisation nicht existiren „könnten, sie ist die Bestimmung des Menschen. Sie ist der „Quell des Reichthums, da ohne Arme kein Reichthum, „keine Verfeinerung, keine Bequemlichkeit (comfort) für die „statt haben könnten, die wohlhabend sind, indem ohne ein „großes Verhältniß von Armuth, der Ueberschuß von Arbeit

§. 118.

Aus den Tabellen 6 bis 12 geht hervor:

1) Die geringste Zahl der peinlich Angeklagten war in England 1814, wo keine besondere Ursachen zur Vermehrung der Verbrecher vorhanden waren — einer von 1565 der ganzen Bevölkerung.

„nie productiv gemacht werden könnte, um ihn in Bequemlich- „keit oder Luxus zu verwandeln.“ Colquhoun On the wealth, power and resources of the British Empire. Lond. 1815. 4to. p. 110. In einem Staate, der sich ganz zu einem Fabrik- und Handelsstaate constituirt hat, könnte dieser Grundsatz in so ferne gelten, als man menschliche Kraft zur Arbeit durch Hunger leichter und wohlfeiler in Thätigkeit setzt, als Dampfmaschinen durch Kohlen; aber schon bey Thieren verliert er zum Theil seine Gültigkeit; nur selten richtet man Thiere durch Hunger ab, und das freye *humane* Schaffen kann und soll nicht dadurch befördert werden. Die Menschen sind durch Armuth zu zwingen, ihre Kinder in die verpestete Atmosphäre der Baumwollenfabriken zu geben, oder ihr Leben in Kohlenminen zu wagen, aber das ist so wenig freyes humanes Schaffen, als die Arbeit des Negers in den Zuckerpflanzungen. Der freye scandinavisch-germanische Geist schaudert davor zurück. Alle ältere Deutsche und Niederländische Industrie, selbst der in Deutschland zuerst wieder belebte Bergbau, würden wenig Fortgang gehabt haben, wenn nicht der Wohlhabende, wie der Arme, humane Freude an diesem Schaffen gehabt hätten, der Besitzer des Grundeigenthums sich gefreuet hätte, die Producte des Bodens selbst zu veredlen, gegen andere Bequemlichkeiten zu vertauschen, und dadurch Bearbeiter ausländischer Materialien zu ähnlichem Eifer aufzumuntern. Das Fabrikensystem ist zwischen beide getreten *und hat beide arm gemacht*. Die Humanität spricht laut aus: *Nicht das todte Product ist der Zweck, sondern die lebendige frohe Thätigkeit!*

In Frankreich, in demselben Jahre, wo vernachlässigte Volkserziehung, Revolution und debandirte Heere höchst nachtheilig wirkten einer von 5,288

Verurtheilte in England 2,484

In Frankreich 8,524

In Dännemark konnte man alle diese unglücklichen Jahre, wo allgemeine Erschütterung des Eigenthums zu Vergehungen verführte, nicht zum Maaßstabe nehmen; im Jahr 1822 waren daselbst verurtheilt . . . 1,406 wovon aber die bey weitem größte Zahl kleine, mit kurzem Gefängniß bestrafte Vergehungen sind.

In Holstein im Jahr 1822 . . . . . . 3,092 wobey dieselbe Bemerkung gilt, und aus den genauern Listen von Holstein sowohl *), als aus den weniger vollkommnen von Dännemark, ergiebt sich deutlich: daß dieses Mißverhältniß, welches zum Theil in der frühern Leibeigenschaft, und dadurch verminderter Achtung der eigenen Individualität, weniger allgemeiner Schande u. s. w., seinen Hauptgrund hat, jährlich abnimmt.

Zum Tode verurtheilt in England . . . 17,920

In Frankreich 94,461

---

*) Die Volkszählung Ende 1822 ergab in Holstein 698,864, welche Zahl bey dieser Berechnung zum Grunde gelegt ist, so wie 1817 die Angabe des Hrn. Etatsrath Niemann zu 650,000. S. Carstens und Falks Staatsbürgerliches Magazin. Schleswig 1821. Erster Band. S. 80.

In Dännemark erhellt die Zahl aus den Listen nicht, wenn man aber alle Verbrechen, auf welche die Todesstrafe gesetzt ist, als wirklich in dem Maaß begangen annimmt, so würde das Verhältniß seyn 9,260
gewiß ist es aber nicht der vierte Theil und noch weniger sind zum Tode verurtheilt.

In Holstein auf dieselbe Art 13,186

In den Jahren 1817, 18 und 19 wurden aber in beiden Herzogthümern wirklich mit dem Tode bestraft 5, und mit lebenswieriger Zwangsarbeit statt der Todesstrafe 12, also in $3\frac{1}{2}$ Jahr 17 = 5 jährlich, oder viel weniger wie in Frankreich.

2) Die größte Zahl der Verbrecher war in England angeklagt 1817 . . einer von 718

In Frankreich 2,050

Verurtheilt in England 1,104

In Frankreich 3,075

In Preußen in dem nachtheiligsten Jahre 1816 1,686

In Dännemark in dem unglücklichsten Jahre 1,065

In Holstein 1,535

Zum Tode verurtheilt in England 7,679

In Frankreich 51,971

In Preußen Capitalverbrechen 10,213

In Dännemark 12,658

In Holstein . . . .

§. 119.

Wenn diese Listen, welche mit Recht Mortali=

tätslisten der Volkstugend genannt sind *), auch in ihren einzelnen Angaben noch manches zu wünschen übrig lassen, so erhellt doch unwidersprechlich daraus:

1) Daß in England beynahe viermal so viel Verbrecher im Jahr 1814 bestraft sind, als in Frankreich, und fünfmal so viel zum Tode verurtheilt; im Jahr 1817, wo in beyden Ländern die Zahl der Verbrecher die größte war, beynahe 3mal so viele in England als in Frankreich, mehr als zweymal so viele wie in Preußen, $1\frac{1}{2}$mal so viel wie in Dännemark, und $2\frac{1}{7}$mal mehr als in Holstein.

2) In England waren in allen jenen Jahren nicht die Elemente zur Beförderung der Verbrechen, wie in andern Ländern: Kein Krieg im Lande, keine zurückkehrende debandirte Heere, keine gänzliche Erschütterung des Eigenthums durch Geldcurs u. s. w.

3) In England hat bis dahin die Zahl der Verbrecher zugenommen, in den andern Ländern ist sie auffallend vermindert, so wie jene schädlichen Ursachen aufgehört haben, und so viel man aus den noch nicht vollständigen Angaben abnehmen kann, ist sie in England stets in Zunahme.

Welches sind die Ursachen dieser unbezweifelten Verschiedenheit? Ist es Volkserziehung und Religion? — Sind es strengere und ernstlicher ausgeübte Gesetze? — Mag sich darüber Jeder nach seiner Ueberzeugung die Antwort geben. Eine Ursache ist unverkennbar, und durch alle diese gegebenen Data,

*) Niemann a. a. O.

als von Volkserziehung und Rechtspflege ganz unabhängig, nachzuweisen. Es ist die größere oder geringere Versatilität des Eigenthums. Sobald der Mensch ein festes Eigenthum, Grundstück, lange begründeten Nahrungszweig u. s. w. hat, oder nur Hoffnung hat es zu erlangen, so lange er zu einem Hause gehört, wird er sich hüten, durch Schandthaten diesen Vorzug zu verwirken; mag das Grundstück oder der Nahrungszweig ihn noch so kümmerlich ernähren, es ist sein sicheres Eigenthum, woran er sich von Jugend auf gewöhnt hat, auf welchem sich seine ganze menschliche Existenz, seine Ehre gebildet nnd befestigt hat. Ist er sich allein überlassen mit oder ohne versatiles Capital zum Anfange, so wird er in dem Maaß mehr das Glück zu versuchen geneigt seyn, als er mehrere Bedürfnisse kennen lernt und von seinem Hause mehr getrennt ist. Große Städte sind die Glücksbuden dieses gefährlichen Spiels, Frankreich und England hat sie in Menge, und sie fehlen nicht in Deutschland, Dännemark und den Herzogthümern Schleswig und Holstein. Aber der Unterschied zwischen Frankreich und England ist: daß in und hauptsächlich zwischen diesen großen Städten im erstern vier- und mehrmal so viel auf Grundeigenthum gegründete Familien wohnen, als im letzteren, deren Mitglieder die Familie nicht beschimpfen, sich nicht in gefährliches Glücksspiel einlassen wollen, häufig es auch gar nicht kennen, daher altväterisch bleiben. Denselben Vorzug hat Deutschland, nur dürfte ihm Frankreich in Rücksicht dieses ritterlichen Ehrgefühls den Rang streitig machen, daher ist in diesen Tabellen in

Frankreich Verbrechen gegen Eigenthum, Diebstahl, Betrug u. s. w. auffallend geringer, als in allen andern Ländern.

§. 120.

Ehe.

In keinem Verhältnisse der menschlichen Thätigkeit kömmt jede Art der Lebensäußerung zugleich in größere Anregung, als bey der Fortpflanzung. Eine für die Zukunft möglichst gesicherte Familie soll gestiftet, derselben die möglichste Vervollkommnung in ihrer Art gesichert werden und — das zunächst durch Befriedigung von Verlangen.

Das humane Streben, mit einem Individuo des andern Geschlechts in jeder Rücksicht eins zu seyn, mit ihm Familie zu stiften, jede Sorge und jede Freude mit ihm zu theilen, zur humanen Vervollkommnung mit ihm anzustreben, hat man Liebe im engern Sinne des Worts genannt, die Vollendung Ehe.

§. 121.

Es ist nicht unser Beruf, diese Liebe im Individuellen darzustellen, die Hindernisse im Einzelnen zu verfolgen, die in der Verwechselung des thierischen Verlangens mit humaner Liebe, in der noch gefährlichern Vereinzelung derselben ohne thierisches Verlangen (platonische Liebe), oder in dem Vorherrschen einzelner humaner Zwecke (religiöse, politische, ökonomische und gelehrte Liebe), sich der wahren Humanität entgegensetzen. Ueber kein menschliches Einigen und

Schaffen ist mehr gegrübelt, logisch geschlossen und romantisch geträumt, und keines hat weniger den Kunstrichter ausser sich: Er wohnt ganz allein in der humanen Besonnenheit beider Individuen, und soll nur da wohnen, weil das Product für sie ganz allein, für keine andere ursprünglich bestimmt ist.

§. 122.

In diesem Begriffe der Ehe liegt zugleich:

1) Der Begriff der Monogamie. Er ist auf gewisse Art schon im Thierreiche angedeutet. Da ist gemeinschaftliches Zusammenwirken um so ausschließender, als die Vorbereitungen zur Fortpflanzung, der Schutz und die Gewöhnung der Jungen, mehr anhaltende Sorgfalt erfordern. Wo das Junge, gleich Pflanzensaamen, in eine ihm passende Aussenwelt versetzt, und dann dem eigenen Leben überlassen wird, hat keine Auswahl der Individuen, kein längeres gemeinschaftliches Wirken statt, es ist vegetative Venus vulgivaga *). In den höhern Thierklassen ist da Polygamie, wo die Jungen mit der Fähigkeit sich selbst zu ernähren, nur des Schutzes, der Wärme und der Anführung der Aeltern bedürfen (wie die Wasser- und Sumpfvögel, die Körnerfressenden u. s. w.); dasselbe ist der Fall bey den grasfressenden Säugthieren und bey den Sumpfthieren, sie sind geneigt, sich in Hau-

---

*) Das Linnéische Pflanzensystem, wo von Monogamie und Polygamie die Rede ist, gehört begreiflich eben so wie Darwins Love of plants der poetischen Rede in Gleichnissen an, wenn es auch dadurch die Registratur der Pflanzen noch so sehr erleichtert.

sen (Horden) zu sammlen, und das Lebhafteste (nicht immer das Männliche, z. B. bey den Gemsen meist ein Weibliches) führt den Haufen an. Wo hingegen mehrere Anstalten erfordert werden, der hülflosern Nachkommenschaft Nahrung und Schutz zu sichern, da ist Monogamie im Verhältniß dieser Anstalten fester und dauernder, und nur Zähmung hat Abweichungen veranlaßt.

§. 123.

Bey allen Völkern ist daher Monogamie als eine natürliche Bedingung der Ehe angesehen, und hat sich fest mit ihrer Mythologie vereinigt. Der untreue Crishna ist von seiner Gemalin Rhādhā mit eben den Vorwürfen verfolgt, die Gegenstände seiner verbotenen Leidenschaft, Ganga, Sobhā u. s. w. sind mit eben der Eifersucht von ihr gehaßt, als Jupiter von seiner Juno gescholten und seine Geliebten verfolgt wurden. Anubis konnte nur durch einen Irrthum von Osiris erzeugt werden u. s. w. Nur da, wo thierisches Verlangen die Humanität überstimmt, kann Polygamie eintreten.

a) Das ist der Fall bey den meisten Hirtenvölkern, wo einer Herr der Horde und der Heerde ist, und die Vermehrung beider das Streben allein ausmacht. Da treffen wir in den frühesten Zeiten auf Polygamie (Herodot Melpomene 104).

b) Wo Herrscher sich über die natürlichen und positiven göttlichen Gesetze erhaben glauben, und diese entweder für sich allein bey Seite setzen *), oder es

---

*) Athenaei Deipnos. L. XIII. c. 3.

allgemein erlauben, um sich Anhänger zu verschaffen, wie Mohamed, die schwärmerischen Anführer der Anabaptisten in Münster u. s. w.

c) Wo Vereinzelung der Menschen die thierische Willkühr begünstigt und die Humanität unterdrückt. So traf Hearne im höchsten Norden von Amerika Polygamie an *).

Gewiß hat also kein climatischer Einfluß, noch weniger Mehrzahl weiblicher Geburten in warmen Ländern, zur Polygamie Veranlassung gegeben **).

§. 124.

2) Wo von Jugend auf innige Verbindung von Ehrfurcht und älterlichem Ansehen statt hat, da konnte nur thierische Sinnlichkeit allein veranlassen, durch Eheverbindung dieses aufzuheben; das schönste Band menschlicher Einigung, das Familienband, wurde sinnlichen Trieben Preis gegeben. Dieser Grund gegen Eheverbindungen solcher Verwandten ist von allen humanen Völkern geachtet, wenn gleich nach verschiedenen Sitten verschieden modificirt. In den mosaischen Gesetzen ist dieses Naturgesetz ohne alle andern Rücksichten am deutlichsten ausgesprochen, und es bedarf der durchaus unbewiesenen Gründe von Viehärzten nicht, um es mehr zu begründen ***).

---

*) Hearne's Journey from Hudsons Bay to the northern Ocean p. 218.

**) Ueber die vermeinte Mehrzahl weiblicher Geburten in warmen Ländern hat Hufeland genugthuend widerlegende Thatsachen durch Geburtslisten gesammlet, und zugleich die Litteraturgeschichte dieser Meinung gegeben. Journal der practischen Heilkunde 1820. 1stes Stück. S. 1.

***) P. Frank System der medicinischen Policey. Bd. 1. Die Mei-

§. 125.

3) Dieses gemeinschaftliche Bündniß muß aber mehr wie irgend ein anderes unauflöslich seyn, weil kein Theil wieder in den frühern Zustand versetzt und dadurch entschädigt werden kann, das Interesse vieler Familienglieder dabey in Betracht kömmt, und von Menschen immer vorausgesetzt werden muß: daß sie es menschlich, d. h. mit dem lebendigen Odem Gottes gemacht haben. Jede Ehescheidung ist auf gewisse Art ein Bekenntniß, daß man das Bündniß nicht menschlich, sondern thierisch eingegangen ist.

§. 126.

4) Es kann daher nicht von Unmündigen, ohne Vollendung der humanen Erziehung, ohne freyen Besitz ihres Eigenthums; eingegangen werden, wenn ihre Vormünder nicht besondere Ursache finden, sie zu emancipiren. Die physische Pubertät, die beym Menschengeschlecht so manchen Abweichungen unterworfen ist, dürfte darin wohl nicht entscheiden.

5) Humane Liebe kann nur unter gleichgesinnten, nach gleichen Zwecken strebenden Menschen statt haben. Diese Gleichheit der Gesinnungen kann, bey

---

nung, daß bey Hausthieren die Art schwächer und unvollkommner werde, wenn sie sich immer in derselben Familie fortpflanzen, ist mit keinen Thatsachen begründet, im Gegentheil ist ihnen die Fortpflanzung der ungezähmten Thiere und die Veredlung der Hausthiere in derselben Art durch sorgfältige Wartung entgegen. Aber auf jeden Fall würde daraus kein Schluß auf die Fortpflanzung des Menschen gelten.

der jetzt allgemein verbreiteten Humanität, nicht durch Geburt, Stand u. s. w. bestimmt werden, auch nicht durch Bekennen einzelner religiöser Dogmen, politischer, ökonomischer oder wissenschaftlicher Grundsätze, sie muß also den Individuen allein überlassen bleiben, in so fern nicht allgemein anerkannte und vom Staat angenommene Grundsätze dadurch verletzt werden. Heirathen mit einem Sclaven, mit einem der bürgerlichen Ehre Verlustigen, mit Blödsinnigen, mit einer Person, die gegen die Landesreligion durch ihre Erziehung eingenommen wäre, z. B. mit Muhamedanern u. s. w., dürften wohl wider die Begriffe der Ehe seyn.

§. 127.

So sind Gottesverehrung, Staat, Familie und Wissenschaft nothwendige Bedingungen zur humanen Fortpflanzung (es sollen Menschen, nicht menschenähnliche Thiere erzeugt werden), und alle Gesetze müssen dahin streben, die Ehe in ihren natürlich-menschlichen Verhältnissen heilig und unverletzt zu erhalten; sobald aber eine Tendenz willkührlich eingreift, um ihre Zwecke allein zu befördern, wird dieses ganz individuelle Verhältniß gestört und die menschliche Freiheit hart gekränkt. Der Geschichte fällt es anheim, die Ehegesetze der verschiedenen Völker nach diesem Maaßstabe zu prüfen. Religiöses Eingreifen herrschte im Orient vor und befestigte das Kastenverhältniß. Der Staat war bey den, ihre ganze Existenz von Gesetzen und Staatseinrichtungen erwartenden, Völkern, den Griechen und Römern besonders geneigt, die Ehe als eine Bürgerfabrik anzusehen, welche Plato sogar ganz gemeinschaftlich machen wollte. Auch die Familie forderte bey ihnen besondere ausschließende Rechte auf Erbtöchter (ἐπίκληρα) *). Die Arzneywissenschaft hat es mehrere Male versucht, in dieses individuelle Bündniß gesetzlich einzugreifen. Die von Lycurg zum Theil gegebenen, von Aristoteles vorgeschlagenen Gesetze über zu frühe Ehen **), die spätern von P. Frank vorgeschlagenen und in einzelnen deutschen Staaten (Bisthum Speier) zur Zeit gegebenen Gesetze über ungesunde Ehen ***), können in einzelnen Fällen löbliche Ermahnungen an Eheluſtige seyn, würden aber in vielen Fällen dieselben Nachtheile für die individuelle Freiheit haben, als die übrigen. Nachdem Gregor der Große es erlangt hatte, die Ehe als Sacrament zu erklären, fielen alle Ehegesetze der geistlichen Gesetzgebung anheim, und die römisch erzogenen Legislatoren

---

*) Chr. Carol. Bunsen De jure hereditario Atheniensium disq. philolog. praemio regio ornata. Goetting. 1813. 4.

**) Der griechische Bürger sollte nicht vor dem 37sten Jahre, die Bürgerin nicht vor dem 18ten heirathen. Der Ehemann sollte mit dem 55sten Jahre aufhören Kinder zu zeugen, ja die so erzeugten Spätlinge sollten, nach dem Vorschlage des sonst so humanen Stagyriten, im Mutterleibe getödtet werden (De re publica L. VII. c. 16). Wenn man das Leben der Griechen, namentlich aus dem Athenäus (Deipnos. L. XIII.) kennen lernt, so könnte man diesen Gesetzvorschlag bloß für einen politischen anzusehen geneigt seyn. Aristoteles fügt aber selbst seine physischen Gründe hinzu, die wohl eben so wenig Aufmerksamkeit verdienen, als der Rath anderer Aerzte, dieses Geschäft bis ins späteste Alter fortzusetzen (z. B. C. Cohausen Kunst sein Leben auf 120 Jahre zu bringen). Der Mensch ist keine Pflanze, kein Thier, und kein Gesetzgeber wird im Stande seyn, die mancherley Varietäten unter allgemeine Regeln zu bringen.

***) P. Franks medicinische Policey B. I.

und Ausleger des Canonischen Rechts haben sie auf mancherley Art gemodelt und zum Vortheil der Hierarchie benutzt, ohne die germanische Freiheit ganz daran gewöhnen zu können *). Aber auf jeden Fall muß das wichtigste humane Bündniß mit der größten Feierlichkeit, und folglich mit religiöser Feierlichkeit geschlossen werden; es ist keine menschliche Handlung mehr göttlich als die Ehe! und die Diener der Kirche müssen diese Feierlichkeit da versagen können, wo die von Natur- und göttlichen Gesetzen, oder von Staatsgesetzen bestimmten Bedingungen fehlen.

§. 128.

Je größer das zur Gründung einer Familie erforderliche Eigenthum seyn muß, je größer und verschiedenartiger die Anforderungen sind, welche Liebe bestimmen sollen (Schönheit, Künste, Sprachen u. s. w.), je weniger Religion und Staat die Heiligkeit dieser Verbindung unterstützen **), je mehr Gelegenheit beide Geschlechter haben, viele Gegenstände der Liebe in größern Gesellschaften oder in Romanen zusammen zu sehen und zu vergleichen, desto seltener müssen wahre Ehen werden, desto häufiger bilden sich Verbindungen zwischen beiden Geschlechtern ohne wahre Liebe, mit und ohne die vorgeschriebenen religiösen

*) Wiarda Asega-Buch S. 246.

**) Die Nachtheile der geringern Heilighaltung der Ehen für den römischen Staat, durch Aufhebung der religiösen Ceremonien, Erleichterung der Ehescheidung u. s. w. hat Gibbon Hist. of the Decline and Fall of the R. E. Vol. VIII. c. 44 dargestellt.

Formalitäten. Verminderung der Zahl der eigentlich den Staat bildenden Familien, dadurch Veränderung und Schwächung des eigentlichen Nationalcharacters, Geschwindleben des Staats, sind die Folgen, nicht der erhöheten Cultur und der vermehrten Bedürfnisse, sondern des Mißverhältnisses in Befriedigung dieser Bedürfnisse. Daher sank der römische Staat schnell unter den Kaisern, weil Jeder mehr bedurfte, mehr Anforderungen machte, als er, bey allem Zufluß der Weltreichthümer, erlangen konnte, und in England erhält sich bey allem Luxus noch immer der Hauptstamm der Nation (Old-England), der Bürger, welcher nicht mehr Anforderungen an das Leben macht, als ihm beschieden ist *). Monarchische Staaten, arme oder reiche, wo Titel, Ehrenzeichen, Adel ohne Grundbesitz u. s. w. als Belohnung oder Gnade verliehen werden, wo auch der eigentlich producirende Bürger dieses nachahmt, lieber Kaufmann als Krämer, lieber Fabrikant und Künstler als Handwerker, lieber Pächter oder verschuldeter Eigenthümer eines großen Guts, als sicherer Besitzer eines kleinen ist, sind diesen Nachtheilen des Geschwindlebens und der Familienstörung vorzüglich unterworfen. Die Geschichte mag die Maaßregeln erzählen, die gegen diese Gefahr der Familien und des Staats genommen sind: Von den rohen Spartanischen Gebräuchen an, die jungen Männer sich im Finstern eine Braut greifen zu lassen **),

*) Millar Historical View of the english Government. London 1818. Vol. IV. p. 225.

**) Hermippus beym Athenaeus Deipnosoph. L. XIII. p. 555.

oder die Hagestolzen um den Altar zu peitschen *), bis auf Augusts Gesetze gegen Cölibat, unter den Consulen Papius und Poppaeus noch geschärft, von Tiberius aber schon gemildert. Die Germanischen und Englischen Gesetze scheinen dieses Uebel der Familien und Staaten nicht bedeutend beachtet zu haben, weil sie bis jetzt es nicht nöthig hatten.

§. 129.

Kinder.

Wie der Staatsbürger weder ein Eigenthum des Staats, noch eine ihm entgegenstehende Person ist, die von ihm etwas zu fordern hätte (Cap. IV. §. 61), so ist das Kind kein Eigenthum der Aeltern, aber auch keine berechtigte Person. Es ist ein integrirender Theil der Familie, der ganzen Einheit mit theilhaftig, dessen zweckmäßige Existenz das Leben der Familie ausmacht; bestimmt, dieses Familienleben fortzusetzen, wenn der frühere Stamm dem Wechsel des Begrenzten unterliegt.

Dieser Begriff war von jeher in jedes Menschen Brust, aber thierische und luxurierende humane Tendenzen haben ihm, eben so wie allen andern humanen Begriffen, bey den verschiedenen Völkern auf manche Art Gewalt angethan. Der Begriff von Eigenthum der Aeltern über das Kind war allen südlichen Völkern in dem Maaß mehr eigen, als der Hausvater unumschränkter Herr der Familie war, er hatte von

*) Athenaeus l. c.

seiner Regierung nur den Göttern Rechenschaft zu geben, er mußte sorgen, daß kein Bastard die Heiligthümer seines Hauses entheilige, und nahm also den Neuangekommenen nicht auf, wenn ihm irgend ein Zweifel obwaltete; er konnte harte Leibes-, selbst Todesstrafe über ihn verfügen, er opferte ihn den Göttern, wenn diese es durch den Mund der Priester verlangten. Noch mehr hat aber der Staat der Individualität Gewalt angethan, da wo Staatsleben als der einzige Zweck des Menschen angesehen und von Legislatoren unter allgemein geltende Gesetze gebracht werden sollte. Lycurg eignete der Staatsgewalt das Eigenthum über die Kinder in dem Maaß zu, daß sie untersuchte, ob in dem Neugebornen ein tüchtiger, streitbarer Bürger sitze, und im entgegengesetzten Falle ihn gleich tödtete *). Nicht ganz so grausam war Plato in seinen Vorschlägen: Die in der gemeinschaftlichen Bürgerfabrik erzeugten schwachen Kinder sollten abgesondert, nur sehr dürftig ernährt, und demnächst zu Pflanzern in neuen Colonieen, oder zu andern geringern Arbeiten gebraucht werden **). Xerxes ließ die Söhne seines Freundes und Wohlthäters alle tödten, weil der Vater bat, doch einen einzigen vom Kriegsdienst zu befreyen ***) Bey den germanischen Völkern haben wir von dieser Ansicht des absoluten Rechts der Staatsgewalt über das Leben und die Existenz der Neugebornen keine Spur. Thors Hammer

*) De re publica L. VII.

**) De re publiea L. V.

***) Herodot L. VIII. c. 39.

wurde den Eigenthümern des Landes zugesandt, um sie zur Vertheidigung ihres Eigenthums aufzufordern, und sie haben nicht allein den größten Theil Europa's und der neuen Welt bevölkert, den Coloß des römischen Staats gestürzt, sondern ihre Kinder waren schon in den römischen Heeren und nachher in allen Kriegen die rüstigsten und zahlreichsten Freywilligen, die bald um Sold, bald um Ehre oder neue Ansiedelungen gern kämpften, ohne daß dem heiligen Familienleben dadurch Gewalt geschah.

In den spätern Zeiten hat sich in verschiedenen Ländern auch Wissenschaft eine Art von Recht über die Neugebornen angemaaßt. — Es ist nicht der Beruf des Anthropologen, die Grenzen zwischen den verschiedenen humanen Tendenzen zu bestimmen, aber die Ueberzeugung spricht sie laut aus: daß Wissenschaft wie Gottesverehrung und Staat in der Natur des Menschen begründet ist, daß es also keines allgemeinen Zwanges bedürfen möchte, um diese Tendenz in ihm zu erregen, daß es von ihm selbst oder seinen Pflegern abhängen sollte, was er von dem unendlichen Schatze des menschlichen Wissens sich aneignen kann und will. Wie die Gottesverehrung nicht fordert, daß der Mensch über alle von jeher durch Feuer und Schwerdt bestrittenen Glaubenssätze entscheide, wie Vaterlandsliebe nicht fordert, daß er alles statistische und politische Wissen sich aneigne, so fordert auch Wissenschaft nicht von ihm ein bestimmtes Wissen, das er sich von irgend einem Professor, Rector oder Seminaristen holen könnte. Der Staat gebraucht Wissenschaft und hat die oft sehr schwierige Nothwendigkeit, Keinem ein Geschäft anzuvertrauen, wenn er nicht bewiesen hat, daß er die dazu nothwendigen Kenntnisse habe. Für alle Menschen, die nicht eigentlich vom Staat angestellt werden, hat Wissenschaft für sich Einladendes genug, und es ist wünschenswerth und löblich, wenn in jeder Gemeinheit die Mittel sie zu erlangen erleichtert werden. In diesen Grenzen gegen die Individuen sollte sich die Wissenschaft jeder Art halten. Die ganze encyclopädische Wissenschaft Jedem aufzudringen, könnte leicht in wissenschaftliche Tyranney und in Nichtwissen ausarten.

§. 130.

Der Begriff von Familie ist bey dem einfach lebenden Menschen ein einziger, nicht nach der Zahl der Kinder getheilter Begriff, und wurde daher mit dem Namen Haus (οἶκος) bezeichnet. Wechselseitige Liebe und Ahnung des Unvergänglichen, Ewigen im Menschen konnte nicht zugeben, daß der verstorbene Hausvater davon getrennt wurde, sein Körper mußte der Erde feyerlich wiedergegeben werden, von der er genommen war, sein Andenken, als wenn er noch gegenwärtig sey, durch Libationen und Gebete gefeyert werden, und so wurden Familie und Gottesverehrung innigst mit einander verbunden. Das Haus gleichsam statt seiner zu regieren fiel einem oder mehreren Söhnen anheim (bey südlichen Völkern öfterer dem ältesten, bey nördlichen, z. B. den Friesen und vielen deutschen Nationen, dem jüngsten); er wurde wieder Hausvater mit allen Rechten und Verpflichtungen, er sorgte für die vorgeschriebenen Todtenfeyern der Aeltern, er übernahm die ihnen zugefügten Beleidigungen als ihm zugefügt, verheirathete die Töchter und half den Brüdern neue Familien gründen. Auf diese höchst einfache humane Ansicht gründete sich alle Erbfolge bey den Israeliten, bey den Atheniensern und andern griechischen Völkern, und auch bey den Germanen *). Nur die Begierde mehr zu genießen, als die Muttererde darbietet, versatile Reichthümer durch Handel oder Eroberung erworben, konnten veranlassen, daß das Haus selbst als ein versatiles Eigenthum angesehen wurde, daß, indem es von dem Begriffe der Familie getrennt wurde, diese auch zum großen Theil jenen religiösen Zusammenhang verlor, nicht mehr der eigentliche Stützpunkt der Nachkommenschaft war, und die übrigen Kinder eben so begierig auf eigentliche Theilung des Hauses drangen, als die väterliche Liebe sie nun gern allen bewilligte. Bey den Römern hatte schon in der Republik diese **Unbeständigkeit** der eigentlichen Familien eine hohe Stufe erreicht, nur die Verehrung der Penaten hielt die Verwandtschaft und die mit ihr verbundenen staatsbürgerlichen Vorrechte (eigentliche Adelsvorzüge), aber nicht das Haus zusammen, so daß schon Cicero klagt: Non esse in ci–

*) Mit großem Scharfsinn hat diesen Grundsatz für die Erbfolge der Athenienser zuerst aufgestellt Chr. Carol. Bunsen De jure hereditario Atheniensium. Goett. 1813. 4. und mit ähnlichem Geiste auch auf die Erbfolge anderer, vorzüglich der skandinavischen Völker angewandt Paul Detlef Christian Paulsen De antiqui populorum juris hereditarii nexu cum eorum Statu civili, speciatim juris Scandinavici, Germanici et Romani ratione habita. Havniae 1822. 8vo.

vitate duo millia hominum, qui rem haberent. De officiis II. 21., und sie erreichte unter den Kaisern den höchsten Grad. Alles Eigenthum war nun zur freyen Disposition des zeitigen Besitzers, und die verwickelte Lehre von Testamenten strebte vergebens, die Willkühr mit den wahren Begriffen von Haus und Familie zu vereinigen.

Die Gothen hatten die einfachere Ansicht von Familie, Testamente waren ihnen größtentheils unbekannt, aber mit vermehrtem versatilen Besitzthum wurden sie auch bey ihnen eingeführt; in den Städten waren sie daher mehr begünstigt, als auf dem Lande*), in denen mit dem ehemaligen römischen Staate in unmittelbarer Verbindung stehenden Ländern früher und ausgedehnter, als in den scandinavischen und sächsischen Ländern und in England **); in diesen war vorzüglich die Geistlichkeit die Beförderin derselben, sie war die Erbin des unbeerbt Gestorbenen, ihr konnten und mußten Vermächtnisse zur Rettung der Seele gemacht werden, sie übernahm auf gewisse Art die Libationen und sacra familiaria der ältern Völker. Darin liegt der Grund, daß in England noch bis auf den heutigen Tag ***), in Schweden und Dännemark bis zur Reformation ****), alle Testamente und Entscheidungen über ihre Ausführung dem geistlichen Gerichte

---

*) Paulsen l. c. p. 133.

**) Ib. p. 128.

***) Blackstone Commentaries on the Laws of England. T. III. p. 96.

****) Stiernhook De jure Sneonum. L. III. c. 8.

anheimfallen. Sie mischte dann immer mehr die römischen Gesetze ein. Lehnsverhältniß, das daraus entsprungene Erbmeyerrecht in Deutschland und Gerechtsame der Städte, Gewerke, Gilden und Innungen, die sehr häufig nur auf die Kinder erbten, waren nun noch die einzigen Schutzwehren des Hauses, und letztere haben vorzüglich in England das Meiste beygetragen, den Nationalcharacter emporzuhalten.

§. 131.

Zwischen den beyden Extremen, der nothwendigen unbedingten Succession und der willkührlichen Versplitterung des Hauses in viele sich bald ganz fremde Theile, liegen alle Erbgesetze. Erstere kann leicht die Gestalt eines stets wachsenden Ungeheuers, letztere die Unbedeutendheit eines immer getheilten und sich wieder reproducirenden Polypen annehmen. Von Zeit zu Zeit muß das Staatsleben in das Familienleben eingreifen, um beyde, nach der fortschreitenden Cultur, Veränderung der Art des Eigenthums u. s. w. in gehörigen Schranken zu halten.

Die französische Revolution machte den Versuch, alle frühere Lehnsverhältnisse aufzuheben und einen bloß cosmopolitischen Staat zu bilden; die spätern Legislatoren fanden es nöthig, mit unveräußerlichen liegenden Gründen gesicherte Pairschaften wieder einzuführen. Dem Anthropologen kömmt die Entscheidung nicht zu: Ob es nicht wünschenswerther sey, daß jeder Grundbesitzer Pair seiner Familie (nicht des Oberhauses) werde? Ob nicht dadurch am kräftigsten diesem Drange nach versatilem Eigenthum, das immer mehr papieren wird, dieser inhumanen Trennung und Zerstreuung der Familien, wo kaum der Bruder den Bruder noch erkennt, und den verarmten oft herzlos den Armenanstalten überläßt, dieses Hindrängen nach großen Städten, die an Volkszahl und Luxus stets wachsen, während die kleinern in Industrie und Bildung sinken — abzuhelfen sey.

§. 132.

Knechte.

Sobald der Mensch von dem einfachsten Familienleben fortschreitet zum besonnenen frohen Genuß der Außenwelt, bedarf er Anderer Hülfe. Diese Hülfe muß er sicher haben, nicht durch momentane Willkühr; der andere Mensch muß ihm dienen, er muß ihn vermögen können, seinen Willen auszuführen. Dieses Vermögen geschieht entweder

1) Durch Vorzüge, die der Dienstverlangende besitzt und der Dienende benutzen will: Geistige Vorzüge, größerer Antheil an dem Boden und dessen Producten, versatiles Eigenthum u. s. w. Aristoteles nennt das natürliche Knechtschaft (De re publica. L. I. c. 5). In den glücklichen Ländern, wo Ackerbau den Menschen hauptsächlich ernährt, wo Landeigenthum, Staat und Gottesverehrung bald eine sichere Form annehmen, und dadurch geistiges und leibliches Eigenthum den Nachkommen gesichert wird, und Einzelnen Vorzüge vor Andern verschafft, scheint dieses Verhältnis von dienen beständig vorgeherrscht zu ha-

ben: in ganz Indien *), bey allen germanischen Stämmen **) und bey den Griechen in der frühern Zeit, selbst dann, wenn sie andere Völker überwunden hatten; so waren z. B. die Heloten bey den Lacedämoniern, bey aller Härte, womit sie oft behandelt wurden, mehr Meyer und Landpächter, als eigentliche Sclaven ***). Durch wechselseitigen Widerstand kann dieses Verhältniß nach und nach in viele Vorzüge des Erbherrn, in mancherley Bedrückungen des Dienenden ausarten. Kastenverhältniß, Gutsherrschaft und endlich Leibeigenschaft ****) haben ihr den Ursprung zu danken, nie können aber diese Verhältnisse mit eigentlicher Sclaverey verwechselt werden.

2) Der stärkere Ueberwinder zwingt den Ueberwundenen, ihm unbedingt als Werkzeug zu dienen, glaubt noch, ihm eine Wohlthat zu thun, indem er ihm das in seiner Macht stehende Leben schenkt; dieses durch Kriegsgesetze, und später durch gesetzlichen Mißbrauch bestätigte Recht kann er an Andere übertragen, die nicht des unglücklichen Werkzeugs Ueberwin-

*) Major Henry Colebrooke's Report on Eastiudia Sugar III. Appendix p. 80.

**) Tacitus De moribus Germanorum.

***) Voyage du jeune Anacharsis en Grece. T. IX. c. 42.

****) Daß in Dännemark die Leibeigenschaft erst sehr spät im 14ten und 15ten Jahrhundert, vorzüglich unter Waldemar III. und Friedrich I. auf diese Art durch Mißbrauch entstand, hat Professor Olufsen in Bidrag til Oplysning om Danmarks indvortes Forfatning etc. in Danske Videnskabernes Selskabs Afhand. förste Deel. Kiöbenhavn 1823. 4to. p. 364 dargethan; in andern Ländern, z. B. bey den Wendischen Völkern, mag sie wie die Heloten in Laconien entstanden seyn.

der waren, es nicht seyn könnten, wenn sie nicht durch Staatsgewalt geschützt würden. Das nennt Aristoteles gesetzliche Knechtschaft (De re publ. l. c.) und ist zweifelhaft, ob er sie auch für rechtlich erkennen kann. In unsern Zeiten bedarf es keiner Gründe dagegen, der Kampf um die Existenz, also beym Menschen um Persönlichkeit, hört erst in der ganzen Natur mit der Existenz selbst auf.

Diese eigentliche Sclaverey hat unbezweifelt in den absolut monarchischen Staaten des südwestlichen Asiens und Afrika's ihren Ursprung, wo Luxus und Tyranney den Krieg mehr zur Unterhaltung des Tyrannen, als zur eigenen Vertheidigung umschuf, wo dann der überwundene Feind eine nützliche Beute darbot, die Luxus und Reichthum beförderte. Daher stand diese Sclaverey stets mit Luxus und dem dadurch veranlaßten Handel in genauem Verhältniß; bey den handelnden Tyriern und Lydiern finden wir sie vom Anfange der Geschichte, die unglücklichen Opfer der thierischen Gewalt und der Handelsspeculation waren schon bey ihnen den schändlichsten Verstümmelungen Preis gegeben *), die jetzt nur der eifersüchtige Muselmann und das verzärtelte Ohr des Italiäners

*) Diese Beschimpfung des Menschengeschlechts verabscheuten die Griechen so lange, als nicht orientalischer Luxus auch sie verdorben hatte. S. Herodot VIII. c. 105 und L. III. c. 45. Hingegen scheint sie bey den Römern schon in der Zeit der Republik in Gebrauch gewesen zu seyn, und unter dem Kaiser Alexander Severus standen diese als einzuführende Waare aus dem Orient auf den Zolllisten, Gibbon T. I. p. 262, trugen denn aber auch zum Sturz des römischen Staats sehr bedeutend bey.

kennt, selbst an dem andern Geschlecht solleu sie ähnliche Schandthat ausgeübt haben *). Von diesen südlichen Völkern verbreitete sich diese Sclaverey erst später über Griechenland, Aegypten und Italien, stand aber stets in genauem Verhältniß mit Luxus und Handel, war in den frühern Zeiten Griechenlands sehr geringe und mehr der Leibeigenschaft ähnlich, bey den Römern aber zu einem Mißbrauch ausgeartet, daß sich die Herren fürchten mußten von ihren Sclaven gezählt zu werden, als man eine Zählung und eigene ausgezeichnete Kleidung der Sclaven vorschlug **). Erst unter den Kaisern, als die Welt erobert und nicht so viele neue Sclaven mehr zu machen waren, war man gezwungen, ihre Vermehrung unter sich selbst zu befördern und sie vorzüglich auf dem Lande mehr als Leibeigene zu behandeln; die Milde einiger humaner Kaiser, namentlich Hadrians und der Antonine, nahm sich auch dieser ihrer Menschheit beraubten Wesen an, und entzog sie immer mehr der Willkühr der Herren ***).

Der germanische Volksstamm scheint von dieser Selbstschändung des Menschengeschlechts stets frey geblieben zu seyn, ihre Leibeigene waren mehr natürliche Knechte, wie sie Aristoteles nennt, als gesetzliche Sclaven. So beschreibt sie Tacitus, und die Geschichte der nordischen Leibeigenschaft klärt es immer mehr auf, daß sie erst sehr spät, mehr durch Mißbrauch der

*) Athenaei Deipnosoph. XII. 515. Galen De semine L. I.?

**) Diodorus Siculus Eclog. Hist. L. XXXIV. und XXXVI. Florus III. 19. Seneca de Clementia. L I. c. 24.

***) Ausführlich hat diesen Gegenstand behandelt Gibbon T. I. p. 32.

Privilegien, welche die Könige ihren Kriegern (Herremænd) gaben, als durch Gewalt im Kriege, so allgemein geworden ist; vielleicht könnte in den von Slaven und Wenden bewohnten Ländern in dieser Rücksicht ein Unterschied statt haben. Ueberall hat der Mensch die Neigung, seinen Vorzügen eine größere Ausdehnung zu geben: Aus den größern Eigenthümern, die ihr zusammengekauftes Gut anfangs vielleicht an die Verkäufer selbst verpachteten, wurden Beherrscher und Richter dieser Pächter und bald willkührliche Tyrannen, die das Heiligste und Eigenste des Menschen, seine Person, sich zueigneten. Die Gothen, als Ueberwinder der römischen Monarchie, lernten von ihren Ueberwundenen den Begriff der gesetzlichen Sclaverey in seiner ganzen Ausdehnung, und in allem Bösen ist stets der Schüler über seinem Meister, sie waren in dieser Rücksicht späterhin grausamer, als irgend ein Volk. Das ehemalige römische Gebiet in Europa hat es dem milden Ackerbau liebenden Stamme der Fränkischen Könige zu verdanken, daß das heilige Recht der Person allgemein anerkannt und Sclaverey gänzlich verbannt wurde, unter Carl dem Dicken wurde sie in Frankreich ganz aufgehoben.

§. 133.

Eine für die Humanität höchst niederschlagende Erscheinung ist der durch Gewinnsucht eingeführte Sclavenhandel in Südamerika und auf den westindischen Inseln. Sie ist um so niederschlagender und warnender, da bereits deutliche Ansichten über Menschenwürde und Freiheit die Oberhand gewonnen hatten, als mißverstandene Milde und Religionseifer den herzlosen Speculanten einen Deckmantel gaben, die heiligsten Rechte des Menschen wieder auf den Markt zu bringen. Die großen Hoffnungen unermeßlicher Reichthümer konnten die schwachen Arme der Eingebornen nicht allein verwirklichen, nur Hände wurden erfordert, um die goldenen Berge dem Schooße der neuen Welt zu entwinden. Bereits im Jahr 1503 brachten die Portugiesen einige Negersclaven aus ihren afrikanischen Niederlassungen nach dem spanischen Amerika. Im Jahr 1511 wurden diese Transporte unter Ferdinand V von Spanien sehr vermehrt. Dem frommen, nur für den Schutz der unglücklichen Amerikaner besorgten Bartholomäus de las Casas gab dieses Veranlassung, einen regelmäßigen Menschenhandel zwischen Afrika und Südamerika in Vorschlag zu bringen: die schwachen Amerikaner durften dann nicht mehr den grausam erzwungenen Arbeiten in den Bergwerken unterliegen, und eine Zahl roher, in ihrer ganz gesunkenen Humanität unglücklicher Heiden wurde der heilbringenden Lehre Christi zugeführt! Der edle Minister, Cardinal Ximenes, wieß diesen Vorschlag mit Abscheu ab, er hatte aber für Staat und Kirche zu viel Anlockendes, als daß nicht die Speculanten diese fromme Täuschung benutzen sollten. Von Ludwig XIII in Frankreich konnte nur die Vorstellung von Bekehrung der Neger eine Zustimmung bewirken, Elisabeth in England war diesem Handel stets abgeneigt, zweifelte stets an dem Vorgeben, daß man diese Menschen nur einem Zustande ärgerer Sclaverey entziehe und daß sie selbst äußerst begierig wären, in ein glücklicheres Land versetzt zu werden; sie erklärte: wenn man irgend einen Menschen ohne seine freye Einwilligung fortschleppe, dieses das Verabscheuenswürdigste sey, das die göttliche Rache auf die Nation herabziehen müsse.

Die reiche Beute ließ bald die frommen Hoffnungen de las Casas eben so gut, wie den humanen Abscheu von Ximenes und Elisabeth vergessen! — Die heilbringende Lehre Christi den Unglücklichen ganz zu offenbaren, war gefährlich, weil sie sich dann als Menschen ansehen und in ihrer großen Mehrzahl Menschenrechte fordern konnten; wahre Religionslehrer wurden stets mit Mißtrauen angesehen. Durch religiöse Einsegnung Ehen zu schließen und Familien zu gründen, war nicht erlaubt, nur Fortpflanzung gleich den Thieren beförderte man gern. Sie konnten keinen Eid leisten, kein Zeugniß geben, (nicht die Wahrheit reden!) hatten keine Obrigkeit als ihren Käufer, der ihre ganze Person mit aller möglich zu leistenden Arbeit gekauft hatte, unbekümmert ob mit oder ohne ihre Bewilligung.

So wurde der Antheil, welchen christliche Regenten an dem Schicksal dieser geraubten Menschen nahmen, bald in dem Maaß unterdrückt, daß die Staaten selbst in öffentlichen Verhandlungen diesen Menschenhandel zum Gegenstande ihrer Tractaten machten: Im Jahr 1703 schloß die spanische Regierung zuerst mit einer Guinea-Compagnie in Frankreich einen Handel auf 10 Jahre ab, nach welchem Letztere im Kriege jährlich 38,000, in Friedenszeiten 48,000 vollständige Neger (*piece d'Inde!!*) in's spanische Amerika einführen sollte, Aeltere, Kränkliche und Kinder wurden zu halben und viertel Stücken berechnet. Von jedem Neger zahlte die Compagnie (ganz nach Art der Zollrolle unter Alexander Severus) $33\frac{1}{3}$ Piaster Einfuhrzoll, und ihre Hoffnungen auf Gewinnst waren so groß, daß sie den zehnten Theil des Zolls schon im Voraus bezahlte. Die Anlockung zu solchen Vortheilen veranlaßte die englische Regierung, unter der Königin Anna, im Utrechter Frieden 1713, ihn der englischen Nation auf 30 Jahre zuzueignen, die Südsee-Compagnie trat mit mehreren Vortheilen in den Contract der französischen Guinea- oder Assiento-Compagnie, Portugall errichtete eine afrikanische Compagnie zu demselben Zweck, und alle seefahrende Nationen beeiferten sich, auf der Küste von Afrika für diesen kostbaren Menschenhandel Niederlassungen einzurichten. Das Resultat davon ist: Daß in allen westindischen Colonieen mehr als fünf Sechstheile der ganzen Bevölkerung Negersclaven sind *), und daß gewiß in allen Pflanzungen der Europäer 6,000,000 ihrem Vaterlande geraubte, aller Menschenrechte, Sprache, Gottes-

*) In den englischen westindischen Colonieen 64,994 freye Weiße, 33,081 freye Gefärbte und 634,096 Negersclaven, also 10 Sclaven und ihre Abkunft auf einen Weissen (Colquhoun p. 382). In den amerikanischen Freystaaten, wo noch Sclaverey erlaubt ist, 1,165,444 Negersclaven (Adam Seybert statistical Annals. Philadelphia 1818. 4to. p. 25), wahrscheinlich $\frac{1}{5}$ der ganzen Bevölkerung. Auf den dänischen Inseln 26,524 Negersclaven gegen 3,062 freye Weiße und 1,418 freye Gefärbte, also mehr als 10 Neger und ihre Abkunft gegen einen Weißen. S. P. L. Oxholm. De danske westindiske Öers Tilstand etc. Kiöbenhavn 1797. 8vo. So schlimm fand es doch Seneca im Römischen Staat wohl nicht! S. De clementia l. c.

verehrung, Staat und Familie verlustig erklärte Menschen den Thieren gleichgeachtet werden.

§. 134.

Einer würdigen religiösen Secte, den Quakern, verdankt es die Menschheit vorzüglich, daß diese Unbill zur öffentlichen Sprache gekommen und ein ernstlicher Gegenstand politischer Verhandlungen geworden ist. Ihr Stifter George Fox sprach den Abscheu, den jedes Menschenherz dagegen fühlen muß, laut aus. Von 1727 an warnten die Quaker in ihren Versammlungen ernstlich gegen jede Theilnahme an diesem schändlichen Handel, und schlossen 1761 Jeden von ihrer Gemeinschaft aus, der Theil daran nahm. Im Jahr 1783 machten sie dem Parlamente die ersten Vorstellungen dagegen, und viele Mitglieder weiheten ihre ganze Thätigkeit, ihr Vermögen und selbst ihr Leben, die Grausamkeiten dieses Menschenhandels öffentlich aufzudecken. Die allgemeinen Grundsätze der Religion und Humanität sollten hingereicht haben, die Beherrscher der Staaten wieder zu den Ansichten von Ximenes und Elisabeth znrückzuführen, aber der Mißbrauch war zu tief in die ganze vermeinte Cultur der Europäer (Reichthum, Luxus und Handel) eingedrungen; man bedauerte, hoffte durch Verordnungen, in weite Ferne gesandt, zu helfen, — ähnliche Mißbräuche waren und wurden von jeher überall begangen, Europäer wurden zu Knechtschaft in entfernten Gegenden, zu hartem See- und Kriegsdienst dem Schooß ihrer Familie entrissen und verkauft, der älteste englische Geschichtschreiber Malmsbury schildert bereits den Menschenhandel, der zu seiner Zeit von Bristol aus nach Irland getrieben wurde, als wenn er in Afrika wäre, in großen Fabriken kränkeln noch Millionen Europäer für einen elenden Tagelohn hin! — Auch die Vorstellung, daß durch den Sclavenhandel die Kriege im Innern vermehrt werden, ist noch manchem Zweifel unterworfen. — Nationen, die durch Tyranney und Sclaverey so gesunken sind, wie die Neger (vielleicht von einer höhern Stufe der Cultur ihrer Vorfahren), die zugleich durch Clima und Boden angelockt sind, einen großen Theil des humanen Lebens schlummern, und das Thierische in Tyranney oder Sclaverey desto freyer walten zu lassen, werden sich um diesen Preis bekriegen, wenn auch keine Europäer ihre Beute kaufen.

§. 135.

Daß aber dieser privilegirte Sclavenhandel den Herrn und seine Helfer, wie den Sclaven, in gleichem Maaß an seinem Köstlichsten, an seiner Humanität gefährdet, daß eine große Zahl solcher Menschen reich nach Europa zurückkehrte und bald überwiegenden Einfluß auf die ganze europäische Cultur erhielt, daß jeder Grundsatz der Religion und Humanität überall fest und unerschütterlich stehen muß, und nicht durch andere Mißbräuche entschuldigt werden darf, wenn er nicht zum bloßen Deckmantel einzelner persönlicher Zwecke ausarten soll *), das mußten in England die

*) Mit wahrer Begeisterung bewies dieses 1791 Fox in einer Parlamentsrede gegen Addington und Dundas, die wohl die

muthigen Kämpfer für wahre menschliche Freiheit, Wilberforce, Fox, Clarksön in langjährigem, persönlichen Kampfe gegen gierige Rotten und ängstliche Legislatoren beweisen, bis sie im Jahr 1806 den ersten Sieg davon trugen, und den 10ten und 24sten August von beiden Häusern des Parlaments die Abschaffung beschlossen, die Schande dieses Handels von England genommen, im Jahr 1810 auf Broughams Vorschlag aber die Strafe der Felonie auf allen Sclavenhandel mit der Küste von Afrika gesetzt wurde. In Amerika fanden diese Grundsätze viel früher, im Jahr 1788, Gehör, und Dännemark folgte denselben mit den edelsten Aufopferungen bereits im Jahr 1792 (also 14 Jahre früher wie England), wo den 16ten März verordnet wurde: daß mit dem Jahre 1803 aller Negerhandel mit Afrika aufhören solle, den Pflanzern bedeutende Vorschüsse, freye Ausfuhr von Zucker und Befreiung von Einfuhrzoll für alle Neger und vom Kopfgelde für die weiblichen Neger bewilligt wurde, um Erstere in den Stand zu setzen, eine hinlängliche Zahl Arbeiter anzuschaffen, die in der Folge zu Bauern erzogen und durch menschliche Ehen die Inseln bevölkern könnten *). Die übrigen europäischen Staaten sind in der Folge durch Tractaten von England zum Beitritt zu diesem ersten Gesetz der Menschlichkeit bewogen.

vorzüglichste aller seiner Reden ist. Er überlebte den miterstrittenen Triumph nur wenige Tage. S. Clarksons History of the abolition of the slavetrade. Vol. I. p. 407—415.

*) Der Name des Grafen Ernst Schimmelmann wird einst in den Annalen der Menschheit zugleich mit jenen würdigen englischen Namen genannt werden.

§. 136.

Daß diese Aufhebung des Sclavenhandels mit Afrika das früher geschehene Unrecht nicht gleich aufheben kann, daß den 4—5 Millionen Negersclaven die Freiheit nicht plötzlich, als eine gefährliche Waffe gegen sich selbst und gegen die jetzt rechtmäßigen Besitzer des Grundeigenthums in die Hände gegeben werden kann, bedarf keines Beweises, und Versuche dieser Art haben stets nachtheilige Folgen gehabt. Aber Menschenrechte können ihnen gegeben werden: Unterricht in der Lehre Jesu, die den Neger wie den ersten Weltweisen mit gleicher Kraft anspricht, freye Aussprache gegen geschehenes Unrecht und Gehör derselben vor Gericht, Familie, und als Grundlage derselben Eigenthum, so weit sie es durch eigenes Streben rechtlich erlangen können, und Ehe, das sind die wesentlichen Bestandtheile, aus welchen sich ihre Humanität immer mehr entwickeln wird, und der Menschenfreund wird vorzüglich in den dänischen Besitzungen sich überzeugen, daß durch die frommen Bemühungen der Herrnhuther und durch milde Colonialgesetze nach diesem Ziele ernstlich gestrebt wird; dann können die Eigenthümer des Grundes und Bodens und der Cultur desselben durch die Neger, sich immer mehr mit diesen abfinden, und es wird bald die Zeit kommen, daß Erbmeyer und Erbpächter oder selbst Eigenthümer an die Stelle der Sclaven treten, ohne daß das Recht des Einzelnen gekränkt wird. Die Möglichkeit der Ausführung hat ein höchst würdiger Mann, dessen Name in den Annalen der Menschheit einen hohen Platz verdient, nicht theoretisch, sondern practisch bewiesen. Joshua Steele, Vicepräsident der Gesellschaft der Künste in London, gieng in seinem achtzigsten Jahre, mit dem Vorsatze den Zustand der Sclaven zu verbessern, nach seinen Pflanzungen in Barbados, schaffte zuerst willkührliche körperliche Strafen ab und führte statt dessen ein Gericht von Negern selbst unter seinem Präsidio ein (dasselbe haben bereits viele Pflanzer in den dänischen Besitzungen gethan), er ließ ausser der mäßigen Pflichtarbeit andere Arbeit für baare Bezahlung machen (auch das ist in den dänischen Besitzungen sehr häufig). Nach 9 Jahren verwandelte er seine Sclaven auf gewisse Art in Meyer, Jeder erhielt einen halben Acker (Acre) Land, das er auf eigene Rechnung bepflanzen konnte und welches auf seine in den Pflanzungen gebornen Kinder vererbte (auch das ist sehr häufig in den dänischen Pflanzungen), ihre schuldige Arbeit wurde mit Billigkeit zu Gelde angeschlagen, immer mehr auf bestimmte Arbeit reducirt und konnte mit Gelde von ihnen vergütet werden. So näherten sie sich immer mehr unsern freyen Bauern, und Steele hatte in seinem 91sten Jahre die Freude, seine Sclaven zu freyen Menschen umgewandelt und die Revenüen seiner Pflanzungen um das Dreyfache verbessert zu haben *). Nur gebildete humane Pflanzer werden erfordert, um dieses wohlthätige System auszuführen und eine Schande von der europäischen Humanität abzuwischen.

---

*) Thoughts on the Necessity of Improving the Condition of the Slaves in the British Colonies, with a view to their ultimate emancipation and on the practicability, the safety and the advantages of the latter measure, by T. Clarkson. London 1823. 8vo.

§. 137.

Die englischen Rechtsgelehrten werfen noch jetzt die Frage auf, ob ein Mensch, da es ihm erlaubt sey, seine Dienste auf ein oder mehrere Jahre zu verdingen, sich nicht nach der Analogie der Leases auch auf 100—1 Jahr verdingen, sich also zum Sclaven verkaufen könne (Blackstone Tom. 1. p. 425). Es ist hier offenbar eine Verwechselung der Begriffe zwischen Dienst und persönlichem Eigenthum, welche in den germanischen Gesetzen nicht leicht statt finden kann. Ich kann mich allerdings verpflichten, jemanden als geheimster Rath, Arzt, oder Stallknecht mein Lebelang zu dienen, aber das giebt ihm kein Recht über meine Persönlichkeit, ist der bestimmte Dienst durch mich oder einen Andern erfüllt, so hat der Herr kein weiteres Recht an mich, er kann mich nicht zu einer andern Bestimmung zwingen. Ob in den Gesetzen der Freystaaten von Amerika, wo sich die europäischen Emigranten auf sieben und mehrere Jahre zu unbestimmten Diensten verkaufen, um ihre Ueberfahrt zu bezahlen, auf diesen Unterschied hinlänglich Rücksicht genommen ist, ob diese Zeitsclaverey nicht leicht zu beständiger Sclaverey und Leibeigenschaft ausarten kann, wage ich nicht zu bestimmen. Die Humanität strebt, daß Jeder diene, damit aus der größern Zahl der Menschen Einheiten werden, aber sie verabscheuet die Zahlen selbst zu vermindern, die Individualitäten aufzuheben und irgend einem geschaffenen Wesen über diese Macht einzuräumen.

Fünftes Capitel.

Wissenschaft.

Alle Menschen streben von Natur nach Erkenntniß. Beweis davon die Liebe zu den Sinneswahrnehmungen, die auch, ohne daß man ihrer bedarf, um ihrer selbst willen geliebt werden. Aristoteles Metaphysik, übersetzt von Hengstenberg. B. I. von Anfange.

§. 138.

Die Pflanze weiß, wann sie Blätter und Blüthen treiben soll, sie weiß, wie sie ihre Zweige schießen soll, um zum Licht zu kommen, wie sie die Wurzeln um einen unfruchtbaren Felsen winden soll, um wieder fruchtbares Erdreich zu finden. So weiß das Thier, im Verhältniß des größern oder kleinern Kreises seiner Relation mit der Aussenwelt (seiner höhern oder niedrigern Stufe des Lebens), mit mehr oder weniger Wissen, wo es Nahrung finden, Gefahr vermeiden, seine Individualität fortpflanzen, seine Jungen schützen soll. Wir könnten dieses Wissen Bestimmung der Relation der einzelnen Theile der Aussenwelt mit der Individualität nennen (Harmonia praestabilita), man hat es auch Instinct genannt. Wir treffen hier oft auf ein Wissen, das über menschliches Wissen zu gehen scheint: Der Zugfisch weiß seinen Weg durch den großen Ocean ohne Compaß zu finden, der Zugvogel erscheint früher oder später, nachdem seine Jahreszeit früher oder später eintreffen wird. selbst die Pflanze treibt Blätter und Blüthen mit einer Art des Vorwissens der Witterung.

§. 139.

Sowohl durch Abrichten als durch längeres Leben kann dieses Wissen sehr vermehrt werden: Der Hund weiß die Mienen seines Herrn genau zu deuten, das ältere Wild weiß die Plätze, wo das Raubthier seinen Wechsel hat, zu vermeiden, das ältere Raubthier seine Beute der Wachsamkeit und Vorsicht zu entreißen; aber nie dehnt sich dieses Wissen über die Tendenz der Erhaltung der Individualität hinaus, wir haben keinen Beweis, daß Pflanze oder Thier etwas wüßte, was nicht mit seiner Individualität in unmittelbarem oder mittelbarem Verhältniß stände, wenn wir nicht an die Weissagungen der Auguren, Schlangenpriester u. s. w. nicht kindlich, sondern kindisch glauben wollen.

§. 140.

Der Mensch scheint mit sehr wenig Instinctwissen dieser Art geboren zu seyn: Kaum würde er im Stande seyn, den Weg vom Mutterschooße zur Mutterbrust zu finden. Aber unverkennbar giebt der humane Geist (der göttliche Odem) vom Anfange an der Individualität die Bestimmung mit: Das hülflose Kind hört schon in den ersten acht Tagen rythmische Töne gern, nach höchstens drey Wochen sieht es nach Licht und glänzenden Farben, ohne eine unmittelbare Relation mit seiner Individualität darin zu suchen, und nicht durch L e h r e, sondern durch diesen Geist, mit welchem die ganze Aussenwelt in Relation steht, verbindet es mit jedem Tone, mit jedem Wechsel von Licht und Schatten, Relationen mit der Aussenwelt, die auf seine Individualität keinen unmittelbaren Bezug haben, und verräth diese Verbindung durch sein erstes Schaffen, durch Minenspiel und Stimme. Nicht die Hoffnung zur Nahrung oder behaglichen Wärme, sondern die Erscheinung einer befreundeten Gestalt (meist einer andern Kindergestalt) lockt ihm das erste Lächeln ab, nicht durch Nahrung, sondern durch glänzende Körper, mit denen sein vegetativer Organismus in keiner Relation steht, wird es zuerst veranlaßt, seine Hand zum Greifen auszustrecken, und mit jedem der geschehenen, gehörten und ergriffenen Dinge verbindet es ein Wissen, das bald frey von allem thierischen Egoismus erscheint, bald diesen mit dem humanen Leben verwechselt oder denselben ganz vorherrschen läßt, wie durch das ganze folgende Leben. Dieser göttliche Geist ist die Unschuld der Kindergestalt, die jeden, nicht durch thierisches Verlangen und Abscheu Gestörten, kräftig ansprechen muß, die Raphaels und Thorwaldsens Engelsköpfe zum höchsten Kunstwerk der Meister macht. Es ist nicht gelernte Anbetung, was in ihnen lächelt und womit sie zum Höhern hinaufschauen, es ist kein thierisches Spähen, sondern es ist dieser göttliche Geist, der das ganze Gesicht in die freudigste Thätigkeit setzt, weil er weiß, daß dieses Höhere mit ihm in der unmittelbarsten Relation steht. Könnten wir uns einen vollkommnen Menschen denken, der ganz allein in der Welt, jedem Unterricht oder Lehre entnommen wäre, er würde mit diesem Geiste die ganze Aussenwelt um sich her kennen lernen, er würde jedem Dinge einen eigenen Laut, einen Namen geben, würde das Zusammengehörige einigen, das Unpassende trennen, würde dadurch zu höhern Begriffen sich emporheben und viel wissen ohne gelehrt zu seyn.

§. 141.

Jedes Wissen, jede Bestimmung der Aussenwelt in und mit der Individualität, ist aber unvergänglich, da es an sich an nichts Begrenztes gebunden seyn kann, sondern im Begrenzten nur sich äußert *). Wie das Leben selbst, wird es nur durch Veranlassungen hervorgerufen, welches Anerinnerung heißt. Je nachdem die Anerinnerung stärker ist, wird dieses oder jenes Wissen lebhafter hervorgerufen, und andere können Jahre lang schlummern, bis eine starke Anerinnerung sie wieder erscheinen macht. Der Arzt sieht davon in Nervenkrankheiten an das Wnnderbare grenzende Erscheinungen, vorzüglich in der Extase und im Somnambulismus, durch Krankheit oder thierischen Magnetismus hervorgebracht, wo alle andere Anerinnerungen schweigen und nur eine Tendenz Alles aufregt, was in ihrer Beziehung je gewußt ist, und fühlt in sich selbst oft Anerinnerungen, die er nicht durch die verwickeltste logische Formel hätte hervorrufen können.

§. 142.

Ohne den Character des Lebens überhaupt, ohne

*) Brandis, Ueber psychische Heilmittel. Kopenhagen 1821.

das Abstractions- und Combinations-Vermögen, würde dieses menschliche Wissen eine rohe, todte Masse bleiben, auf welche nur die Aussenwelt durch Anerinnerung einwirkte und momentan Lebenserscheinungen hervorbrächte. Aber so wie das Leben selbst in Combiniren und Abstrahiren besteht, so äußert es sich auch bey diesem Wissen. Jedes Wissen sucht der Mensch, vermöge seines humanen Lebens, zu einem Ganzen zu vereinigen, und nachdem er für das einzelne Wissen mehr Liebe hat, sucht er mehr für dasselbe das Ganze zu finden. Dieses Aufsuchen der zu einem Ganzen gehörigen Theile nennen wir Aufmerksamkeit, das zweckmäßige Vereinigen der einzelnen Theile zu einem Ganzen nennen wir Verstand, und das gebildete Ganze Wissenschaft, nach der Analogie der deutschen Sprache, wodurch wir die Vereinigung zusammengehöriger, eine Einheit bildender Einzelheiten, durch schaft bezeichnen, Bürgerschaft, Gesellschaft, Sippschaft u. s. w.

§. 143.

Die Vernunft bestimmt beym Menschen (nicht beym Thiere, und nicht beym Menschen, in so fern er nicht menschlich, sondern nur thierisch lebt) die zu bildende Einheit; die Aufmerksamkeit sucht die zu einer solchen Einheit gehörigen Theile auf, und unterscheidet sich dadurch von dem bloßen Auffassen der einzelnen Individualitäten der Aussenwelt, ohne von der Vernunft bestimmte Einheit, welches wir Neugier nennen; der Verstand fügt die einzelnen Theile so zusammen, daß die Einheit möglichst vollkommen und deutlich wird, und unterscheidet sich dadurch von dem bloßen Auffinden des Zusammengehörigen oder Unpassenden ohne Einheit, welches wir Witz nennen. Auch das Thier fügt einzelne Vorstellungen zu einer Einheit zusammen, um seine Individualität lebendig zu erhalten. Wir nennen dieses Zusammenfügen der einzelnen Vorstellungen zu einem Ganzen beym Thier und beym Menschen nicht Verstand, sondern je nachdem der Zweck davon verschieden ist, Scharfsinn (Sagacität), List oder Verschlagenheit. Auch das Thier und der vernunftlose Mensch sucht einzelne Einheiten neugierig auf, selbst die nicht mit der Erhaltung seiner Individualität in unmittelbarem Verhältniß stehen, z. B. die rabenartigen Vögel glänzende Metalle, die sie sorgfältig verstecken; der Blödsinnige bewahrt Namen und einzelne Orts- und Zeitverhältnisse in seinem Gedächtniß so auf, daß es dem vernünftigen Menschen unbegreiflich ist, weil ihm der gewohnte Zusammenhang der Dinge andere Anerinnerungen lebhafter macht. Daher ist der ungegründete Gegensatz von Verstand und Gedächtniß bey Manchem entstanden, aber weder das Thier noch der blödsinnige Mensch können neue Einheiten daraus bilden, das neugierig Gesammlete liegt im Gedächtniß unbenutzt vereinzelt, wie das Geld im Schatze des Geitzigen. Das Zusammengehörige und Unpassende wird gleichfalls vom Thiere bemerkt, und es kann ihm daher Witz nicht abgesprochen werden: der Affe bemerkt, daß die Haube einer Frau auch auf seinen Kopf gesetzt werden kann, er reißt sie ihr ab und freut sich des schallenden Gelächters des Haufens, er wird den Spaß wiederholen, so oft er dazu aufgemuntert wird, nur wird es ihm nicht einfallen, dadurch einen Wink auf zweckmäßige oder unzweckmäßige Sitten und Kleidertracht zu geben; wir haben im Deutschen dieser Art des Auffindens des Aehnlichen und Unähnlichen daher einen eigenen Namen, Spaß (wenn er bloß Mangel und die Kehrseite bemerklich zu machen sucht, hämischer Spaß, in ältern Zeiten auch wohl Pagenspaß) gegeben. Der humane Witz sucht die Aehnlichkeit und Unähnlichkeit der Dinge nicht zwecklos auf, sondern will für den Verstand Stoff finden, um die Einheit leichter und begreiflicher darzustellen, daher ist er der mächtigste Gehülfe der Redekunst, wenn er sich seine Verwandtschaft mit der Thierheit nicht merken läßt, und heißt dann productiver Witz, schaaler Witz, wenn er mit dem Affen nur um das Gelächter der Menge buhlt.

§. 144.

Die durch Vernunft bestimmte und durch den Verstand dargestellte Einheit (die Wissenschaft) wird durch die Einheit des Menschengeschlechts und ihren Ausleger, die Sprache und die Schrift, eben so Gemeingut für das ganze Menschengeschlecht oder für die Nation, wie das sinnliche Kunstwerk: Jeder kann dieses sehen und das Geistige darin (den Sinn) fassen, jene einsehen und das Geistige, das Wahre erfassen. Die Mittheilung heißt Lehre, das Aufgefaßte Gelehrtheit. Jedes Streben des Menschen, von der einfachsten Handarbeit bis znr tiefsten Weisheit, wird auf diese Art zu einer Wissenschaft, und es ist ein altes richtiges Sprüchwort: jede Arbeit fordert ihre Wissenschaft. Diese Wissenschaft kann mit Worten und Zeichen von Geschlecht zu Geschlecht fortgepflanzt, verbessert und über mehreres Wissen verbreitet werden: die unbedeutendste Handarbeit könnte zu einer Lehre erhoben werden, die alles menschliche Wissen umfaßte. Je ausgebreiteter sie aber auf diese Art wird, desto mehr unterscheidet sie sich von eigentlichem Wissen und gelernt haben, desto weniger werden die einzelnen Theile dem Individuo ganz eigen, klar und zu jeder Anwendung stets bereit seyn, sondern bleiben nur ein Meinen, weil die Schule es lehrt *). Ein Musiker kann im Generalbaß, der Applicatur, dem Rythmus u. s. w. sehr gelehrt seyn, und ist nicht im Stande, erträgliche Töne hervorzubringen. Die Gelehrtheit ist nicht die Mutter, sondern die Schwester des Wissens: Hand in Hand bringen beyde das Menschengeschlecht auf eine hohe Stufe der Humanität, einzeln artet jene leicht in verworrenes Halbwissen und ungeregeltes Umherschweifen, diese in thierische Fertigkeit aus. Dieses gilt nicht bloß von mechanischen Arbeiten, sondern eben so von jeder transcendentalen Wissenschaft; jemanden können alle philosophische

*) „Meinen ohne Erfahrung ist ein böser Schatz, träumend oder „wachend besessen ein böser Schmuck, nicht theilhaftig des „Frohsinns und der innern Zufriedenheit, sie ist die Amme „der Furchtsamkeit und Frechheit. Furchtsamkeit deutet das „(geistige) Unvermögen, Frechheit die Unwissenheit an. Denn „es ist zweierley zu wissen und nach Hörensagen zu meinen. Jenes giebt innere Ueberzeugung, dieses schwankende „Unwissenheit. Das Heilige wird nur Heiligen gezeigt, den „Ungeweih'ten, ehe ihr Wissen durch heilige Gebräuche „(ὄργια) vollendet ist, darf es nicht offenbart werden." Hippocrates Νομός.

Systeme gelehrt, alle Gesetze bekannt seyn, ohne daß er selbst ein guter Philosoph oder ein tauglicher Richter ist. Das Wissen wird mit Liebe erfaßt und durch Uebung angeeignet, die Gelehrtheit mit Ernst errungen und oft durch Zwang, Leidenschaften, Ehrgeiz u. s. w. eingeprägt. Ein Gelehrter ohne Verstand, sagt man im Deutschen, man bezeichnete es vielleicht richtiger, wenn man es ohne wahre Liebe zur Sache nennte. Das große Ziel der Pädagogik ist, diese beiden Schwestern genau zu vereinigen, und dieses kann nur durch humanen freyen Willen geschehen. Das ist der Begriff der liberalen Erziehung, wo Jedem erst das Nothwendige gelehrt wird, damit er demnächst das Höhere, Nützliche und Erfreuliche wissen kann, wie es sein Stand in der menschlichen Gesellschaft, die Fähigkeit die nothwendigen Mittel herbeyzuschaffen und seine Liebe bestimmt.

§. 145.

Sobald der Mensch anfing, aus dem einzelnen Wissen Wissenschaft für die Gesammtheit zu bilden, sobald ihn ausgebildete Sprache und Schrift dazu in den Stand setzten, mußten auch Begriffe von allgemeinen Gesetzen dieser Zusammenfügung (Logik) eben so entstehen, als bey jedem Zusammentreten von Menschen in eine Gesellschaft Begriffe des Zusammenhangs dieser Gesellschaft (von Recht) entstehen müssen. Es ist der schöne und große Beruf der Geschichte der Philosophie, die Entwickelung dieses Staats der Ideen und des menschlichen Wissens (dieser geistigen Einheit in der Mannigfaltigkeit) darzustellen und seine

Gesetze aufzuklären. Uns bleibt auch hier, wie bey Religion, Staat und Hauswesen nur das Geschäft, die Modificationen desselben nach der verschiedenen Lage der Menschen aufzufinden.

§. 146.

Wo die Natur dem Menschen Alles ohne viele Mühe darbietet, wo sein Geist bald auf die Ahnung einer absoluten Einheit alles Seyns geleitet wird, da ist die Erwartung alles Geistigen auch ganz allein auf diese Einheit gerichtet: Die Anschauung des Individuellen nimmt ab, wie die des Universellen zunimmt. Ist der Mensch unter diesen Umständen vereinzelt, hat er kein gemeinschaftliches Vereinigungsmittel in Tradition, Schrift und Gesange, so wird aus dem Universellen ein unvermeidliches Fatum, einzelne Fetische sind als Symbole desselben hinreichend, nur übersinnliche Mittel, Beschwörungen und Opfer können es wenden; die Anschauung des Individuellen wird nur durch thierisches Verlangen und Abscheu erregt, und bald kömmt er in den wehrlosen und thierischen Zustand des Negers, der es nicht begreifen kann, warum der Europäer mit so vielem Aufwande von Kraft und Gefahr Meere durchreiset, um — ihn zu sehen.

§. 147.

Wo unter diesen Bedingungen Begeisterte diese Einheit deutlicher aussprechen, sie in Symbolen, Gesang und Schrift darzustellen und zu einem bleibenden Eigenthum der ganzen Nation zu machen suchen, da ist alles Wissen unmittelbare oder mittelbare Offenbarung der Gottheit, den Priestern als heiliger Schatz zum Aufbewahren anvertrauet, und dem Einzelnen zu seinem Bedarf stückweise mitgetheilt; daran zu zweifeln ist eine Art von Atheismus, dessen die Menge sich gern überhebt, es in einen sich selbst vervollkommnenden lebendigen Staat zu ordnen, ist nicht der Beruf der Wächter. Nach den verschiedenen Schicksalen und Bedürfnissen der Völker, ist auf diese Art eine größere oder geringere Menge Wissens ohne eigentlich lebendige Wissenschaft zusammengehäuft, die von Geschlecht zu Geschlecht durch Lehre übertragen wird. Nicht bloß der Priester glaubt, sondern der Rechtsgelehrte wie der Arzt, der Künstler wie der Handwerker, was ihm ohne Zusammenhang mit dem Ganzen gelehrt ist, die Uebung macht den Meister, nicht die lebendige Combination den Künstler. Jedes menschliche Verhältniß, jedes Recht ist durch eine Präcedenz bestimmt, welche aufzubewahren die Pflicht des Rechtsgelehrten ist; gegen jede Krankheit haben sich Wurzeln und Kräuter, Mineralien und Zaubersprüche als unfehlbare Heilmittel bewiesen, und der ist ein Arzt, der sie aufzählen, nicht wer sie erklären, mit der ganzen Natur und vorzüglich mit dem Individuellen des Gegenstandes in Uebereinstimmung bringen kann. Dieselbe Maschine hebt nach einem vergrößerten Maaßstabe ungeheure Felsmassen, die früher nur mäßige Gewichte bewegte, durch Geduld und Beharrlichkeit wird Werkzeugen und Formen eine Genauigkeit gegeben, die selbst den europäischen Künstler in Erstaunen setzt; aus den Pflanzen werden Farben gezogen, Mineralien werden aufgelöset, nicht nach dem

System irgend einer phlogistischen oder antiphlogistischen Chemie, sondern wie es der glücklich inspirirte Finder seine Nachkommen gelehrt hat. An dem stets klaren Himmel werden Jahrtausende lang mit sorgfältiger Genauigkeit alle Veränderungen beobachtet und als ein Wissen aufbewahrt; das Zählen der Zeit hat nur jenen Völkern seinen Ursprung zu verdanken, und wenn dieses Zählen auch zum Theil sich mit den grotesken religiösen Symbolen vermischt hat, wenn sie von der nicht zu beweisenden Voraussetzung ausgehen: daß bey Erschaffung der Welt alle Planeten mit der Sonne in einer Conjunction im Zeichen des Widders stehen mußten, so sind es doch keine leere, sondern zum Theil bestätigte Hoffnungen, daß wir aus ihren Aufzeichnungen noch manche große Aufklärung für Chronologie erwarten können *). Dieses sorgfältige Zählen machte sie durch die Erfahrung mit den Eigenschaften der Zahlen bekannter, der Indier rühmt sich mit Recht der ersten Erfindung der Decimalrechnung; in Berechnung der Combinationen einzelner Einheiten finden wir bey ihnen Fertigkeiten, zu denen der Europäer nur durch schwierige analytische Berechnungen gekommen ist **). Aber eigentlich mathemati-

*) Ausser den frühern Bemühungen von Bailly und Plaifair, sind J. Bentley's Untersuchungen Asiat. Researches Vol. VI. p. 540. Vol. VIII. p. 195. Wilford A. R. Vol. IV. p. 241 und Samuel Davis A. R. Vol. III. p. 209, so wie des trefflichen Präsidenten W. Jones allgemeine Bemerkungen über den Zustand der Wissenschaften unter den östlichen Völkern im Stande, die zu großen Erwartungen zu mäßigen, aber auch für das Beobachtete Achtung einzuflößen.

**) Reuben Burrow Demonstration of one of the Hindoo rules of Arithmetic A. R. Vol. III. p. 145.

sche Wissenschaft sucht man bey ihnen vergebens, weil dazu ein lebhafteres Combiniren und Abstrahiren gehört: Unter 19 mathematischen Sanscritbüchern, welche dem Präsident Jones als die vorzüglichsten Lehrbücher der Geometrie von den Pandits gerühmt wurden, fand er auch nicht eins, das sich jenseits der einfachsten Theoreme der ebenen Geometrie erstreckt hätte, und von der Berechnung irgend einer krummen Linie, eines Kegelschnitts haben die Braminen keinen Begriff *).

§. 148.

Metaphysische Speculation ist hier nicht ein Ordnen und Eintheilen der Begriffe vom Uebersinnlichen, sondern ein Streben, die Gefühle von der Ein- und Allheit, die Ursache alles Seyns und Werdens, im Begrenzten durch Allegorien und Symbole darzustellen. Die Frucht, welche sie hier dem Menschen allein trägt, ist Ethik, das Streben, dieser höchsten Macht gefällig oder selbst ähnlich zu werden, nach der Einmischung sinnlicher Vorstellungen von dieser Macht, bald in eindringende, das ganze menschliche Leben ansprechende Apologien, bald in grausame Selbstverläugnung und Selbstpeinigung schreckend, gestaltet.

Ebenso ist es mit dem Eigenthümlichsten des Menschen, mit der Sprache. Sie ist hier kein Werkzeug der lebendigen Mittheilung von Mann zu Mann, sondern das für die ganze Nation durch Begeisterung und Beobachtung im Einzelnen Gesammlete soll durch

*) A. R. Vol. I. p. 445.

sie dem Individuo nach seinen Bedürfnissen ausgetheilt werden. Rhetorik, zum großen Theil Dialectik sind unbekannt, aber den wahren Werth, die genaueste Bestimmung jedes Worts, so wie es auf neue Gegenstände und Ideen zuerst angewandt ist, richtig zu bezeichnen, seine Etymologie bis auf den ersten Ursprung zu verfolgen und seinen Rythmus und Einklang pünktlich abzumessen, ist der Gegenstand der ganz vereinzelten Grammatik.

§. 149.

Selbst in ihren Spielen und Vergnügungen zeigen diese Völker: daß das Gemeinleben nicht vom Individuo auf das Ganze, sondern vom Ganzen auf das Individuum ausgehen soll. Tanz und Musik sind Pflichtleistungen, die gegen bestimmte Vergütung der Niedrige den höhern Klassen und Versammlungen leistet; sich in irgend einem Talente, das Andere vergnügen könnte, auszeichnen zu wollen, ist unter der Würde des Vornehmern *). In pomphaften Aufzügen am rechten Platze zu stehen, ist sein Beruf, und die Figuren des Schachspiels nach bestimmten Gesetzen zweckmäßig zu bewegen, sein Vergnügen.

§. 150.

Nur den Dichter konnte keine Priestermacht einzwängen, kein Kastenverhältniß beschränken, über diesem ungetrübten, aber auch weniger bewegten Para-

---

*) Lord Macartney's Voyage to the East India.

diese der sinnlichen Befriedigung, schuf er sich hier, wie überall, seine eigene Welt, worin ihm die lebendige Ahnung einer höhern Einheit und Weltregierung, die Genauigkeit der Grammatik und die Ueppigkeit der umgebenden Natur, Zauber verliehen, die selbst bey der unvollkommnen Bekanntschaft mit Sprache und Sitten der Europäer oft bewundert.

§. 151.

So war und ist zum Theil noch bey den Buhda's und Braminen in Indien das Wissen nicht sowohl Wissenschaft, als hierarchisches Aufbewahren alles sinnlich Beobachteten, alles geistig Geahneten und allegorisch Ausgesprochenen. Ihre heiligen Bücher, die Veda's und Purana's, von der Gottheit unmittelbar oder durch begeisterte heilige Männer der Menschheit mitgetheilt, sind die Niederlage alles Wissens, von Färbekunst an bis zu den erhabensten Lehren von der Gottheit, später durch viele Commentare erläutert, mit neuen Beobachtungen und Allegorien vermehrt, öfterer verdunkelt, aber auf jeden Fall ohne Tendenz, sie nach ihrem Zusammenhange mit dem Ganzen zu prüfen, zu ordnen und zu berichtigen. So ist das Wissen noch jetzt, mit größerem Einfluß tartarischer Tyranney in China und Japan, so war es in Aegypten mit vielen Zumischungen von symbolisch vorgestellten Naturkräften, Mythen der frühern Volksgeschichte, vielleicht größerem Einfluß auf Staatsregierung, dem ganzen Volke durch Hieroglyphen noch unzugänglicher gemacht; so war es unter den im südwestlichen Asien weit verbreiteten phrygischen und assyrischen Völkerstämmen, und höchst wahrscheinlich war es auch so im frühesten Italien bey den Etruriern.

§. 152.

Im südöstlichen Europa lebten die Pelasger und nachmaligen Griechen, mit den Germanen vielleicht gemeinschaftlichen Ursprungs aus den großen Gebürgsketten Asiens, aber auf jeden Fall im Streben, das individuelle Leben gegen Naturkräfte und Feinde zu schützen und weiter zu verbreiten, ihnen ganz ähnlich: Was Herodot von ihrer frühesten Religion berichtet, ist fast dasselbe, was Tacitus von den Germanen sagt. In keinen großen Staat vereinigt, durch keine hierarchische Verbindung beschränkt, bildeten die einzelnen Familien kleinere Staaten, deren Hauptsorge es seyn mußte, den germanischen Frieden, d. h. möglichste Unabhängigkeit der Individualität durch Gesetze und Bündnisse zu erhalten, da sie ihn nicht von einer höhern Macht erwarten wollten. Mit der humanen Ahnung von Gott, war ihnen jede Symbolik, diese Ahnung zum vollkommnern Bewußtseyn erhebend, ehrwürdig und heilig, sie waren geneigt sie anzunehmen, aber eine Hierarchie konnte nicht daraus entstehen, weil diese symbolische Gottesverehrung keine allgemeine Nationalsache war und so keine Intoleranz zuließ. Während vielleicht in Indien die Anhänger des Brama und Buhda sich zu Tausenden mordeten, weil bereits Jeder Theilnehmer eines Theils der Geheimnisse geworden war, der Bramine wie der Schuder in dieser Rücksicht an seinem bestimmten Platze stand, und nun für das Unbekannte und Unbegreifliche mit demselben

Enthusiasmus kämpfte, kamen wahrscheinlich aus derselben Quelle aus Indien die ersten Mysterien von Samothrace*) nach Griechenland, nicht als etwas dem Volke Aufzudringendes oder das ganze Staatsleben danach zu bilden, sondern dem Forscher nicht ohne vorgängige Vorbereitung und Prüfung zu Enthüllendes. Wäre auch, wie es wohl manche Spuren nicht unwahrscheinlich machen, ein Zweck dieser Geheimnisse gewesen, ein Kastenverhältniß zu bilden, so war doch gewiß ernstes Streben zu näherer Erkenntniß der letzten Ursache aller Dinge das ehrwürdigere Ziel, und das ganze Volk war bereits in Selbstbildung der Staaten zu weit vorgeschritten, als daß der hierarchische Zweck allgemein hätte erreicht werden können. Aus Aegypten kam später der vorzüglichste mythologische Stoff, um dem ganzen Volke (das stets nur durch Namen und Geschichten belehrt werden kann) seinen Volkstraditionen angepaßte Begriffe von den höhern waltenden Mächten zu geben, Dichter bestrebten sich mit humaner Begeisterung diesen Stoff für die Nation zu bearbeiten, Hesiod und Homer waren etwa 40 Jahre vor Herodot **) die ersten, welche Theogenien aufstellten, die aber nie den Character einer von der Gottheit selbst gegebenen allgemeinen Offenbarung und also einer nothwendigen Glaubwürdigkeit erhielten, es waren ehrwür-

---

*) Die Vergleichung der aus den samothracischen Mysterien aufbewahrten Namen der Cabiren und der Formeln in den Eleusinischen Mysterien mit der Sanscritsprache und Indischen Mythologie von Wilford (Asiat. Research. Vol. V. p. 297) verdient gewiß die Aufmerksamkeit der Forscher.

**) Herodot Euterpe 53.

dige Geschichten, an welchen Jeder seinen Scharfsinn ungestraft prüfen konnte, wenn er nur den vom Staate gemachten Anordnungen nicht zu nahe trat, hauptsächlich aber einen lebendigen humanen Sinn für Gottesverehrung, für Recht und Pflicht beibehielt.

§. 153.

So wurden die Griechen mit jenen orientalischen Völkern in Rücksicht des Wissens in eine Art von Gegensatz gebracht: Nach der ursprünglichen Bedeutung des Worts könnte man das orientalische Wissen theoretisch*), das griechische logisch nennen. An

*) Theosophisch ist bereits eine andere Art des menschlichen Forschens (Gott unmittelbar kennen zu lernen) gegeben. Die ursprüngliche Bedeutung des Worts θεωρεῖν und θεωρία ist, als Deputirter zu einem heiligen Fest oder Orakel zu reisen, bey Herodot, Plato und Hippocrates. Davon die Ableitung, die letzten unsichtbaren Ursachen der Erscheinungen zu untersuchen, die Wahrheit suchen. Aristoteles Metaphys. L. II. c. 1. Der Orientale glaubte diese Wahrheit in der Offenbarung zu haben, der Grieche suchte sie durch logische Schlüsse. Noch bis ins 12te Jahrhundert n. Chr. G. scheint diese Bedeutung von Theorie und Theoretischem allgemein gewesen zu seyn. Hugues de st. Victor in seinem Didascation theilt die Philosophie in vier Hauptclassen: 1) theoretische, 2) practische, 3) mechanische und 4) logische. Die theoretische begreift die Theologie, welche die unsichtbaren Ursachen der sichtbaren Dinge abhandelt, die Physik und Mathematik, deren Gegenstand die unsichtbare Form der sichtbaren Dinge ist, denen sich die Arithmetik, die Musik, Geometrie und Astronomie anschließt.

2) Die practische theilt sich in vereinzelte, private und öffentliche, nachdem sie sich auf den vereinzelten Menschen, auf den in Familie lebenden und den im Staat lebenden anwendet.

3) Die mechanische Philosophie begreift die menschlichen Operationen.

den letzten Gründen des orientalischen Wissens konnte und durfte niemand zweifeln, sie lagen in der Gottheit selbst, durch Incarnationen hatte sie dieselben der Menschheit mitgetheilt. Der Grieche erhielt Alles von aussen, hatte das Recht es zu untersuchen, zu bezweifeln und höhere Glieder des Beweises aufzusuchen, jede Autorität galt ihm nur so lange, als er diese höhern Glieder des Wissens nicht auffinden konnte. Daher war die Hauptsorge des Griechen, sein Wissen und sein Zweifeln zur leichtern Uebersicht in Classen und Geschlechter zu ordnen, die Gesetze aufzufinden, nach welchen diese Anordnung geschehen mußte, um mehr Ueberzeugung zu erlangen (Logik) und diese Ueberzeugung in der faßlichsten Art Andern mitzutheilen (Dialectik).

§. 154.

Beide Arten des Wissens hatten, wie jedes Ding, ihre rechte und ihre Kehrseite: Höchste Achtung für

---

4) Die logische oder rationelle Philosophie begreift die Grammatik, Dialectik und Rhetorik.

In Rücksicht der Folge dieser vier Abtheilungen unter sich setzt Hugues die Logik auf den ersten Platz, dann die practische Philosophie, die Theorie und die mechanischen Künste. Ueber jene unsichtbaren Ursachen der sichtbaren Dinge logisch zu schließen, hielten die Philosophen jener Zeit (wie vor ihnen Hippocrates) für gottlos, so daß Sarrisberry. Policrat. L. VII. c. 8. eine eigene Strafe erfunden wünscht, womit man die Vorwitzigen bestrafen könne, die Gott, Leben, Seele, die Eigenschaften Gottes u. s. w. zu Gegenständen logischer Untersuchung machen könnten. Erst bey den Arabern und Scholastikern findet man den Begriff von Theorie auf jedes Wissen ausgedehnt, das mehr durch Schlußfolgen als durch Autopsie erlangt wird, und so hat der Gerber wie der Schuhmacher seine Theorie.

Gebot und Pflicht war im metaphysischen Wissen dem Orientalen eigen, sorgfältige unermüdete Ausführung des Erlernten und Vorgeschriebenen im physischen; dem Griechen frohe Ueberzeugung und Liebe im metaphysischen, lebendiges Streben im Erfinden und Schaffen im physischen. Bei den ältern Griechen ist dieser Uebergang des theoretischen Wissens in das logische, in Rücksicht des Uebersinnlichen, wahrhaft rührend und ehrwürdig: Der Forscher ließ sich in alle Mysterien einweihen, machte hauptsächlich zu dem Zweck Reisen nach Aegypten und dem Orient, alle waren ihm heilig und alle trugen dazu bey, seine Ahnungen von der höchsten absoluten Ursache alles Seyns und Werdens lebendiger zu machen, jedes Symbol, jede Mythe war ihm werth, weil er in jeder die nähere Kenntniß der Gottheit verborgen glaubte, sie öffentlich zu näherer Untersuchung darzustellen, war gegen seinen dem Mystagogen geleisteten Eid. So finden wir den Geist von Herodot, Plato und Hippocrates.

§. 155.

Nun betrachtete man das Wissen, ganz abstrahirt von irgend einem Objecte, selbst als ein Object, und die Categorien des Aristoteles waren der erste bekannte Versuch dieser Betrachtung, jede Categorie brachte neue Eintheilungen und neues Wissen hervor. Das Begrenzte theilte man nach seiner Begrenzung ein, in Raum, Flächen und Linien, und fand die Gesetze, nach welchen jedes abgesondert mit einander verglichen und näher bestimmt werden konnte, (Stereometrie, Planimetrie und Trigonometrie), der freye Scharfsinn definirte die Begriffe bestimmt und zog aus diesen Definitionen Schlußfolgen, die absolute Wahrheit waren; diese wurden wieder auf Messungen von Zeit im Raume (Bewegung) angewandt und Erdkunde, Kenntniß der Natur der Himmelskörper, Mechanik u. s. w. erhielten bedeutend festen Grund, so wie in den menschlichen Verhältnissen Eigenthum dadurch mehr wissenschaftlich begründet wurde; Thiere, Pflanzen und Mineralien wurden nach ihrem Bezug auf andere Dinge eingetheilt und definirt, und durch Vergleichung des Bekannten und Gesehenen wurde manches Wissen von den Körpern vermuthet und durch Versuche bestätigt, oder Angaben bezweifelt und durch nähere Untersuchung verworfen. Das bloße Sagen, mogte es herrühren von wem es wollte, galt immer weniger. Untersuchung der Relationen des Begrenzten gab der Physik den Ursprung, und in menschlichen Verhältnissen wurde Recht und Unrecht, Tugend und Laster wissenschaftlich bestimmt, so wie die Untersuchung über Modalität der Ontologie, und in menschlichen Verhältnissen der Staatsverfassung und den Familienverhältnissen ihre wissenschaftliche Begründung gaben.

§. 156.

So lange diese reinen Verstandesbegriffe auf das Begrenzte angewandt wurden, war der menschliche Verstand in seiner ihm durch Begrenzung angewiesenen Sphäre und machte große Fortschritte, wovon uns Euclid, Aristoteles, Theophrast u. s. w. ehrwürdige Monumente hinterlassen haben. Aber das Unbegrenzte ist nicht unter Categorien zu bringen, weil es als solches, abstrahirt von aller Begrenzung, weder Quantität noch Qualität, keine Relation und keine Modalität zuläßt, sondern für den Verstand nur ein Absolutes ist. Sobald also unser Wissen, an dieser Kette der Combination und Abstraction zum Hyperphysischen, Gott, Leben, Seele, Geist u. s. w. hinauf klimmen wollte, fehlte ihm stets das letzte Glied dieser Kette, die Definition des zu Erreichenden, das er dann bald in orientalischen Symbolen und Mythen, bald dem Verstande nicht mehr zu definirenden Worten suchte.

§. 157.

Daß das menschliche Wissen mit der absoluten Wahrheit nur da congruent ist, wo der Mensch sich selbst sein Feld der Untersuchung durch Definition abgesteckt hat, wußte der Orientale wie der Grieche, beide strebten mit gleichem Verlangen, die Göttin zu Sais entschleiert zu sehen, jener hoffte durch allerlei Pflichterfüllungen von ihr zum unmittelbaren Anschauen berufen zu werden, der gesunde humane Mensch wurde dadurch ein glücklicher liebevoller Schwärmer, der oft auch in diesem Geiste der Liebe und des Zutrauens mehr Wahrheit schaute, der kranke atrabilarische ein grausamer Peiniger für sich und Andere und der bloß thierische ein betrügerischer Pfaffe, der unter diesem Schleier nur seine und seiner Kaste Sinnlichkeit befriedigen wollte. Der Grieche wollte mit eigener Kraft, durch Ordnen und Eintheilen des eigenen Wissens, in den Tempel einbrechen, mit Liebe und Humanität fand er durch seine Anstrengungen manches

Gute und Nützliche, bestreute seinen Weg mit Blumen, mit egoistischem Ringen wurde er immer mehr in Zweifel gehüllt, und der thierische sinnliche Mensch setzte sich selbst ein Zerrbild, das er durch Syllogismen als wahre Göttin darzustellen wähnte.

§. 158.

Durch dieses Ringen, Wissen zu Wahrheit zu erheben, wurde der Grieche geübt, Ideen logisch zu ordnen, und die Philosophie in ihrer eigentlichsten Bedeutung (Liebe des wahren Wissens) wurde nicht Eigenthum einer einzelnen Kaste, sondern verbreitete sich in jedes menschliche Schaffen. Der Künstler wie der Dichter, der Moralist wie der Rechtshandhaber und Arzt, behandelten ihr Geschäft nicht theoretisch, sondern logisch, suchten alles dahin gehörige Wissen auf, um sich Rechenschaft zu geben, warum es so und nicht anders seyn müsse, und ordneten es nach ihrem Bedürfniß. *)

---

*) Bey den ältesten Griechen war jede Fähigkeit, etwas vollkommen und mit Rücksicht auf alle Umstände zu schaffen ςοφία, die freylich von den Göttern gegeben war, von den Menschen aber Jedem mitgetheilt, von Jedem verbessert werden konnte. So nennt Homer den Zimmermann:

ὅς ῥά τε πᾶσης
εὖ ειδῇ σοφίης ὑπὸ θημοσύνησιν Αθήνης

Später blieb es mehr auf hyperphysisches Wissen und die Fähigkeit, dieses zu Zwecken zu gebrauchen, angewandt (Eurip. Medea); bald aber nach dem Bedürfniß der Griechen, ihre Staatsverhältnisse, Rechte und Familienverbindungen durch eigene Kraft wissenschaftlich zu ordnen und zu vervollkommnen, auf Staatswissenschaft und Ethik, (ἑπτὰ σοφοὶ) Schneiders Etymologie des Worts, von Verdauen, vollkommen auflösen, ist

In Staaten, die nicht durch geoffenbarte Gesetze regiert wurden, sondern sich durch eigene Kraft ausbilden und regieren wollten, mußte diese Weisheit sich vorzüglich auf Staatswissenschaft, Kriegskunst, Rechtswissenschaft, Handel und Gewerbe wenden, das Uebersinnliche überließ man gern dem Dichter oder den Einzelnen, die in Muße mit scharfsinnigen Eintheilungen dieses von der Sinnenwelt trennten, über menschliches Leben und die verschiedenen Arten seiner Aeußerungen erhabene Wahrheiten auffanden, über den Urquell alles Lebens und Seyns sich aber immer noch gern an orientalische Symbole und Mythen hielten, mit dem klaren Bewußtseyn: daß das Begrenzte in diesen Symbolen und Mythen nur als Leiter diene, die erhabenen Ideen dem Menschen mitzutheilen und ihn zu hellerer Einsicht vorzubereiten. So ist die Philosophie von Plato bis auf Plotin in dieser Rücksicht.

Eben weil sich aber dieses Ringen vorzüglich auf den Staat wandte, so mußten auch bald Klopffechter entstehen, denen es weniger darum zu thun war, in das Heiligthum der Wahrheit zu dringen, als im Staate für rüstige Kämpfer angesehen zu werden, die im Fall der Noth jede Meinung dialectisch vertheidigen konnten. Der ursprünglich ehrwürdige Name

---

scharfsinnig und dem Gange der Entwickelung der Ideen des Menschen vollkommen angemessen. σοφία ist nicht δόξα und nicht ἐπιστήμη allein, es ist beides dem ganzen Leben vollkommen angeeignet, in succum et sanguinem versum. Die germanische Weisheit unterscheidet sich bloß scheinbar in der Etymologie. Weisheit ist der Inbegriff alles zur Sache gehörigen Wissens.

Sophist, früher vorzüglich den Dichtern eigen, die mehr mit begeisterter Theorie, als durch logische Eintheilung die Wahrheit enthüllten, wurde nun diesen Ideenfechtern zu Theil, und ihrer Kunst wurde vorzüglich von denen nachgestrebt, die im Staate glänzen wollten, und auch sie wurde bald durch logische Eintheilung in Systeme gebracht und zu einer Wissenschaft erhoben. Je größer der Staat wurde, je mehr das Staatsleben alles übrige menschliche Leben subordinirte, desto mehr mußte diese Wissenschaft die Oberhand gewinnen, und in den spätern Perioden des römischen Kaiserstaats erreichte sie ihre höchste Stufe. Grammatik, Rhetorik und Dialectik waren die einzigen Gegenstände des Unterrichts, doch waren die Sophisten oder Rhetoren bei weitem die Geehrtesten, Städte und Länder beneideten sich den Besitz des Einzelnen, die römischen Kaiser überhäuften sie mit Schätzen und Ehren, gründeten in Rom, Athen u. s. w. reichbesoldete Lehrstühle und veranlaßten so, daß auch hier die lingua sine corde die Oberhand gewann *). Immer

*) Ausonius rechnet in seinem Gedicht De claris urbibus 33 Professoren, welche im 4ten Jahrhundert nach Chr. G. auf der damals berühmten Academie zu Bordeaux Lehrstühle gehabt haben, davon waren 17 unberühmte Grammatiker (tenuiores) die in ihren kleinen Schulen (Cathedra exili) die Knaben Geschichte, Mythologie, richtiges Reden und Schreiben, Interpretation der Poeten und Prosodie lehrten, fünf hochberühmte Grammatiker, die der Ehre Aristarchen zu heißen nachstrebten, jedoch mit der Klage: daß in dieser Zeit Grammatik nicht mehr geachtet und bezahlt werde. Der Sophisten und Rhetoren waren 13. Ihr Ziel war, in Prosa und Versen allezeit gut zu reden und zu schreiben, sowohl in Lobreden (panegyricis) als vor Gericht. Die Meisten waren von andern Städten berufen,

mehr entfernte sich das griechisch logische Wissen von dem orientalisch theoretischen: Mit hohem Sinn, worin sich die lebendigste Humanität ganz ausspricht, sangen die ältesten Griechen ihre Theogenien und priesen die Großthaten der Menschen als unmittelbare Gabe der Götter; über menschliche Verhältnisse, Pflichten und Rechte, über sinnliche Gegenstände, Pflanzen, Thiere und Mineralien, sprachen Herodot, Isäus, Hippocrates, Democrit, Aristoteles, Theophrast u. s. w, in der einfachsten Prose, ohne allen Prunk und ohne Schein, mehr zu wissen. Fischfang und Vogelstellen, Bereitung von Panaceen, Litterärgeschichte u. s. w. wurde in den spätern Zeiten in Versen gelehrt, aus der Geschichte wurden zum Theil Romane, mit pomphaften Reden, und über die Natur der Götter redete man — wohl von Cicero an, sehr dialectisch aber auch sehr prosaisch.

§. 159.

Die Gothen zernichteten alle wissenschaftlichen Anstalten, und diese flohen vor ihnen in die Klöster der

---

mit großen Summen besoldet und Mehrere davon kamen bey den Cäsaren zu den höchsten Ehren. Von andern Disciplinen, eigentlicher Rechtskunde, Arzneykunde, Mathematik u. s. w. war auf dieser wie auf andern Academien nicht die Rede. Zwey sehr gehaltvolle Abhandlungen über diesen Gegenstand, wo das Geschichtliche mit der dem Verfasser eigenen Gelehrsamkeit und Scharssinn zusammen getragen ist, verdanken wir dem Hrn. Etatsrath Thorlacius.

Opuscula academica T. 1.

12) Imperatorum Romanorum seculo p. Chr. 2do Favor in literas literaumque doctores. 15) Scholae Burdigalenses in Gallia sec. p. Chr. IVto.

Christen. Die erhabene Lehre Christi, das humane Leben so klar aussprechend und jeder seiner Tendenzen die bestimmtesten Grenzen setzend, *) die weder durch logische Eintheilungen das Geistige Unbegrenzte begreiflich und also begrenzt machen, noch durch orientalische Symbolik es verdunkeln will, konnte diesem Mißbrauche der Wissenschaft kräftigere Grenzen setzen, als Socrates zu thun im Stande war. Aber bereits im ersten Jahrhundert nach Christi Geburt grübelten Sectirer über die Natur Gottes und Christi! Die Eboniten und Nazarener wollten sie mehr natürlich erklären, indem sie Christum den größten Propheten, den Weisesten aller Menschen nannten; die Gnostiker, ganz orientalisch mystisch, machten aus ihm eine bloße orientalische Incarnation, die ohne Erzeugung vollkommen ausgebildet am Jordan erschien und den Juden ein anderes Phantom zum Tode hingab. Es ist das schwere aber für die Humanität höchst wichtige Geschäft der Ketzergeschichte, die mancherley Secten mit ihren Veranlassungen und Folgen darzustellen, das allgemeine Resultat ist: daß auch hier orientalische Theorie und griechische Logik gegen einander zweckwidrig kämpften, um das Unaussprechliche und Unbegrenzte in begrenzter menschlicher Sprache und mit begrenzten Definitionen auszusprechen, und das Unbegreifliche begreiflich zu machen. Trennung der Gemeinden, Ausschließung aus der christlichen Brüderschaft und tödlicher Haß war die Folge davon, so lange die christliche Kirche selbst verfolgt wurde, so bald aber Kaiser Constantin

*) Mathäus 6. v. 19—34.

einer Parthey vollkommne Auctorität und dadurch eine hierarchische Existenz gab, wurden dieselben Waffen, Märthyrthum und Verheerung, von den Christen selbst gegen die anders meinenden Christen gebraucht, welche die heidnischen Kaiser gegen die ganze Christenheit angewandt hatten. Was die Concilien beschlossen, war allen Zweifeln entnommen, wie die orientalische Theorie, und begreiflich mußte die griechische Logik mit ihren Categorien, vorzüglich aber die Metaphysik immer mehr verhaßt werden, in so fern sie sich in der Entscheidung der Geheimnisse der Religion, den Satzungen der Kirche und den Beschlüssen der Concilien eine entscheidende Stimme anmaßen wollte, Aristoteles verschwand in dem westlichen Europa fast gänzlich aus der Reihe der wissenschaftlichen Lehrer und flüchtete in abgelegene Provinzen Asiens, Armenien und Mesopotamien, wo Nestorianer und andere Sectirer die herrschende Kirche durch griechische Logik zu bekämpfen suchten. Von der Grundlage eines durch die Concilien bestimmten nothwendigen Glaubens (einer orientalischen Theorie) aus wurden nun Folgerungen nach allen Richtungen hin gemacht, in die geheimste Kammer und in die Schüsseln der Christenheit drangen sie, fanden dort die reinste Unschuld in Blutschande, und verbitterten hier die besten Speisen (gegen Christi Gebot) mit Gewissensbissen und Kirchenbann. Der Bildner und Baumeister, der Arzt und der Rechtspfleger, der Astronom und Mathemathiker selbst, mußten nach diesen Consequenzen ihre Thätigkeit einrichten. Dazu kam: Daß man die kurz vergangene Vorzeit mit Recht als eine Heroenzeit betrachtete, wo Frömmigkeit und Festhalten an der innern geistigen Ueberzeugung die christliche Kirche auf den Thron des östlichen und westlichen Kaiserthums erhoben, der Humanität eine feste Stütze gegeben hatte; die Großthaten der Heroen verdienten wahrlich die Verehrung und den Dank der Nachwelt, ihre Gebeine und andere sinnliche Andenken wurden verehrt. Dem an Sagen gewohnten rohen Gothen waren die wunderbarsten Legenden die willkommensten und wirkten am kräftigsten auf ihn; ihnen stand aber griechische Critik, Kenntniß der Natur, der Länder und Völker zu sehr im Wege, als daß sie für den Mönch etwas Anziehendes haben konnten, er scheute sich ein Philosoph oder Naturforscher zu seyn, weil er dann die Legenden weder schreiben noch glauben konnte. So löseten sich wohl die früher mit Weisheit und allgemeinem Sinn für Wahrheit eingerichteten wissenschaftlichen Institute der Mönche auf Monte Cassino, die griechischen Klöster im südlichen Italien, mehrere französische Klöster und die von Carl dem Großen und seinen Nachfolgern gestifteten Klöster und Schulen zu Fulda, Corvey, Erfurt, Osnabrück, St. Gallen u. s. w. zum Theil in Fabriken von Legenden und diesen ähnliche Chroniken, oder in Richterstühle von geträumten Sünden (Casuistik) auf, wie — manche gelehrte Institute der jetzigen Zeit vor 60 Jahren leicht in Fabriken von empfindsamen Romanen oder später gar in politische Klubs sich hätten auflösen können, wenn nicht ein höherer wissenschaftlicher Geist, der Ideen schaffen und ordnen, nicht Reiche gründen oder verbessern will, kräftiger über sie wachte als — Censoren und Bücherverbote. Daß aber auch in jener Zeit, die wir mit manchem Recht die dunkle nennen, dieser höhere Geist der Wahrheit und der Wissenschaft nicht ganz aus dem westlichen Europa entwichen war, wenn er auch von allen Seiten von roher Gewalt und verheerendem Krieg, geistiger Intoleranz und Besorgniß, in das eben gebändigte Heidenthum wieder zurück zu fallen, durch die Trennung der westlichen Hierarchie von der östlichen und dadurch verminderte Kenntniß der griechischen Sprache, Verweichlichung und Sittenverderbniß vom Orient her u. s. w. gedrängt wurde, bezeugen manche würdige Namen jener Zeit, von Carl dem Großen und seinem Biographen Eginhard, dem Engländer Beda an, bis auf den wahrhaft großen Albertus, der im 13ten Jahrhundert der Naturwissenschaft und der Philosophie, wie kurz vor ihm Thomas von Aquin der Metaphysik und den theologischen Wissenschaften, eine neue mehr geregelte Richtung gab. *) Auch auf Künste und den Gang menschlicher Verhältnisse hatte diese Art der Oberherrschaft des Christenthums zwar einen ihre ganze Gestalt verändernden aber nicht so allgemein lähmenden

*) Sehr deutlich ausgesprochene Ansichten über den Zustand der Wissenschaften und über die Verhältnisse der Philosophie zu Gottesverehrung und Humanität, in der Zeitperiode, die der scholastischen Philosophie vorherging, im 7ten bis 12ten Jahrhundert, finden sich in Schriftstellern des 12ten Jahrhunderts 1) Des Bischofs Sarrisberries Schriften, namentlich in seinen zwey satyrischen Schriften Polycraticus und Metalogicus 2) Abelards Briefe De eodem et diverso, und 3) Alain Anti-Claudianus. Auszüge daraus in des trefflichen, für die Wissenschaften zu früh verstorbenen M. Jourdan Recherches critiques sur l'age et l'origine des Traductions latines d' Aristote Paris 1819. Man kann sich daraus bald überzeugen, daß dieses dunkle Zeitalter auch nicht für Jeden dunkel war.

Einfluß, wie Manche wähnen. Die ganze Humanität im Römischen und Gothischen Staate bedurfte eines neuen Impulses, um zwischen verweichlichter Sophistik und roher Aneignung sich empor zu halten. Diesen Impuls sollte ihr die christliche Hierarchie mit ihrer strengen Legislatur geben. Sie konnte nicht allgemein belebend, durchaus frey das zur Sache gehörige Wissen aufsuchend, seyn, aber ein auf Liebe zu Gott und dem Nächsten ursprünglich gegründeter Impuls konnte auch nicht so tödten, so allgemeine Finsterniß über das Menschengeschlecht verbreiten, wie manche spätere Reformatoren gewähnt haben. Er bauete nicht luftige Tempel, auf schlanken Säulen der Ewigkeit trotzend, an deren Friesen die Fabel in lieblichen Gestalten gaukelt, aber er schuf ernste Hallen, wovon man sagen kann, der Glaube habe Berge versetzt, und an deren kleinsten Theilen beharrliche Frömmigkeit geregelten Fleiß geübt hatte. Er schuf keine Ideale sinnlicher Schönheit, aber der Geist der Liebe und des Vertrauens auf Gott spricht oft mächtig aus den rohen Gestalten. Keine neue Systeme in der Natur- und Arzneykunde wurden aufgestellt, aber längst vor den Kreutzzügen waren Klöster und ihre Hospitien die Zuflucht der Kranken, wo Liebe und Frömmigkeit Trost und Linderung der Schmerzen gab, denen wir manche gute Heilmittel verdanken, und die noch bis auf den heutigen Tag dem Unbefangenen die Ueberzeugung geben: Daß hier christliche Barmherzigkeit mehr wirken kann als berechneter Staatsaufwand. In der Rechtspflege hatten Römische Spitzfindigkeit und Gothische Besitznahme oft einen schweren Kampf, die Hierarchie verband sich mit ersterer im canonischen Rechte. Ob auch in diesem noch jener Geist unter doppelt verzerrter Hülle durchblickt? Aber auf jeden Fall vereinte doch wohl sehr oft die fromme liebevolle Einfalt des Mönchs, was Mißbrauch der Gewalt, Sophistik und hierarchische Habsucht getrennt hatte.

§. 160.

Im 7ten Jahrhundert verkündigte Mahomed mit hoher Begeisterung den Arabern die All- und Einheit Gottes, mit thierischem Egoismus fügte er hinzu: Und Mahomed ist sein Prophet. Er schrieb vor, wie dieser einige Gott, nicht durch Grübeln und Disputiren über sein Wesen, sondern durch Gebete mit dem Gesichte nach Mecca gekehrt, Waschen, Wallfahrten, Opfer, hauptsächtlich aber durch unbarmherziges Tödten der Feinde und knechtischen Gehorsam gegen den Propheten und seine Nachfolger zu verehren sey. Alle für diese Gottesverehrung verheißene Belohnungen waren sinnlicher Genuß, und es entstand eine Vereinigung von Gottesverehrung, Staat und thierischer Sinnlichkeit, wie sie der Orient bey allen Erfahrungen über Tyranney und Hierarchie noch nicht gekannt hatte: Ein mit der Schärfe des Schwerdtes erobernder Lama, ein von Gott unmittelbar inspirirter Autocrat, dessen Willkühr nicht bloß geduldet, sondern selbst verehrt werden mußte. Beiden Formen der Wissenschaft, sowohl der orientalisch-theoretischen, als der griechisch-logischen, wurde durch ihn in jenen Gegenden plötzlich ein Ende gemacht. Metaphysik und Dialectik wurde durch Abstraction des Kopfes, nicht durch Combination von Definitionen entschieden, nur der Prophet konnte definiren, nur er oft das Heterogenste combiniren.

§. 161.

Das durch Religionskriege zerrüttete und geschwächte Volk der Christen in Asien, die gern in der Sinnlichkeit lebenden Syrer und Perser, hatten zwischen den Huri's des Paradieses und dem sichern Tode von Mahomeds Schwerdte keine Wahl, der Islam verbreitete sich über den größten Theil von Asien, über die südöstliche und nördliche Küste von Afrika, eroberte größtentheils die Iberische Halbinsel, und hätte wahrscheinlich das östliche und westliche Europa ganz erobert, wenn nicht die kampflustigen Franken ihm einen mächtigen Damm entgegengesetzt hätten. Die ersten Califen sprachen es unumwunden aus: daß von Mahomed und seinen Nachfolgern alle menschliche Wissenschaft ausgehen solle. Die Bibliothek in Alexandrien wurde auf Omars Befehl in den Bädern verbrannt, weil alles in den Büchern Befindliche, mit dem Koran Uebereinstimmende, überflüssig, das gegen denselben gottlos sey. Nur der im Orient mit Wissenschaft, intoleranter Metaphysik und Dialectik getriebene Mißbrauch, konnte ein solches Urtheil in dem Kopfe eines Mannes hervorbringen, dem selbst die christlichen Geschichtschreiber manche Züge von wahrer Humanität beylegen *) — und nur die Zwei:

*) Man kann ihm wenigstens den Ruhm nicht streitig machen: daß er sich bey der Besitznahme von Jerusalem, selbst nach

fel, welche Mißbräuche mit diesem Schatze des menschlichen Wissens hätten gemacht werden können, wenn er in die Hände von Johannes Grammaticus, der durch seine Bitten, ihm die Bibliothek zu schenken, den harten Spruch veranlaßte, gekommen wäre, können uns einen Trost über den Verlust geben — wenn nicht ein anderer Trost noch der ist: Daß für die Humanität jeder in Büchern niedergelegte Schatz des Wissens mit dem Wissen der Sybillinischen Bücher Aehnlichkeit hat, zwey Drittheile wurden zerstört, und der Ueberrest hatte noch denselben Werth. An jedem Wissen schwingt sich die Humanität zu einer höhern Stufe empor, und nicht das Wissen, sondern das Streben nach Wissen ist humanes Leben.

§. 162.

Auch die Califen konnten diese Tendenz des humanen Lebens nicht durch Gebet mit dem Antlitz nach Mecca gerichtet, Waschen, Almosengeben und Erobern allein befriedigen, das sinnliche Leben trat durch Mahomeds Lehre im Osten, wie durch die Gothen im Westen mächtiger wieder hervor, nachdem es von den Banden der mißbrauchten Theorie und Logik befreyet war, und verband sich um so inniger mit dem geistigen.

Genuß der Sinnenwelt und Gesundheit war das Streben des Erstern, mit der Harmonie der Sprache

---

dem Zeugniß christlicher Schriftsteller (Theophanes Chronographia. Paris 1655. p. 281), sehr human und pünktlich an sein Wort gebunden benahm, und wenigstens höflicher als der damalige Patriarch Sophronius.

und des Gesanges kam ihm Letzteres entgegen, und Ahnungen, daß im Macrocosmus, vorzüglich in den glänzenden Gestirnen, das Schicksal der Individuen bestimmt und vorgeschrieben sey, vereinigte beyde. Der Araber, vielleicht von den Zeiten Davids her mit Lackmans geistreichem Scherz vertraut *), an dessen Kaba die Meisterwerke der Dichter mit goldenen Buchstaben geschrieben waren, beförderte jene Harmonie; die früher in das Innere von Asien entflohenen Christen und Juden suchten sich nothwendig zu machen, indem sie Gesundheit, Lebensgenuß und Vorhersagung aus den Gestirnen aus ihrem Wissenschaftsvorrath anpriesen. Daß die Naturkunde dadurch oft sehr poetisch und die Poesie oft sehr sinnlich wurde, war dem Mangel an dem eigentlichen Regulator unsers Wissens, der Philosophie zuzuschreiben, die für Jedes das Erforderliche aufsucht und ordnet, das Unpassende absondert. Was von griechischen Wissenschaften in Bücher niedergelegt, und durch die allgemeine Verwüstung nicht zerstört war, hatte sich mit den Christen und Juden ins In-

*) In die Zeiten Davids setzt der gelehrte Präsident W. Jones Lackmann. Eine kurze Characteristik der Araber vor Mahomed giebt Aboulfaradi Specim. Hist. Arab. p. 7. edit. nov. „Die Gelehrsamkeit dieses Volks, deren sie sich rühmten, bestand darin, daß sie ihre Sprache und die Regeln derselben genau kannten, in Versen und in Prosa gut zu schreiben wußten. „Die Bedürfnisse des Lebens und lange Erfahrung hatte sie „die Zeiten gelehrt, in denen die Sterne auf- und niedergehen, „die Gestirne, deren Gegenwart über dem Horizont die Regenzeit verkündigt. Aber diese Kenntnisse erwarben sie ohne „Methode und ohne Unterricht. Was Philosophie betrifft, so „hatte Gott sie nichts davon gelehrt, und von Natur waren „sie nicht dazu geeignet.“

nere von Asien geflüchtet, und die Juden hatten in Mesopotamien zu Pundebita und Sora schon im 3ten und 4ten Jahrhundert Schulen für Aerzte errichtet, die älter als alle saracenische Schulen sind, und welchen die Juden ihren neuern Talmud verdanken. Sie übersetzten die ihnen nützlich scheinenden Bücher der Griechen erst ins Hebräische und Syrische, und später ins Arabische. Sobald man im Westen der Aerzte und Astrologen bedurfte, wurden Jüdische vorzugsweise gesucht, gewiß von Carl dem Großen an bis auf Franz I. Erst als die Reihe der Ommiaden von den Abassiden vom Thron der Califen gestürzt war, deren erster Ibraim in Khorosan, wo griechische Philosophie von frühern Regenten *) und von den geflohenen Nestorianern und Juden lange gepflegt war, erzogen war, als diese Abassiden ein mächtiges und üppiges Reich durch Asien und Afrika befestigt hatten, fühlten auch die Saracenen das Bedürfniß, das zur Erhaltung und Verschönerung des Lebens Nützliche zu sammlen, in Bagdad und Cordova wurden Schulen für Natur- und Arzneykunde angelegt, und bald suchten auch diese aus den griechischen Quellen zu schöpfen.

§. 163.

So könnte man sich die Wissenschaft der Araber in ihrem Fortschreiten vom 7ten bis 14ten Jahrhundert als einen in Mesopotamien und Khorosan erzogenen fahrenden Magier denken, mit Recepten und

*) Namentlich von Nouchirvan; der mehrere griechische Philosophen an seinen Hof zog, und viele griechische Bücher ins Persische übersetzen ließ.

köstlichen Arzneyen aus dem Orient, mit astronomischen Instrumenten und mit einzelnen philosophischen Ansichten von den Griechen und indischen Apologien bepackt, vorzüglich aber mit der epigrammatischen Feinheit und Gewandtheit der Sprache begabt, die den Araber, wie fast alle Hirtenvölker, so vorzüglich auszeichnet, der herbeygerufen wurde, um das sinnliche Leben zu verbessern und bequemer zu machen. Passender könnte man sie die traditionelle Wissenschaft nennen. Der Islam und die Hierarchie legten ihr enge Banden an, die rohen gothischen Machthaber schätzten sie nur, wenn sie Gold, langes Leben und Blicke in die Zukunft versprach. Der freye humane Geist durfte sie nicht öffentlich leiten.

§. 164.

Der Hauptcharacter dieser arabisch-traditionellen Wissenschaft war:

1) Sie hatte weder die Theorie der Indier, noch die Logik der Griechen zum festen Grunde ihrer Ueberzeugung. Autopsie und Tradition waren ihre vorzüglichsten Quellen, wenn auch einzelne Strahlen von jenen durchblickten. Für Autopsie hatten sie, bey dem weitverbreiteten Islam, bey den Wallfahrten nach Mecca u. s. w. mehr Gelegenheit zu sehen, als es Griechen und Römer je gehabt haben, und wir können ihnen in dieser Rücksicht die Vorzüge nicht absprechen. Nur war es nicht griechische Autopsie: Ihre einsylbige, alle Zusammensetzungen verschmähende Sprache, die für jede sinnliche oder übersinnliche Idee lieber ein eigenes Nennwort erfindet, als sich durch Zu-

sammensetzung systematisch ausbildet *), macht sie oft dunkel; ihre Beredsamkeit, die nicht wie die Griechische darnach strebt, durch höchste Einfachheit einer ganzen Volksversammlung die Sache anschaulich zu machen, sondern durch Metaphern und epigrammatische Vergleichungen die ganze Aufmerksamkeit des Einzelnen zu erregen, oft ihre Neigung überall Wunderbares und noch nicht Erhörtes zu finden, ohne es logisch mit dem bereits Bekannten zu vergleichen, machte sie weniger zuverlässig.

2) Durch Tradition nahmen sie nicht allein einen großen Theil des Wissens der Indier und Magier, auch Manches von den Griechen auf, sondern vermehrten es durch Autopsie. Aber Autorität wurde ihnen dadurch noch mehr, als Ueberzeugung. Der berühmte Mann gab als solcher die Entscheidung, von ihm das Wissen gehört zu haben, galt als Beweis. Daher wurden ihre Schulen zu eigentlichen Universitäten. Je mehr berühmte Männer man gehört hatte, desto mehr Zutrauen erhielt man selbst, bis ins späte Alter wanderten sie als Schüler Anderer (nicht immer der Natur und des eigenen humanen Lebens) auf allen Universitäten umher: der Hauptruhm eines berühmten theologischen Schriftstellers war, daß er zweytausend andere Lehrer gehört hatte. Dieselbe Autorität erhielten bald die Bücher, die Weisheit auf

*) Fünfhundert Worte, die einen Löwen bedeuten, 200 für die Schlange, 1000 für ein Schwerdt! S. Allgemeine Weltgeschichte von Guthrie und Gray, übersetzt von Baumgarten. 4to. B. 16. S. 393.

400 Cameelen war der Stolz des Gelehrten *), und bald sammleten die Abassiden größere Bibliotheken, als Omar in Alexandrien hatte verbrennen lassen **).

3) Alles Leben, alle ursprüngliche Thätigkeit im Begrenzten, sahen sie schon vermöge ihrer Religion als unmittelbar im Unendlichen, Ewigen begründet an ***) und vermieden billig alle fernere Speculation darüber; desto eifriger waren sie aber, das nächste Glied sinnlich darzustellen, welches das Endliche, Begrenzte mit diesem Unendlichen verbindet. Die nicht mehr durch logische Schlüsse nachzuweisenden, noch weniger sinnlich darzustellenden Lebensgeister, von Hippokrates und Aristoteles bis zu Galen nur als die erste Grenze zwischen eigener und mitgetheilter Bewegung wie etwas Unbekanntes aufgestellt, und nach dem Hauptphänomen des Lebens, der allen lebendigen

*) Abul Kasem, der von Al Mansur eingeladen wurde, an seinem Hofe zu leben, entschuldigte sich: daß er nicht im Stande seyn würde, alle seine Bücher mitzunehmen, indem 400 Kameele sie kaum tragen könnten.

**) In dem reichen Nachlaß des letzten Fatomitischen Califen in Cairo fand Salaheddin mehr als 100,000 Bücher, prachtvoll gebunden. -- Auch die Griechen, vorzüglich die spätern, achteten billig Autorität der Bücher als Mittel, mehr Ideen und Thatsachen zu sammlen, um sie logisch zu ordnen. Ulpians Beiname κεὶ τε κεὶ τος beym Athenäus (weil er keinen Bissen in den Mund steckte, ohne zu fragen, wo und was darüber geschrieben sey, L. I. c. 2.) beweiset das für die Zeiten, wo schon die Alexandrinische Bibliothek gesammlet und reiche Büchersammlungen bey Privatpersonen waren. Auch Galen prüfet Anderer Meinungen mehr, als es früher Sitte, mehr als es seinen Lesern vielleicht lieb war. Aber die griechische Logik vermißt man nicht.

***) Avicenna De viribus Cordis Edit. lat. Venet. 1563. Fol. Vol. II. p. 324.

Wesen nothwendigen Gemeinschaft mit der ganzen Natur, vermittelst des allgemeinsten Leiters, der Luft (der Respiration, Spiritus) benannt: wurden ihrer lebhaften Phantasie ein nach allen Qualitäten und Quantitäten zu messender Körper, der dick und trübe, klar und helle, viel und wenig, stark und schwach, kalt und warm, feucht und trocken seyn konnte, der aus der Luft und aus den Speisen abgeschieden wurde, und die verschiedenen Modificationen des Lebens (in vier Hauptclassen von den Griechen getheilt) hervorbrachte. Jedem Körper, den Sternen wie dem Moose, wurde sein bestimmter Lebensgeist dieser Art gegeben, und die ganze Lehre vom Leben wurde darnach einer Art von Abmessung und Mischungsproceß unterworfen, die jeder willkührlichen Dichtung und logisch nicht zu begründenden Hypothese die Hand bot. Die Astrologie bestimmte darnach ihre Prophezeihungen, die Arzneykunde ihre Heilmittel. Die Feuchtigkeit, Trockniß, Wärme, Kälte, Trübe und Klarheit des einen Mittels durch das Entgegengesetzte des Andern zu verbessern, war die alleinige Philosophie der Heilkunde, und glücklich erfundene Zusammensetzungen die Schätze der Aerzte. Daß durch diese Auffindung und Veränderung der Lebensgeister eine eigene Ansicht der Körperwelt entstand, die sich fast die Rechte einer eigenen Categorie erwerben wollte (das Mischungsverhältniß), und eine eigene Wissenschaft (Chemie), gehört der Geschichte der Wissenschaften an ferner zu erörtern; gewiß ist es, daß sie in die ganze Naturwissenschaft, in Astrologie, Arzneykunde u. s. w. den Geist der willkührlichen Hypothesen brachte, wovon es den spätern

Zeitaltern schwer geworden ist, diese Wissenschaften zu reinigen.

4) Diese Begierde nach nützlichen Thatsachen gab auch ihrem Studio der Griechen die Richtung: Die Mathematiker und Astronomen, Euclid, Ptolomäus u. s. w. waren die Ersten, welche erst in's Syrische und Hebräische, und unter den ersten Abassiden (Almanzor, Aroun Al Rachid, Mamoun u. s. w.), vorzüglich durch persische Gelehrte und Nestorianische Christen ins Arabische übersetzt wurden. Eben so wurden die eigentlich practischen Bücher der Arzneykunde des Hippokrates *), Galens **) und Dioscorides ***) meist aus dem Syrischen übersetzt, erst unter den spätern Abassiden entstanden Uebersetzungen unmittelbar aus dem Griechischen ins Arabische. Aus eben dieser Quelle (von den Nestorianischen Christen und Juden) mußten sich aber auch religiöse Speculationen in den Mahomedismus eindrängen, so sehr derselbe auch seiner ursprünglichen Natur nach diesen widerstrebte. Daß der Koran als materielles Buch von Ewigkeit her existirt habe, hatte Mahomed selbst gelehrt, unter den Abassiden durfte man daran zweifeln, und zwey Secten verfolgten sich mit aller Wuth orientalischer Intoleranz. Algazele war (im 4ten Jahrhundert der Hegira oder im 11ten Jahrhundert n. Chr.) der Erste, der mit aristotelischer Philosophie die Sache begreiflich zu machen, den überhandnehmen-

*) Ishac Ben Honaim.

**) Al Batarich.

***) Ebn Abu Zahar.

den Schwärmereyen Grenzen zu setzen und Philosophie in die Religionslehre einzuführen suchte. In derselben Zeitperiode umfaßte Avicenna die ganze aristotelische Philosophie in seinen Canon, Naturkunde und Metaphysik. Auf der Iberischen Halbinsel vermischte sich das Volk der Christen so genau mit den zwar siegenden, aber stets an Anzahl schwächeren, und daher vorsichtig schonenden und die Vereinigung oft befördernden Saracenen, daß die arabische Sprache beynahe die herrschende in Spanien wurde. Die dahin geflohenen Omiaden hatten eine Menge Perser und vorzüglich Khorosaner mit hingezogen und ließen von ihrer ursprünglich mahomedanischen Intoleranz vieles nach, ihr Vaterland, den Orient, betrachteten sie als den Urquell alles Wissens, und jeder Gelehrte mußte von dorther seine Gelehrsamkeit holen, ungeachtet sie in allen Hauptstädten, namentlich in Cordova, Sevilla, Granada, Toledo, Almeria u. s. w. wissenschaftliche Institute anlegten. Ihnen mußte die von Avicenna wieder erweckte aristotelische Philosophie willkommner seyn, als den Orientalen, sie konnte als ein Vereinigungsmittel zwischen Christen und Mahomedanern angesehen werden. Avicenna erhielt daselbst mehr Beyfall, als vielleicht selbst im Orient, und hatte in Averrhoes, Abulfaragi u. s. w. rüstige Theilnehmer. Es kann nicht das Ziel der Anthropologie seyn, den Werth dieser philosophischen Bemühungen zu beurtheilen, wenn man auch vermuthen darf, daß solche Banden der Religion, der Autorität und des Strebens nach dem bloß sinnlichen Nutzen den freyen Aufschwung des logischen Denkens hinderten, der den Stagyriten unsterblich gemacht hat. Fortdauernder Handel der südlichen Provinzen Frankreichs mit den Saracenen, Ausbreitung der Juden über das christliche Europa, theils als Aerzte, theils von den Saracenen vertrieben, beförderte die Mittheilung dieser Art der Wissenschaft über Frankreich, Italien und England, und bald suchten, im 12ten uud 13ten Jahrhundert, diese Nationen in Spanien den Quell der Weisheit, Avicenna, Averrhoes, aber auch die aristotelischen metaphysischen und physischen Bücher wurden bald allein aus dem Arabischen, bald mit mehr Vergleichung des Griechischen übersetzt; anfangs nicht ohne Mißtrauen der christlichen Hierarchie, die in Paris, als dem bisherigen Mittelpunkte der christlich-theologischen Gelehrsamkeit, diese metaphysischen und physischen Bücher des Aristoteles streng verbot, bald aber überzeugt wurde, daß man selbst Aristoteles zähmen und dienstbar machen könne, wenn man ihn anhielte, mit seinen Speculationen nicht über das hinauszugehen, was die Concilien als Wahrheit festgesetzt hatten, vorzüglich aber jede historische Wahrheit nicht zu bezweifeln, wozu denn auch Aristoteles am wenigsten geneigt ist. So bildete sich mit Aristoteles und der Araber Hülfe die scholastische Philosophie, wie die arabistische Heilkunde. Immer war Autorität ihr Hauptelement, und Logik, selbst — Autopsie mußten ihr dienen; wie die eigentlich theoretischen Philosophen der Griechen, von Plato an, von den frühern Kirchenvätern hoch verehrt, von den Arabern aber vernachlässigt wurden, so daß von ihnen keine arabische Uebersetzungen bekannt sind, so wurden sie auch von der scholastischen Philosophie verachtet und verschwanden ganz aus den Schulen.

§. 165.

Einen mächtigern Einfluß hatte aber die arabische Wissenschaft auf die europäische durch die Harmonie der Sprache und des Gesangs, diesen mächtigsten Leiter des humanen Lebens, dem Hierarchie und Vandalismus nicht widerstehen konnten. Von Cordova und Montpellier aus verbreitete sich der Sinn für Zierlichkeit der Sprache und des Versbau's auf die spanische und romanische Sprache: Das rauhe Volkslied machte sie zu lieblich tönenden Tensons und Syrventi's, die rohe Volkssage zu pomphaften Heldengeschichten, durchwebt mit den Wundern, Zaubereyen und üppiger Sinnlichkeit des Orients. Aber Franken sangen, nicht Araber, im höchsten Genuß der Sinnlichkeit, um so mehr begeistert von Frauenwerth, und so emporhebend die arabische sinnlich anbetende Liebe zu der höchsten metaphysischen auf sinnlichen Genuß verzichtenden Verehrung, in allen Zaubereyen, Wundern und Großthaten der Helden die freye humane Individualität ehrend, bereits geleitet durch Christi erhabene Lehre. Unabhängige, durch keine Beschuldigungen befleckte Individualität (honneur), Treue dem Obern und dem gegebenen Worte (Foi), hohe Achtung für das geliebte Weib (amour) und Schutz dem Schwachen (Chevallerie), das brachten mit arabischem Feuer und genauer Sprachkunde die Troubadoure aus dem innersten Herzen der Franken und Germanen zum deutlichen Bewußtseyn, und erwarben sich nicht bloß den enthusiastischen Beyfall der

Hörer, sondern wurden in gewissem Maaß Legislatoren der ungebildeten Machthaber. Der Grund ihrer Gesetze hieß Ehre, ein den Griechen und Römern in diesem Verhältniß fast unbekannter Begriff der Individualität. So wie König Arthur mit seiner Tafelrunde im 12ten und 13ten Jahrhundert selbst zuletzt Anspruch auf die Würde einer geschichtlichen Person machte, so konnte keine wirkliche Person mit Anstand erscheinen, ohne jene aus dem innersten germanischen Leben geschöpften Begriffe der hohen unabhängigen Selbstachtung. Turpins und seiner Genossen Sagen wurden wenigstens eben so wahr gehalten, als jede andere Geschichte. Nur das menschliche Leben, in allen seinen feinen Verwickelungen mit dem sinnlichen, wollten die Troubadoure auf der That ergreifen, nicht lehren, keine Secten und Kasten wollten sie stiften, an keine Thatsachen der Geschichte, des früher Gewußten und logisch Geordneten konnten sie sich halten, da ihnen die Schätze der frühern Zeit zum Theil unbekannt waren; daher horchte selbst der strenge Hierarch ihrem üppigen Gesange und wundervollen Erzählungen, anfangs um so lieber, als sie seinen Legenden begegneten, und er in ihnen bald einen mächtigen Sporn zu den heiligen Kriegen entdeckte; selbst einzelne Verstöße gegen die Lehren der Kirche und gegen Hierarchie verzieh er ihnen, als Folge der Unwissenheit.

§. 166.

Wie viel diese Litteratur in Rücksicht der Form den Arabern verdankt, dürfte schwer zu sagen seyn. Der Reim, etwa mit den goldnen Aehren oder den

Castagnetten einer schönen Tänzerin zu vergleichen, das künstliche Spiel bey lebensvoller Bewegung, dürfte wohl weder gothisch noch arabisch seyn, wie letzteres Sismondi *) nach Crescembeni **) behauptet. Der Reim ist keine Erfindung, sondern eine im menschlichen Leben begründete Neigung, Einheit in die Mannigfaltigkeit zu bringen, und konnte also nie unbeachtet bleiben, wird von Kindern, wenn sie zuerst sprechen lernen, gern veranlaßt, und steigert sich bey einzelnen Kranken oft zu unbegreiflicher Fertigkeit (Metromania). Daß schon Griechen und Römer ihn bald nachdrucksvoll fanden, wie in Homers

ἐκ γὰρ κρητάων γένος ἔυχομαι εὐρειαων,

oder in Virgils Cornua velatarum obvertimus antennarum, bald ihn in dem Maaß als kunstwidrig scheueten, daß Ovid lieber timidi damae sagte, als durch timidae einen Reim zu veranlassen, daß der Aufruf der Soldaten häufig in solchen Reimen war (Servius ad II. Georgicorum), ist bekannt. In der ältern Sanscrit-Poesie ist fortgesetzter Reim nicht selten ***), nur nicht so allgemein, wie in der spätern.

Schon viel früher als arabische Bildung nach Europa kam, war er in Europa nicht selten ****).

---

*) Litteratur des südlichen Europa. B. 1. S. 74.

**) Crescembeni L'historia della volgar poesia. Venezia 1731. 4to. Er will sogar im hohen Liede Salomons geregelte Reime entdeckt haben.

***) Henry Thomas Colebrooke On Sanscrit and Pràcrit Poetry Asiat. Researches. Vol. X. p. 389.

****) Das erste durchaus gereimte Gedicht ist: Moyses Mutii Bergomatis de rebus Bergomensibus, iussu Justiniani, hujus nominis secundi Byzantii Imperatoris, conscriptum anno a salute 707.

Die ältesten scandinavischen Lieder sind nicht gereimt, spätere aber fast immer, ohne daß man einen Einfluß der arabischen oder romanischen Litteratur darauf vermuthen könnte. Unbezweifelt ist also diese Kunst, der gebundenen Rede eine Anmuth mehr zu geben, den Griechen und Römern mehr ungebräuchlich als unbekannt, wenn sie aber bey der großen Harmonie ihres Sylbenmaaßes unbeholfen und geistlos angewandt wurden, wie z. B. vom Kaiser Nero *), um so lächerlicher gewesen. Welche Art der Dichtersprache den Vorzug verdiene? ließe sich vielleicht, ohne der göttlichen Kunst des Apolls im mindesten zu nahe zu treten, fast auf die Frage zurückbringen: Ob Aehrentanz oder Schawltanz schöner sey? Die Art der Ausführung macht die schöne Kunst, nicht die Schwierigkeit, welche sich der Künstler selbst setzt. Jede menschliche Rede muß ihr Abgemessenes (Rythmum) haben (wie jeder anständige Gang oder Tanz), zum Beweise, daß sie mit vollkommner Besonnenheit aus dem innersten Gemüthe hervorquellt, nicht durch unbeständige Leidenschaften hervorsprudelt, und zugleich sich einen sichern abgemessenen Uebergang in das Gemüth des Hörers bahne. Der Dichter macht dieses Abgemessene noch bestimmter, und bahnt sich dadurch den

---

in Achill. Mucii Theatro Bergamens. 1596. 8vo. Lateinischen gereimten Kirchengesängen wird schon der Ursprung im vierten Jahrhundert nach Chr. G. zugeschrieben.

*) Persii Satirarum L. edit. Isaac Casauboni. Paris. 1605. 8vo. Sat. I. p. 130 et seq., wo die Spuren griechischer und römischer Reime gesammlet sind.

Uebergang in das Gemüth des Hörers unfehlbarer, wenn er weder aus dem Maaß fällt, noch sein Gemüth des Maaßes wegen anders zeigt. Er ist dann vollkommner freyer Herr seines Gemüths und des Auslegers desselben. Der Reim ist ein solches Maaß mehr, und es bedarf wohl keines Beweises, daß er oft das Edelste und Schönste, wie z. B. in so manchen Gesängen von Petrarc, in den erhabenen Oden von Racine, in Byrons Child Harold u. s. w. u. s. w., zum Uebergange aus einem Gemüthe ins andere befördern kann, vorzüglich hat Schiller verschiedene Male diese Kraft bewiesen, wenn er bey der höchsten Aufregung des Gemüths seine Rede von der gebundenen Rede in Jamben zu gereimter Rede übergehen läßt.

§. 167.

Feinheit der Sprache und der Sitten, glühende Phantasie, epigrammatische Wendungen und lebensfrohen Genuß der sinnlichen Welt, verdankten die Provenzalen gewiß den Arabern. Begreiflich mußte sich dieses aber nach dem geistigen Leben der verschiedenen Nationen verschieden gestalten; blieb mehr bloß Schäfer- und erotische Dichtkunst in den ruhigern anmuthigen Provinzen des südlichen Frankreichs; verband sich mit den kraftvollen Sagen des Nordens, in der Normandie, England und Deutschland, und zeugte mit den Ueberresten der römischen und griechischen Litteratur in Italien eine neue geistige Geburt, die in der bewegtesten und lebendigsten Zeit Italiens Hochbegeisterte aufregte, aber in der neuplatonischen Philosophie

Petrarcs und Dante's *) eben so gut, wie in den Liebesintriguen Boccacio's **), den griechisch-römischen Geist deutlicher verrieth: Diesen Geist der Hauptstadt oder der großen Welt, der so gern die Gegenwart mit ihrer rechten und ihrer Kehrseite in seine poetische Fiction verflicht, Seitenblicke auf Tugend

*) Die ersten Bücher seines Paradieses könnte man fast ein Handbuch der Neuplatonischen Philosophie nennen, wenn man gewohnt wäre, daß Handbücher mit solcher Begeisterung geschrieben werden.

**) Der in der Gegenwart beengte und unzufriedene Geist in der Zeit der spätern römischen und byzantinischen Kaiser wollte gern seine eigene Welt in der Dichtung schaffen, Geschichte, Gottesverehrung u. s. w. gaben zu scharfe Dissonanzen mit der bestehenden Ordnung der Dinge, warum also nicht auch den Stoff selbst schaffen und im innersten häuslichen Leben den selbstgeschaffenen Menschen mit seinen geheimsten Triebfedern des Handelns darstellen? Alles Sinnliche, das Erhabenste, Geistige, Comische und Tragische, alle Sitte und Unsitte des Zeitalters konnten da so gemischt werden, daß der Dichter sich selbst, seine gedichteten Figuren, zusammt seinen Lesern, zu jeder Lebensthätigkeit aufregen konnte. Das war der Ursprung der Fabula milesiaca oder romanensis, bey den Griechen des 3ten und 4ten Jahrhunderts n. Chr. G., wovon uns im Verhältniß eine größere Menge übrig geblieben sind, als von wissenschaftlichen Schriftstellern. Antonius Diogenes (Amores Deocillis), Jamblichius (Amores Rhodonis et Simonidis), Achilles Tatius (Leucippe et Clitophron), Heliodorus (Aethiopica) sind die Bekanntesten. Merkwürdig ist es, daß alle Verfasser christliche Bischöfe waren. Heliodor soll darüber von seinem Bißthum entsetzt seyn, ungeachtet sein Roman bey weitem der wissenschaftlichste und sittlichste ist. In Boccacio sind die deutlichsten Spuren dieser Mischung, weil er mit dem größten Eifer griechische Litteratur aufsuchte. Nicht allein sein Decamerone und sein wunderliches Gemisch von griechischer Mythologie und gegenwärtiger Zeit in seinem langweiligen Filocopo, sondern selbst in seiner Lebensbeschreibung seines Freundes Dante leuchtet dieser Geist hervor.

und Laster, Glauben und Unglauben, Sitte und Unsitte des Zeitalters wirft, und so aus der eigentlichen Dichtersphäre, die über Zeit und Raum erhaben, nur das Geistige aufzufassen sucht, mehr und mehr in das begrenzte Individuelle herabsinkt. Auch die Hierarchie mit ihren Mißbräuchen konnte diesen Seitenblicken nicht entgehen, Boccacio und Dante, Ariost und selbst der fromme Tasso schonten sie oft nicht, ohne daß sie es ihnen als Ketzerey anrechnete, und je mehr die Kirche poetisch wurde, desto größere Freiheit durften sich die Dichter gegen sie nehmen, und selbst das Ehrwürdigste spottend angreifen, so daß Ariost seinen Evangelisten Johannes, nachdem dieser allen historischen Glauben der Schriftsteller und Dichter abgeläugnet, sagen lassen durfte:

Gli scrittori amo, e so il debito mio;
Ch'ol vostro mondo fui scrittore onch'iò.

§. 168.

Dieser griechisch-arabische Geist der Romane fand schnell in den früher römischen Provinzen großen Beyfall, und verbreitete sich nach und nach über das ganze menschliche Leben: Gottesverehrung und Staat, Familienverhältnisse, Kunst und Wissenschaft, sinnliches Verlangen und humane Liebe, wurden ohne Theorie, Logik oder Tradition von ihm besprochen, bezweifelt und befragt, ohne daß er sich selbst ein entscheidendes Urtheil anmaaßte. Unverschämt und bescheiden zugleich, zweifelte dieser sich selbst in seiner Existenz abläugnende Geist lieber, als daß er sich wissenschaftlich unterrichtete: Geschäfte ohne Quellen, Societäts-Contracte ohne Contrahenten, Erklärungen der physischen und moralischen Erscheinungen in der Welt, ohne Vergleichung der Thatsachen (ohne instantiam crucis, wie es Bacon nennt). Er suchte mehr aufzuregen, als das Vollendete und Geeinigte darzustellen. Er wähnte noch immer den Character der Troubadoure beyzubehalten, Legislator durch Darstellung, nicht durch Lehre zu seyn, vergaß aber oft, welche Gesetze und wem er sie darstellen wolle. Der Geschichte der schönen Wissenschaften fällt das schwere Geschäft anheim, den Einfluß dieser Romane auf die Humanität bey den einzelnen Nationen zu bestimmen. Die eigentlich germanischen Völker blieben am längsten frey von diesen Darstellungen des humanen Lebens in einem oft sehr schief geschliffenen Hohlspiegel. Bey allen diesen menschlichen Schwachheiten dürfen wir ihm eben so wenig, als den eigentlich bildenden Künsten, das Verdienst streitig machen, daß er oft die Sitten der Menschen veredelt und zu manchen Ideen die erste Anregung gegeben hat. Die Einheit in allen diesen menschlichen Darstellungen aufzufinden, heißt Aesthetik (ἄισϑησις τῶν ϑεῶν Plato Phaedon), und in so fern wir ein wahres Wissen aus diesen Darstellungen (gleichsam aus der zweiten Hand) erlangen, ist es ästhetische Wissenschaft.

§. 169.

Germanische Industrie erfand im 15ten Jahrhundert ein Vereinigungsmittel für die Humanität, wie es nie vorhin geahnet war, die Druckerey. Nur einzelnen Wohlhabenden oder in reichen Klöstern Lebenden war früher die in Handschriften aufbewahrte Gelehrtheit zugänglich, diese aus den verschiedenen Zeitaltern zu lesen, war schon ein schweres Studium, die verschiedenen Arten der Lehre, der Schlüsse und der Beobachtungen zu vergleichen, gieng fast über menschliche Kräfte. Mündliche Lehre war der Hauptquell, aus dem die Menge schöpfte, und die besten Köpfe konnten sich über die einmal eingeführte Lehre schwer erheben, oder standen in Gefahr, in selbstgeschaffene Träumereyen zu verfallen. Es war daher kein Wunder, daß die Gelehrtheit vom 12ten bis zum 15ten Jahrhundert in den Banden der scholastischen Philosophie und der arabistischen Naturkunde nur durch sehr einzelne Begeisterte Fortschritte machte, dagegen aber das errungene Wissen auch sorgfältiger bewahrte nnd durch mündliche Mittheilung verbreitete. Durch die Druckerey wurde die Wissenschaft in allen ihren Formen, theoretische, logische, traditionelle und ästhetische, ein allgemeiner H a n d e l s a r t i k e l, jeder mäßig Bemittelte konnte sie kaufen, die wichtigsten Quellen konnten in die Hände der Jugend gegeben werden, sie wurde bald ein Luxusartikel *). Speculirende Venetianer und andere Italiäner boten jeden gelehrten Fleiß, jede Kunst und jede mechanische Beharrlichkeit auf, um diesem allgemein gesuchten Luxusartikel die möglichste Vollkommenheit zu geben, ihnen folgten die fleißigen Niederländer und Deutschen, später die Fran=

*) Vale Doctor sine libris! Valete libri sine doctore!

zosen, besonders mit Unterstützung der Sorbonne, welche deutsche Künstler nach Paris zog; am spätesten die Engländer. Die Familien der Manucci, Aldi's, Junta's in Venedig, Florenz und Rom, der Westphalen, Plantin und Elzeviere in Antwerpen, Leyden und Amsterdam, der Froben, Herwag und Auerbach in Basel, Commelin in Heidelberg u. s. w. waren große Handelshäuser, die mehr nach Stoff verlangten, ihre Fabriken in Thätigkeit zu setzen, als daß sie um den sichern Absatz besorgt waren. Die mit den aus Constantinopel entflohenen Griechen geretteten, und die in den italiänischen und deutschen Bibliotheken aufbewahrten Handschriften von griechischen und römischen Schriftstellern, ihren Commentatoren, Kirchenvätern, Sammlungen des römischen Rechts u. s. w. boten den ersten und reichsten Stoff dar, bald wurden auch zeitige Gelehrte zu eigenen Arbeiten aufgefordert, die critische Bearbeitung des bereits Vorhandenen war das Beliebteste, und Männer vom ersten Stande, Fürsten selbst, unterzogen sich dieser oder beförderten sie. Wenn man die voluminösen Werke ansieht, die binnen 40 Jahren schon im 15ten Jahrhundert gedruckt sind, wenn man dabey in Anschlag bringt, daß in kleinen Städten in Italien, selbst auf Corsika, in mehreren Städten in Holland, Deutschland und der Schweitz solche bedeutende Werke mit großer Sorgfalt gedruckt sind, so könnte man in Zweifel kommen, ob nicht in jenen sogenannten dunkeln Zeiten mehrere für Wissenschaft begeisterte Männer in Verhältniß gelebt hätten? Aber freilich war in jener Zeit mehr Muße; der Handel, die Bureau's und die Politik beschäftigten weniger *).

§. 170.

Der Litterärgeschichte ist es überlassen, die Arbeiten aufzuzählen. Der Anthropolog wird die großen Wohlthaten dieser menschlichen Erfindung, wodurch der Weise und der Thor zu Tausenden auf einmal und gleich laut reden kann, nie hoch genug schätzen können, wobey er sich aber wohl erinnere, daß Bücher Lehre, nicht Wissen geben **). Diese Lehre hat uns mehr Stoff gegeben, viel zu wissen, aber der schaffende humane Geist muß bestimmen, was er wissen will? Er ist das Leben, welches diesem göttlichen Schatze momentane Begrenzung, Individualität und dadurch für uns Existenz giebt. Je mehr er Stoff hat, desto

*) Von fast allen lateinischen und den meisten bekannten griechischen Schriftstellern (mit Ausnahme des Plato, der erst durch Unterstützung der Mediceer im Anfange des 16ten Jahrhunderts erschien) hatte man bereits vor Ende des 15ten Jahrhunderts mehrere Ausgaben, z. B. von Plinii Historia naturalis vier in Fol., von Aristoteles wenigstens vier, ausser den vielen Ausgaben der einzelnen Schriften, von den meisten Kirchenvätern, von den wichtigsten Arabern und Arabisten, von den Schriftstellern des römischen und canonischen Rechts u. s. w. Von Dante Divina Comoedia zählen wir bereits 16 Ausgaben aus dem 15ten Jahrhundert, wovon die beiden ersten 1472 in Bologna und Foligno durch deutsche Drucker (per Georgium et Paulum Teutonicos erstere und Neumeister letztere) besorgt sind.

**) Hi sunt magistri, qui nos instruunt, sine virgis et ferulis, sine cholera, sine pecunia: si accedis non dormiunt, si inquiris non se abscondunt; non obmurmurant si oberres; cachinnos nesciunt si ignores. Richard de Borg Philobiblion.

sicherer und vollständiger kann er die Einheit darstellen, wenn er sich nicht verführen läßt, Schutthaufen statt Palläste aufzuführen. Wir dürfen uns nicht wundern, wenn wir ihn in Kunst und Wissenschaft, in der Dürftigkeit oft groß und lebendig, im höchsten Reichthum zwecklos und wankend sehen, dürfen uns aber auch eben so wenig vor der Menge des Stoffs, vor der großen Zahl der Redenden erschrecken, als sich der Schiffer vor der großen Menge des Wassers erschrickt, er benutzt jede Welle, die ihn zum Ziel führt, — nur im Sturm wünscht er sich festes Land. Wir dürfen diese Art des Wissens litterärische Wissenschaft nennen.

§. 171.

Eine andere deutsche Erfindung, des Schäffers Kunst in Holz und Kupfer zu stechen, vermehrte diesen Schatz des Wißbaren fast eben so sehr, als die Buchdruckerkunst. Jedes Begrenzte konnte dadurch dem Auge auf einen Blick dargestellt werden. Sie wurde in Deutschland zuerst zur Darstellung von Naturkörpern benutzt *), und Courad Gesner verband sie genau mit dem wissenschaftlichen Studium, die Naturschätze beider Indien wurden durch sie sinnlich dargestellt, und der Handel, früher den Wissenschaften mehr fremd, beeiferte sich, diese Schätze zu vermehren, es wurde Gegenstand der Regierungen in allen Welttheilen, sie aufsuchen zu lassen. In Italien wurde sie

*) In: Das Puch der Natur, welches in Wien ohne Jahrzahl, aber wahrscheinlich um das Jahr 1475 mit Abbildungen von Pflanzen und Thieren erschien.

zuerst auch zur Darstellung der innern Bildung der Thiere und des Menschen angewandt, Michael Angelo, Raphael, Giulio Romano u. s. w. waren die Restauratoren der Anatomie. Auch die Werke der Kunst wurden auf diese Art Gemeingut. So erhielt die Humanität eine weit größere Menge sinnlicher Anschauung, Jedem leicht zugänglich, auf einen Blick zu übersehen und vergleichbar, als Griechen und Araber je durch lebenslängliches Aufsuchen zu erlangen hoffen konnten; zwey und funfzig Tausend verschiedene Arten von Pflanzen *), vielleicht eben so viel Thierarten, mehrere Tausend Mineralien, die genaueste Darstellung der innern Theile des Menschen, vieler Thiere und der Pflanzen, der meisten Kunstwerke des Alterthums und der neuern Zeit, sind die jetzige Ausbeute, und mit jedem Jahre vermehrt sich dieser Schatz. Chemie, Anatomie, dadurch mechanische Künste, machten im Verhältniß des mannigfaltigern Stoffes, den sie kennen lernten, eben so große Fortschritte. Das dringendste Bedürfniß war nun, diese Schätze so zu ordnen, daß sie sicher zu unterscheiden und am leichtesten aufzufinden waren: Jede Substanz zu benennen, das Aehnliche dem Aehnlichen beyzufügen, zu systematisiren. Linne's Scharfsinn hat sich in dieser Rücksicht einen unsterblichen Ruhm erworben, und bis auf den heutigen Tag fahren ähnliche Forscher fort, das Begrenzte auf der Erde und am Himmel, so weit die künstlich geschärften Sinne reichen, zu systematisiren. Es bedarf wohl keines Beweises, daß der Mensch

*) Decandolle Systema plantarum. T. I.

dadurch mehr Herr der Schöpfung geworden ist. Wir dürfen dieses Wissen systematische Wissenschaft nennen.

§. 172.

Wie Aristoteles das Wissen absolut betrachtete, und seine Categorien aus dieser Betrachtung hervorgiengen, so können wir auch jedes Wissen als eine besondere Substanz betrachten, können aus jeder eine Wissenschaft machen, der wir mit dem angehängten Worte *λόγος* einen Namen geben und sie dann nach ihrer Aehnlichkeit ordnen, wie Linné die Naturkörper geordnet hat, können den Hauptinhalt mit oder ohne Beweis einer jeden Wissenschaft darstellen, und so alles menschliche Wissen, wie alle Naturkörper auf einen Blick darstellen: Encyclopädische Wissenschaft. Die Schwierigkeit ist nur, daß unsere Wissenschaften keine im Begrenzten sich manifestirende Substanzen mit einem Naturzweck sind, sondern es sind Gedanken des einzelnen Menschen, mit mehr oder weniger Umfassung alles Wißbaren ausgesprochen; dieses Einzelne steht aber immer in Gefahr sich in sich selbst zusammenzuziehen und ein Wesen zu werden, das mit der übrigen Humanität in keiner weitern Verbindung steht. Eine Dipterologie, welche uns 3000 zweygeflügelte Insecten (Fliegen) beschreibt, mag dem Autor viel Arbeit gekostet haben, aber ihr Zusammenhang mit dem übrigen menschlichen Wissen ist doch schwer aufzufinden. So mögten wohl Gottesgelehrte, wie Rechtslehrer, Staatsmänner und Aerzte mit Dipterologie hervorgetreten seyn.

§. 173.

Die große und wichtigste Frage bleibt also immer: Was soll von den indischen theoretischen Wissenschaften geglaubt, was von den griechischen logischen combinirt und abstrahirt, was von den systematischen encyclopädischen benutzt werden? Welches ist das Steuerruder für dieses Meer von Lehre? Der freye schaffende Geist, der seine Empfindungen, Vorstellungen, Gedanken und Ueberzeugungen nicht wie ein Automat hat, in welchem die eine Veränderung im Begrenzten die folgende zur nothwendigen Folge haben muß; dem nicht eine einzelne Empfindung oder Ueberzeugung gleichsam traditionell sagt, daß er frey ist, sondern dessen ganzes Leben in diesem freyen, das Ganze umfassenden Aneignen der ganzen Aussenwelt besteht, hat nicht etwa auf Antrieb einzelner Grübeler, sondern durch steten Drang von jeher gestrebt, diese Frage zu lösen, Ursache und Wirkung von einander zu trennen, und dadurch zu einer klaren Ansicht des Ganzen zu kommen. Göttliche Offenbarung, die nicht etwas von Aussen ihm Aufgedrungenes, sondern in seinem ganzen Leben sich selbst Bestätigendes ist, hat ihn diese Ursache alles Begrenzten, dieses Unbegrenzte, Unveränderliche, Allgegenwärtige und Allmächtige zu benennen gelehrt. Er muß sich bald überzeugen: daß er durch keinen historischen Glauben, nicht durch logisches Combiniren der begrenzten Vorstellungen, durch kein Ordnen und Systematisiren dieses Unbegrenzte begreifen lernen kann, daß kein Aufhäufen des Begrenzten, kein Theilen in das Kleinste es ihm begreiflicher machen wird, weil das Begreifliche begrenzt seyn muß. Es ist für ihn nicht die Grenze des Begreifens, sondern die Ursache, wodurch alles Begrenzte und Begreifliche in einer unzertrennlichen Zeitfolge zu einer Einheit werden muß, wenn sich nicht mehrere von einander unabhängige Einheiten selbst zerstören sollen. Er kann sich nichts denken und vorstellen, weder im Begrenzten noch Unbegrenzten, was nicht in diesem Ewigen enthalten und von ihm abhängig wäre.

§. 174.

Diese Ueberzeugung giebt seinen Forschungen die erste und sicherste Richtung. Wenn er die Gesetze kennen lernen kann, nach welchen durch diese letzte Ursache die einzelnen Theile des Begrenzten sich gegen einander verhalten, um eine Einheit zu seyn, so hat er die Norm seiner logischen Schlüsse. In der sichersten Ueberzeugung, daß alles Begrenzte (Macrocosmus) nothwendig eine Einheit, also ein sich durch Combiniren und Abstrahiren (Leben) stets entwickelndes Ganze ist, kann er diese Einigung Weltleben, und die Gesetze der mitgetheilten Bewegung Gesetze des Weltlebens nennen. In jeder Pflanze und in jedem Thiere findet er das Streben eine Einheit zu bilden auf ähnliche Art, und nennt diese Manifestation Pflanzen- oder Thierleben. Aber einen Unterschied dieser verschiedenen Arten des Lebens findet er nur in der Manifestation derselben, er kann das Leben selbst als letzte Ursache dieser Manifestation nicht in der Begrenzung, nicht nach Categorien kennen lernen. Er könnte auch das Leben des Einzelnen mit Plato Idee nennen,

Idee des begrenzten Weltalls, des Sonnensystems, der Erde, des Thiers, der Pflanze u. s. w., und das begrenzte Feste als die Geschichte dieser Idee, dieses individuellen Lebens, wodurch es sich in Raum und Zeit manifestirt hat, das Flüssige als die noch nicht vollendete Zukunft desselben, die Imponderabilien als die Relationen dieser verschiedenen Lebensäußernngen im Begrenzten, und das Licht als die Anzeige dieser Relationen ansehen, ohne sich zu vermessen, das Leben selbst, als das Unbegrenzte, begreiflicher zu machen.

§. 175.

Er muß das Leben im Leben selbst kennen lernen, d. h. die Combinationrn und Abstractionen aus den Manifestationen im Begrenzten. So forscht der Astronom der Idee (dem Leben) des begrenzten Weltalls oder des Sonnensystems nach, der Geologe mit seinen untergeordneten Disciplinen, Mineralogie und Chemie, der individuellen Idee der Erde, der Physiologe dem der Thiere und der Pflanzen, der Ethiker dem des humanen Lebens, der Rechtslehrer dem des Staats u. s. w. Der Theologe erhebt sich zu dem Ein und All, zu dem Urquell alles Lebens, nicht um es begreiflich zu machen, sondern um den dem Menschen gegebenen Trieb, das Ganze zu erkennen (Odem Gottes), lebendig zu erhalten, und die Lehren, welche ihm durch Offenbarung gegeben sind, möglichst rein und unverfälscht im ganzen innern Leben, nicht in todten Worten und Traditionen, zu bewahren, alles Sinnliche, mit individuellen (hierarchischen) Rücksichten ihr Aufgedrungene, möglichst davon zu trennen.

§. 176.

Die Metaphysik strebt nach diesen Ueberzeugungen das menschliche Wissen zu regeln. Sie will nicht das Unbegrenzte vom Begrenzten trennen (denn das ist nicht möglich), sondern sie will den begrenzten Forscher die allgemeinsten Gesetze des Lebens und jeder einzelnen Abtheilung seiner Manifestationen lehren. Sie ist eben so abgeneigt, in das Unbegrenzte Differenz (Individualität) zu bringen (Mysticismus), als die letzte unbegrenzte Ursache aller Manifestationen (Leben) ganz zu läugnen, und alles auf Wechselverhältnisse des Begrenzten (Materialismus) zurückzuführen.

§. 177.

Nur der ganz in die Begrenzung versunkene Forscher kann fragen, wie sich menschliche Freiheit mit dieser All- und Einen Ursache alles Lebens und alles Seyns vereinigen lasse? Alles Leben ist Freiheit, ist gleichsam ein Strahl dieses ewigen, unbegrenzten Ursprungs aller Dinge, mit größerem oder geringerem Vermögen sich seine Welt (Microcosmus) zu schaffen, durch diese die Aussenwelt zu apercipiren und sich anzueignen. Dem menschlichen Leben ist ein größerer Kreis in dieser Aussenwelt zum Schaffen und Aneignen gegeben, und mit diesem die nur durch die Begrenzung getrübte Ahnung des Alls (der Odem Gottes). Wie alles Leben wird auch dieses durch Uebung gestärkt, ist durch göttliche Offenbarung sicherer geleitet. Das ist die Freiheit des menschlichen Geistes, durch diese kann er seine eigene Begrenzung, seine vegetativen

Neigungen, thierisches Verlangen u. s. w. bestimmen. Frägt derselbe Forscher auch, wie das Haar auf seinem Kopfe wachse, seine Lebensorgane thätig sind, ohne daß er selbst etwas davon weiß, und doch ist es sein Haar, seine Lebensorgane, die durch sein Leben allein in Thätigkeit gesetzt werden, und oft wirkt auch sein humanes Leben auf diese Organe zurück.

§. 178.

Die Gesetze des Urquells alles Lebens (der höchsten Weltregierung) auszuforschen, kann sich die Metaphysik unmöglich vermessen, sie würde immer das Individuelle mit dem Universellen verwechseln, und Individualisiren des Unbegrenzten (Mystik) würde die Folge davon seyn, wodurch hinter dem Schleier der Göttin zu Sais die vielen gespenstischen Gestalten, ohne Körper und doch begrenzt, ohne eigenen Raum und doch den Raum Anderer bekämpfend, hervorgegangen sind.

O voi che sieta in peccioletta barca
Desiderosi d'ascoltar seguitie
Dietro al mio legno, che cantando varca,
Tornate a riveder li vostri liti
Non vi mettete in pelago, che forse
Perdendo me, rimareste smariti
L'acqua ch'io prendo, gia mai non si corse
Minerva spira e conduce mi Apollo
E nuove Muse mi demonstran l'Orse.

Dante Del Paradiso. Cant II.

Nur erst da, wo menschliche Aperceptionen hinreichen, können Nachforschungen nach Gesetzen für ihn statt finden. Kant machte mit dieser Rücksicht die ersten Versuche, eine Metaphysik der Sitten und eine Metaphysik der Naturwissenschaften aufzustellen, vielleicht würde eine Metaphysik des ganzen gestirnten Himmels, der Sonnensysteme, der Erde, der Thiere und der Pflanzen, der Theologie, des Staats, der Familie u. s. w. mit Nutzen dargestellt werden können.

Sechstes Capitel.

Wechselmanifestation des vegetativen, animalischen und humanen Lebens.

Εμοὶ δοκεέι ἀρχὴ μὲν οὖν οὐδὲ μία
ἶιναι τȣ͂ σώματος, ἀλλὰ πάντα
ὁμοίως ἀρχὴ καὶ πάντα τελευτή.

Hippocrates De locis in homine *).

§. 179.

An der Pflanze können wir nur den einen Zweck beobachten: ihre individuelle Form in

*) Mir scheint, daß nicht ein einzelner Anfang im menschlichen Organismus ist, sondern Alles in gleichem Maaß Anfang und Ende.

der Begrenzung darzustellen und durch Fortpflanzung zu erhalten. Sie will nur wachsen und sich besaamen; ist das geschehen, so kann die Aussenwelt nur nach den allgemeinen Gesetzen der Körperwelt (des Erd- und Sonnenlebens) auf sie wirken, sie dient dann nur, das Leben der übrigen begrenzten Welt nach organischen, physischen und chemischen Gesetzen zu erhalten; sie kann in Folge der veränderten Aussenwelt kein anderer Organismus werden, um dieses Leben, diesen Willen des Seyns, unter veränderten Umständen anders zu üben.

§. 180.

Mit dem Thierleben fängt das Vermögen an, die Individualität in der Begrenzung anders darzustellen, im Gefolge der Veränderung der Aussenwelt. Diese veränderte Darstellung muß aber nothwendig zur Folge haben:

1) Daß ein Theil der durch die Vegetation dargestellten Individualität für den neuen Zweck untauglich wird, und weggeschafft werden muß, um der neuen Darstellung Raum zu geben, d. h. die Reproduction der neuen Individualität macht zugleich Destruction nothwendig. Jeder organische Theil unterscheidet sich aber dadurch von einer durch äußere Kräfte geschaffenen Maschine: daß er durch sich selbst, nicht durch äußeres Hinzufügen oder Wegnehmen, seine Existenz erhält. Soll sich also ein lebendiger Theil lebendig verändern, so muß er seine bisherige organische Bestimmtheit (Solidität) aufgeben, und aus einem unbestimmten Zustande (Flüssigkeit) eine neue

Bestimmtheit annehmen. Jede Veränderung eines lebendig-organischen Körpers setzt daher Uebergang vom Flüssigen zum Festen, und vom Festen zum Flüssigen voraus. Zufluß und Rückfluß des Flüssigen (Circulation) ist daher das erste und meist characteristische Merkmal des Thierlebens, und muß im einzelnen Theile wie im ganzen Individuo in dem Verhältniß mehr statt haben, als der einzelne Theil oder das ganze Thier mehr thierisch lebt (seine Individualität mehr abändert); ist daher geringer in Thieren, die nur in geringer Relation mit der Aussenwelt stehen, und stärker, wo mannigfaltigere Aperception häufigere Umänderung nothwendig macht; geringer in einzelnen, nur zu einzelnen Zwecken bestimmten Organen desselben Thiers, größer in Theilen, die zu jeder Veränderung beytragen müssen.

§. 181.

2) Um zu **wissen**, wie die momentane Aussenwelt ist, und darnach den Willen der Darstellung der Individualität abzuändern, ist es nothwendig, daß einzelne Organe für die Aperception der Veränderungen in der Aussenwelt vorzüglich empfänglich sind (Sinnesorgane). Die Aussenwelt bringt in diesen Sinnesorganen nicht mechanisch (d. h. nicht durch bloße Veränderung der Begrenzung), sondern durch Relationen (Imponderabilien nennen wir diese Relationen, wenn sie uns in Raum und Zeit erscheinen), Veränderungen hervor, die dadurch in denselben neue Reproduction und Destruction, Wechsel der Stoffe und vermehrte Circulation veranlassen.

§. 182.

3) Aber auch jeder einzelne kleinste Theil des lebendigen Organismus muß zugleich Aussenwelt für das thierische Leben seyn, wenn das Ganze eine Einheit bilden soll. Jede Beschaffenheit desselben, jede Abweichung von der Einheit, muß im thierischen Leben dargestellt werden, um dieses zu veranlassen, das Zweckmäßige zu reproduciren. Wir nennen diese Darstellung des eigenen Organismus im thierischen Leben Gemeingefühl (coenaesthesis, *κοιναίσϑησις*), im Gegensatz der Darstellung der Aussenwelt durch die Sinne (aperceptio, *ἀίσϑησις*).

§. 183.

4) Um diese Veränderungen, sowohl in den Sinnesorganen, als im eigenen Organismus, mit der ganzen Individualität zu **einigen**, ist es nothwendig, daß von ihnen wieder Relationen zu den Organen gebracht werden, die zunächst oder entfernt zu dem veranlaßten Wechsel der Stoffe beytragen sollen. Wenn Licht Veränderungen im Auge macht, so müssen die zurückführenden Organe (Ciliarvenen) das Veränderte, zur Einheit nicht mehr Passende, wieder aufnehmen, die Centralarterie muß häufiger zuführen, um das Zweckmäßige momentan zu reproduciren, uud beyde Arten von Gefäßen müssen wieder von den nächstgelegenen Gefäßen der Circulation in ihrer Thätigkeit gefördert werden, um diese Functionen zu verrichten, und so wird die ganze Circulation und Bereitung der Säfte an der geringsten Veränderung des Auges

Theil nehmen, ein anderes Venenblut wird dadurch zum Herzen zurückgeführt, ein anderes arterielles Blut bedarf das arterielle System.

§. 184.

5) Zu diesem Zweck muß eine von der Circulation der Säfte verschiedene Leitung statt finden, welche das Circulationssystem in den Stand setzt, so in allen seinen Verzweigungen zu fungiren, daß bey allen Veränderungen der einzelnen Theile doch eine Einheit erhalten wird. Nerven sind daher ein zweites nothwendiges Erforderniß des Thierlebens. Je mehr sich aber das Thier der Pflanze nähert, d. h. durch je wenigere Veränderungen in der Aussenwelt es veranlaßt wird, seinen eigenen Organismus umzuändern, desto einfacher kann auch diese sensorielle Leitung seyn, desto weniger Sinnesorgane bedarf das Thier, und desto weniger Leitung von diesen zu den zu bewegenden Organen. Daher erscheint das Nervensystem in den Zoophyten als eine kaum in einzelne Fäden gebildete Nervensubstanz, und wird immer mannigfaltiger, je mehr das Thier mit der Aussenwelt in mannigfaltigeren Verbindungen steht.

§. 185.

6) Je mannigfaltiger aber die Aussenwelt auf das Thier einwirkt, desto mehr bedarf es nicht allein der Aperception der Gegenwart, sondern auch Rückerinnerungen in die Vergangenheit, um das Verschiedene im Raum und in der Zeit zu unterscheiden, es kann keine deutliche Vorstellung ohne Rück-

erinnerung statt finden. Zu dem Zweck erhält es mehrere Sinnesorgane, um die Aussenwelt unter verschiedenen Relationen zu apercipiren, und die Leitungen aus diesen Sinnesorganen vereinigen sich in gemeinschaftliche Mittelpunkte, wo sie nicht allein unter sich, sondern mit dem früher Apercipirten verglichen werden.

§. 186.

7) Jede Rückerinnerung, wenn sie in die begrenzte Gegenwart eintreten soll, muß aber auch im Begrenzten Veränderungen machen, muß also in diesen Mittelpunkten der Nerven Form- und Mischungsveränderungen hervorbringen; daher ist die bloße Vereinigung der verschiedenen Nervenleitungen nicht hinlänglich, sondern bey diesen Vereinigungen sind Organe nothwendig, wo die Vergangenheit zugleich in die Gegenwart eingeführt und somatisch verwirklicht wird, in welchen dadurch ein größerer Wechsel von organischem Stoff, mehr Zu- und Rückfluß der Säfte erforderlich ist. Dies ist der allgemeinste und erste Begriff von Gehirn, man könnte es im Allgemeinen das Organ der Vergangenheit oder der Rückerinnerung nennen.

§. 187.

8) Je ephemerer und in geringerer Relation mit der ganzen Aussenwelt stehend das Thierleben ist, desto weniger bedarf es auch dieser Rückerinnerungen, und desto weniger bedürfen diese wieder unter verschiedenen Verhältnissen zu einem Gesammtleben vereinigt zu werden; daher erscheinen in den Thieren der niedrigern

Ordnungen diese Gehirne als abgetrennte Sammelplätze für einzelne Theile des Thiers, oder für einzelne Zwecke des Thierlebens (Nervenknoten), und sind nur durch einen Leiter (das Rückenmark) zu einer Einheit vereinigt. Je mannigfaltigere Relationen mit der Aussenwelt im Thierleben statt haben, unter je mehr Verhältnissen die einzelnen Organe sich verändern müssen, um die Individualität zu erhalten, desto mannigfaltiger müssen auch diese Organe der Rückerinnerung verbunden, desto mannigfaltiger müssen die Rückerinnerungen selbst seyn, um eine deutliche Vorstellung somatisch darzustellen. So entwickelt sich am Ende des Rückenmarks, in der Vereinigung der vorzüglichsten Sinnesnerven für die Aussenwelt, ein allgemeiner Sammelplatz für die Rückerinnerung aller durch die Sinne erlangten Vorstellungen in dem Maaß mehr, als das Thier mannigfaltiger lebt, d. h. die Aussenwelt unter mannigfaltigern Verhältnissen apercipirt, und darnach seinen Organismum abändert. Zu diesem Sammelplatze der Rückerinnerungen führen die Sinnesorgane, besonders diejenigen, welche dem Thiere einen weitern Kreis der Aussenwelt eröffnen, Gesicht, Gehör und Geruch, zunächst ihre Leitungen hin, von diesem Sammelplatze aus werden durch mannigfaltige Leitungen die Lebensthätigkeiten in den einzelnen Organen bestimmt, um ein Gesammtleben zu erhalten. Dieser allgemeine Sammelplatz schließt aber die kleinern Gehirne für die Rückerinnerungen der einzelnen Organe oder der einzelnen Lebenszwecke nicht aus; wie das weniger animalisch lebende Thier dieser nur allein bedarf, um seine Organe zur Verdauung, zur

Fortpflanzung, zur Locomotivität, mit den wenigen Rückerinnerungen organisch zu einigen: so bedarf sie auch das in einem größern Kreise von Relationen mit der Aussenwelt lebende Thier, um das Leben dieser Organe unmittelbar zu bestimmen, wo es keiner Rückerinnerungen des ganzen Lebens bedarf, und kann doch von dem allgemeinen Sammelplatze der Rückerinnerungen des Gesammtlebens aus auf diese einzelnen kleinern Gehirne einwirken und sie bestimmen.

§. 188.

9) Je mannigfaltiger die Relationen mit der Aussenwelt werden, je mannigfaltigere Vorstellungen und Veränderungen des ganzen Organismus dadurch entstehen, desto mannigfaltiger werden diese Nervenknoten von dem Gehirne erregt, und desto geschwinder hört auch in ihnen alle Erregung des Lebens auf, wenn diese vorzüglichste Erregung durch das Gehirn oder das allgemeine Gesammtleben aufhört. Daher steht die Fortdauer des Lebens einzelner Theile immer in umgekehrtem Verhältniß mit der Thätigkeit und dem Umfange des eigentlichen Gehirns, oder mit der Mannigfaltigkeit der Relationen mit der Aussenwelt. Das Thier, welches keiner großen und mannigfaltigen Locomotivität des ganzen Organismus bedarf, um sein Leben in einer andern Aussenwelt aufzusuchen, weil das Medium, worin es lebt, die Bedürfnisse dazu unmittelbar zuführt, das nur eine Pflanze, eine Thierart, zu seiner Nahrung aufnimmt, und nur diese apercipirt u. s. w., bedarf keines Gehirns und nur weniger Nervenknoten; diese Nervenknoten werden durch jene

Reitze unmittelbar und allein zum Leben erregt, und diese Erregung kann lange fortdauern, wenn auch andere Theile von dem Thiere getrennt sind, und das ganze Leben strebt diese wieder zu reproduciren. Das Thier, welches mehrere und mannigfaltigere Relationen mit der Aussenwelt hat, bedarf des allgemeinen Gehirns für das Gesammtleben, muß von diesem Gesammtleben aus die Thätigkeit der einzelnen Organe, die Rückerinnerungen in den einzelnen Nervenknoten bestimmen, und in dem Verhältniß als dieses zunimmt, hört auch das Leben in den getrennten Theilen schneller auf, und die Reproduction wird geringer.

§. 189.

10) In den Nerven ist ein Wechsel der Stoffe unverkennbar, wahrscheinlich selbst größer als in den Muskeln und bloß vegetirenden Organen, wenn auch viel geringer und weniger deutlich in seinen letzten Aeußerungen, als in den Sinnesorganen. Jeder einzelne Nerve ist mit seinem Neurilem, mit seiner Gefäßhaut, welche der Träger von zuführenden und zurückführenden Gefäßen ist, umgeben. Wenn uns auch einzelne Erscheinungen, z. B. die Galvanischen Leitungen in den Sinnesorganen und Muskeln, die Vermuthung geben könnten, daß diese Nervenfäden mehr als todte Leiter (wie Dräthe) die Relationen leiten: so spricht doch der Begriff des Lebens selbst, der Wechsel der Stoffe in den Nervenfäden vermittelst der Gefäße im Neurilem, und hauptsächlich der Umstand, daß diese Nervenfäden, sobald das Leben ganz aufgehört hat, durchaus keine andere leitende Eigenschaft

haben, als jeder andere thierische Theil, das Gegentheil deutlich genug aus. Also auch diese Leitung ist ein Act des thierischen Lebens, der sich durch Destruction und Reproduction im Begrenzten verwirklicht *). Deutlicher wird dieser Wechsel in den Nervenknoten, zu welchen im Verhältniß des mannigfaltigern Lebens auch größere Gefäße gehen: Am deutlichsten im Gehirn, wo bey den Thieren der höhern Thierclassen bey weitem der größte Wechsel von Stoffen, die größte Destruction und Reproduction statt hat.

§. 190.

Alles dieses muß uns überzeugen:

a) Daß jede Leitung der Relationen der Aussenwelt, oder des einzelnen Organs mit andern Organen, keine todte Leitung ist, wie die Leitung der Imponderabilien durch die ihnen angemessenen Leiter, sondern sie ist eine durch das thierische Leben selbst hervorgebrachte Destruction und Reproduction in den leitenden Organen, und diese Destruction und Reproduction ist nicht Ursache, sondern Wirkung jenes Lebens, das selbst unter keine Categorie von Raum- und Zeitverhältniß gebracht werden kann.

b) Je mehr das Thier animalisch lebt, desto größer muß auch der Wechsel der Stoffe werden,

---

*) Sehr scharfsinnig hat diese Materie vom Nervenleben im thierischen Körper neuerlich abgehandelt Hr. Prof. Carl Hartmann: Der Geist des Menschen in seinen Verhältnissen zum physischen Leben, Wien 1820. 8., und ich darf ihm verschiedene Berichtigungen meiner Ansichten, welche ich in meiner Pathologie früher vorgetragen habe, verdanken.

desto mehr muß das Zurückgeführte (das Venenblut) von dem Hinzugeführten (dem Arterienblute) in seinen Mischungsverhältnissen (seiner Polarität) verschieden seyn.

c) Jede Nachforschung nach einem Centralorgan, nach einem Raume, wohin alle Relationen mit der Aussenwelt und den einzelnen Organen unter sich geleitet, von wo aus das thierische Leben den eigenen Organismum in seiner lebendigen Thätigkeit bestimmen sollte, kann als eine grundlose Nachforschung angesehen werden, die eben so wenig statt finden kann, als wir das Leben der Pflanzen in einem eigenen Theile, in einem Wechselorgan auffinden können.

d) Noch grundloser muß es daher seyn, wenn wir für einzelne Äußerungen des thierischen oder humanen Lebens oder einzelne Erscheinungen desselben, die wir mit eigenen Namen belegt haben, ohne ihnen deshalb eine in Raum und Zeit begründete Existenz beyzumessen, eigene Organe annehmen wollen, z. B. Ortsgedächtniß, Sachengedächtniß u. s. w., jeder Nervenknote des einfachsten Thiers muß in gewissen Grenzen ein Ortsgedächtniß und ein Sachengedächtniß haben *).

e) Wie das thierische Leben darin besteht, daß es die Vegetation des Individuums nach den Bedürf-

*) Aristoteles Physiognomica Cap. 1 und 2 redet hierüber weit scharfsinniger, als seine Nachfolger, die Physiognomen und Cranioscopen.

nissen der durch die Sinnesorgane ihm dargestellten Aussenwelt leitet, um eine Einheit zu erhalten, und zu dem Zweck das in der Begrenzung vom Leben Dargestellte destruirt und reproducirt, also der eigentliche Regulator der Vegetation ist, eben so ist das humane Leben Regulator des thierischen: Es unterdrückt Vorstellungen und ruft andere hervor, um eine Einheit, eine Person (§. 4) darzustellen; verschieden nach angeerbtem Gemüth (§. 7), Erziehung (§. 13) und Schicksalen; wogend zwischen bloß thierischen Begierden (§. 19), persönlichem Egoismus und höherer Liebe für das Vollkommne, von der Grenze des ungebändigten wilden Thieres an, bis zur höchsten Tugend, aber stets in der Begrenzung befangen, unter dem Widerstreben der Vegetation und Thierheit.

§. 191.

Wenn wir uns dieses humane Leben als etwas Verschiedenes (Seele) vorstellen, so ist es deutlich, daß es überhaupt keine Organe oder kein einzelnes Organ haben kann, durch welches es auf das animalische Leben wirkt, eben so wenig als das animalische Leben ein eigen Organ hat, wodurch es auf das vegetative Leben einwirkt, wenigstens sind bis jetzt alle anatomische Nachforschungen über Seelenorgan, noch mehr aber die willkührlichen Nachweisungen von Organen einzelner humaner Aeußerungen, theosophisches Organ u. s. w., als gänzlich unstatthaft zu verwerfen. Im unbegrenzten Geistigen kann sich aber überhaupt der Mensch keinen Begriff von Unterschieden machen, was er begreifen kann, sind Manifestationen dieses Unbegrenzten im Begrenzten *).

§. 192.

Eine oder die andere Art dieser Manifestationen des Lebens kann aber in der Zeit vorwalten, und waltet in einzelnen Organen fast beständig vor, z. B. im Haar, Nägeln, Knochen, Sehnen, Bändern und Zellgewebe die Vegetation, in den Muskeln und im Gefäßsystem das thierische Leben, und im Gehirn, wo sich alle Sinnesorgane und alle Rückerinnerungsorgane der Individualität vereinigen, das humane Leben. Ein guter Kopf wird mit Recht von einem Menschen gesagt, der schnell alle Vorstellungen, Rückerinnerungen und Gedanken in der Begrenzung verwirklichen, die zur Sache gehörigen auswählen, die nicht dazu gehörigen unterdrücken, und so für sich und Andere eine Ueberzeugung, eine Einheit schaffen kann. Bey häufiger Thätigkeit dieser Lebensäußerungen wird der Kopf vorzüglich in Thätigkeit gesetzt, mehr Blut muß zum Ersatz hingeschafft werden, und zuletzt wer-

*) Auf dieser Grenze zwischen Materialismus und Spiritualismus haben die Physiologen seit Asclepiades Zeiten her Krieg geführt. Perrault, Stahl, später Kant in seinem höchst geistreichen Briefe an Sömmering, welchen Letzterer die Aufrichtigkeit hatte, seiner Abhandlung über das Seelenorgan beydrucken zu lassen, neuerlich Nasse (Zeitschrift für psychische Aerzte, B. 1, S. 71--85), haben für die Unbegrenztheit des Lebens überhaupt, und also gegen die Localität desselben gestritten, verschiedene neuere französische Physiologen, besonders aber die Cranioscopen, dagegen. Unser Beruf ist es weder die Kämpfer litterarisch aufzuzählen, noch ihre Vorstellungsarten darzustellen, am wenigsten zwischen ihnen zu entscheiden.

den die Organe unfähig, die Vorstellungen und Rückerinnerungen gehörig darzustellen. Dasselbe ist der Fall bey vorwaltendem animalischen Leben in den Muskeln und im Gefäßsystem, und in den vegetativen Organen, wenn die übrigen Lebensthätigkeiten bey reichlicher Nahrung mehr ruhen: das träge, gemästete Thier wächst vorzüglich in seinen weißen Theilen, Zellgewebe, Knorpeln, Sehnen, Bändern und Haaren.

§. 193.

Der Mensch hat aber wie Thier und Pflanze nur ein Leben, in so fern sich Leben überhaupt in der Darstellung einer Individualität äußert. Sind alle zu diesem Hauptzweck strebenden Manifestationen vollkommen in Harmonie, so ist das Individuum gesund (Mens sana in corpore sano). Erhält eine Lebensäußerung durch sehr starke Erregungen das Uebergewicht, d. i. wird sie durch starke Impulse sehr hoch gesteigert, so wird sie andere Lebensäußerungen auf eine Zeitlang oder auf immer so unterdrücken, daß dadurch die Individualität in ihrer Einheit gestört wird. So wird schon im vegetativen Leben die Entwickelung der Wurzelblätter unterdrückt, wenn die Pflanze den Blütenschaft treibt; heftiges Verlangen oder Abscheu wirkt auf das vegetative Leben, daß alle Veränderung in der Vegetation, wodurch Locomotivität bewirkt werden soll, alle Assimilation und Verdauung stocken, und das humane Leben kann so dadurch unterdrückt werden, daß jede Besonnenheit und humane Rücksicht aufhört: so kann Liebe und Haß auf das thierische und vegetative Leben einwirken, daß das Bewußtseyn der Gegenwart, zuletzt selbst Pulsschlag und Respiration aufhören (Ohnmacht).

§. 194.

Aber weil alle diese Manifestationen des Lebens nur ein Bestreben, die Individualität zweckmäßig zu erhalten, sind, so ist es nicht zu verkennen, daß ihre Wechselwirkung stets diesem Zwecke nachstrebt, so daß die gestörte oder unterdrückte Manifestation durch diese Unterdrückung selbst größere Erregbarkeit erhält, die vermehrte Manifestation aber an Erregbarkeit abnimmt und von jener zuletzt unterdrückt wird. Das ist die Heilkraft der Natur (Vis naturae medicatrix), die noch kein Anatome im Raume nachzuweisen unternommen hat.

§. 195.

Im vegetativen und animalischen Leben ist der Schlaf die tägliche Erscheinung dieser Wechselwirkung. Durch die Sinne und das Gemeingefühl wird das thierische Bewußtseyn erhalten, und durch die Muskeln Verlangen und Abscheu befriedigt. In diesen Organen ist folglich im wachenden Zustande des Thiers der größte Wechsel der Stoffe, die größte animalische Manifestation. Im Verhältniß der größern Erregung durch Bewußtseyn, Verlangen und Abscheu, muß die Vegetation größer seyn, und auf einer gewissen Grenze wird dieses Uebermaaß der ganzen Individualität Störung veranlassen. Dann sinkt das animale Leben in seiner Thätigkeit, es stellt die Aussenwelt nicht mehr durch die Sinne dar, das Bewußtseyn in der Gegenwart hört dadurch auf, kein Verlangen und Abscheu werden erregt, die locomotiven Muskeln ruhen.

§. 196.

Die übrigen Lebensthätigkeiten werden aber dadurch in ihrer Manifestation um so freyer und ungestörter, Kreislauf, Respiration und Verdauung sind regelmäßiger und ungestörter, die Vegetation in den dem Willen nicht unmittelbar subordinirten Organen, in den Knorpeln, dem Zellgewebe u. s. w. ist ungestörter und dadurch größer, das eingefallene Gesicht wird im Schlaf voller, die Knorpel der Rückenwirbel dehnen sich ungestört aus, und der Körper wird länger, die Augen werden gefüllter und lebhafter, und viel Schlaf macht den Körper fett. So hört beym Thier im Schlaf nur das Bewußtseyn der Gegenwart und die Locomotivität auf, es ist nun ein mehr vegetirender Organismus; hingegen bleibt das von den Sinnen nicht mehr abhängige Bewußtseyn der Vergangenheit: das Thier träumt. Beym Menschen haben wir keinen Grund zu vermuthen, daß das humane Leben im Schlaf vermindert werde, nur in der Gegenwart kann es nicht thätig seyn, weil das Bewußtseyn derselben aufgehoben ist. Vergangenheit und Zukunft sind ihm allein übrig, und gaukeln ihm ein Gemisch von Rückerinnerungen, Wünschen, Möglichkeiten und Wahrheiten vor, das sich beym Erwachen nur einzeln und unvollkommen mit dem Bewußtseyn der Gegenwart verbindet, und daher immer für ihn sehr zerstückelt und ungewiß bleiben muß. Nur im thierischen Magnetismus hat man in einzelnen Fällen das Mittel gefunden, dieses wunderbare Gemisch zur Sprache zu bringen und selbst auf bestimmte Gegenstände zu leiten, und die Erscheinungen desselben müssen dem Physiologen immer höchst merkwürdig bleiben, wenn der Arzt auch nur in einzelnen Fällen sieht, daß diese Träume auf das ganze Leben zurückwirken und es regeln, wie er ja auch oft sieht, daß feste, kräftige Entschlüsse des freyen Willens auf dieses Leben einwirken und Vegetation und Animalität regeln. Ein anderer Beweis, daß das humane Leben im Schlafe fortdauert, ist die Wirkung des Schlafes auf unser Wissen und Ueberzeugung. Der Knabe lernt seine Lection vor Schlafengehen unvollkommen und weiß sie beym Erwachen vollkommen, wir sind vor dem Schlafengehen in einer Ueberzeugung, die unsern freyen Willen bestimmen soll, ungewiß und schwankend, und beym Erwachen steht sie fest und klar vor unserm Gemüth. Eine Sache beschlafen ist oft ein sehr gegründetes Sprüchwort.

§. 197.

Das Leben des einzelnen Theils ist aber dasselbe, wie das Leben des Ganzen, es ist dasselbe Streben zur Erhaltung der Einheit. Wenn daher durch eine äußere Erregung (Reitz, Ansteckung u. s. w.) der Organismus verändert werden soll, so wird, wie im Ganzen, durch stärkere Aperception, Verlangen und Willen, das thierische Leben zu Destruction und Reproduction erregt, der Wechsel der Stoffe ist häufiger, es ist mehr Zufluß und Rückfluß des Bluts, dadurch wird der Theil im Volumen größer, und mehr thierische Wärme wird erzeugt (Entzündung). Stets hat aber nach denselben Gesetzen diese Erscheinung dasselbe Periodische, wie der Schlaf im ganzen Thiere; wird die Störung des Ganzen dadurch zu groß, so läßt diese vermehrte Thätigkeit des thierischen Lebens nach, Geschwulst, Röthe und Wärme nehmen ab, bis wieder ein Gleichgewicht zwischen den Lebensäußerungen hergestellt ist, wo dann der Reitz wieder auf dieselbe Art wirken kann. Das ist der allgemeine Begriff vom Periodischen in Krankheiten, der für den einzelnen Theil, wie für das Ganze gültig ist, immer das Streben des Lebens zur Erhaltung der zweckmäßigen Einheit im Ganzen und in den Theilen darstellt *).

§. 198.

Vermehrung der Vegetation in dem einzelnen Theile allein, ohne Theilnahme des thierischen Lebens, kann nur dann statt haben, wenn der Theil vom Ganzen mehr getrennt ist, d. h. wenn er vermittelst der Nervenleitung (§. 188) nicht mehr mit dem ganzen thierischen Leben in vollkommner Verbindung steht. Man beobachtet dann dieses Periodische nicht, die Vegetation geht ununterbrochen ihren Gang fort, oder ist vielleicht mehr oder weniger siderischen Einflüssen, Mondwechsel, Jahreszeiten u. s. w. unterworfen.

§. 199.

Schmerz ist die Vorstellung der Hindernisse, die dem thierischen Leben entgegenstehen, den Organismum

*) Ausführlicher S. Meine Pathologie Absch. VIII. Cap. 3.

zweckmäßig zu verändern, so daß die Einheit des Ganzen erhalten werde *). Ist dieses Hinderniß allgemein, so heißt es Beängstigung, ist es in einem einzelnen Theile, so daß es zum allgemeinen Bewußtseyn kommen kann, so heißt es eigentlich Schmerz; aber auch ohne die Vorstellung im ganzen Bewußtseyn muß das Gemeingefühl in den einzelnen Systemen und in den einzelnen Gehirnen (Nervenknoten) auf ähnliche Art afficirt werden, wie es bey den Thieren der niedern Ordnungen ohne Gehirn da nur allein afficirt wird, wenn das Hinderniß vorhanden ist; es theilt sich dann dieser unbewußte Schmerz nach den verschiedenen Verbindungen der Lebensthätigkeiten der einzelnen Organe mit, und bringt in diesen einzelnen Organen Störungen des Lebens hervor (sympathische Lebenserscheinungen).

Diese Störung kann zweyfacher Art seyn.

a) Wenn die Vegetation den thierischen Anforderungen zwar folgt, aber nicht genügen kann: Vermehrter animalischer Proceß (entzündlicher Schmerz).

b) Wenn die Vegetation in dem Theile selbst vermindert wird. Am deutlichsten durch Kälte, aber auch sympathisch, indem in andern Theilen ein anomales Leben, und also Schmerz statt findet: Krampfhafter Schmerz.

§. 200.

Die Intensität der Vorstellung von der Anomalie oder die Beängstigung, bewußter und unbewußter Schmerz, hängt ab:

---

*) Pathologie Abschn. VI. C. 1.

a) Von dem Einflusse, den die Anomalie auf die ganze Individualität hat. Wie der für die Individualität wichtigere Gegenstand in der Aussenwelt größere Aperception, und dadurch größeres Verlangen und Abscheu erregt, so erregt die Anomalie in dem einzelnen Organe, von dessen Normalleben die ganze Individualität abhängt, größere Beängstigung, größern bewußten Schmerz oder heftigere sympathische Erscheinungen durch das Gemeingefühl, z. B. Affectionen des Herzens, der wichtigern Verdauungsorgane u. s. w.

b) Von dem plötzlichern oder langsamern Eintritt der Anomalie in das thierische Leben. Wie ein Gegenstand in der Aussenwelt, der plötzlich und unerwartet erscheint, weit heftigere Aperception, heftiger Verlangen und Abscheu erregt, wenn er aber nach und nach erscheint, fast ganz unbeachtet bleibt: so erregt auch die plötzlich eintretende Anomalie ungleich heftigere Einwirkungen auf das thierische Leben, hingegen sehen wir große Anomalien mit großen Anstrengungen des thierischen Lebens fast ganz schmerzlos, z. B. chronische Entzündungen und Eiterungen in den edelsten Theilen u. s. w.

c) Von den Hindernissen, die dem animalischen Leben im Wege stehen, sich zweckmäßig zu äußern. Wie ein Gegenstand in der Aussenwelt immer heftiger Verlangen und Abscheu erregt, wenn sich seinem Erlangen oder Vermeiden anhaltende Hindernisse entgegensetzen, so ist Beängstigung, Schmerz und Sympathie größer, wenn sich dem animalischen partiellen Leben größere Hindernisse seiner zweckmäßigen Thätigkeit entgegensetzen: Einklemmung und unüberwindliche Begrenzung der Theile, in welchen der animalische Proceß geschehen soll, zu große Masse des zu Destruirenden, in Verhältniß des animalischen Lebens, Gefahr durch die Thätigkeit] selbst andere edle Theile zu verletzen u. s. w., sind solche Hindernisse.

§. 201.

Eben so verhält sich das Leben des einzelnen Theils mit seinen Anomalien zum ganzen Bewußtseyn, wie sich die einzelne Vorstellung der Außenwelt mit dem dadurch erregten Verlangen und Abscheu zu demselben verhält.

1) Die Vorstellung von der Aussenwelt kann sehr großes Verlangen oder Abscheu veranlassen, ohne daß das ganze Bewußtseyn dadurch gestört wird, wenn das Leben kräftig genug ist, den Organismum darnach zu verändern. Sie wird dann ganz unter den allgemeinen Gesetzen des thierischen Lebens stehen, d. i. wenn die Willensäußerung den Organismum bis auf einen gewissen Grad erschöpft hat, tritt Verminderung des thierischen Lebens, Schlaf, ein, und so wie das animalische Bewußtseyn wieder erwacht, kehrt dasselbe Verlangen oder Abscheu wieder ein, wenn die Vorstellung in der Gegenwart oder im Gedächtniß noch dieselbe ist. Eben so ist es mit der einfachen Vorstellung der Anomalie in einzelnen Theilen. Die heftigste Vorstellung von der Anomalie (Schmerz), die heftigste Anstrengung des thierischen Lebens zur Destruction und Reproduction (Entzündung), können statt haben, ohne daß das übrige Bewußtseyn dadurch gestört wird, aber diese Entzündung wird dann auch den

Character des allgemeinen Lebens um so mehr behaupten; bey einem bestimmten Grade der Erschöpfung des partiellen Organismus tritt Schlaf (Remission und Intermission des Schmerzes und der Entzündung) ein, bis wieder das thierische Leben erwacht. Diese Remission und Intermission wird sich selbst immer mehr dem Typo des ganzen Lebens nähern, je weniger das ganze Leben gestört ist (je vollkommner und reiner die Entzündung ist). Sie wird täglich abwechseln, wie Schlaf und Wachen abwechseln, und nach der Heftigkeit der Vorstellung (Intensität des Schmerzes) wird das animalische Leben früher oder später wieder erwachen, die Remission und Intermission länger oder kürzer seyn. Daher ist in allen rein inflammatorischen Fiebern eine tägliche Remission oder Intermission unverkennbar, und von der Intensität der Entzündung kann, mit Rücksicht auf Alter, Geschlecht, habituelle Beschaffenheit des Individuums und des leidenden Organs, aus der Dauer des Paroxismus, der Remission u. s. w. mit Sicherheit geschlossen werden.

§. 202.

2) Ist hingegen das Leben nicht kräftig genug, den Organismum in Folge der Vorstellung zweckmäßig zu verändern, so wird das Verlangen oder Abscheu:

a) Veränderungen im Organismo veranlassen, die zur Erlangung oder Vermeidung des Vorgestellten nicht abzwecken. Die Muskeln bewegen sich ohne Zweck, und lassen daher gleich wieder nach (Zittern), oder es entstehen einzelne heftige Muskelbewegungen, die aber auch zum Erlangen oder Vermeiden nichts beytragen (Krämpfe), so entstehen Absonderungen und Aussonderungen ohne Zweck, und hören daher auch ohne Veranlassung wieder auf, der Typus der täglichen Restauration durch Schlaf hört auf, und nur die völlige Erschöpfung des Willens bringt ein Nichtachten der Vorstellung hervor, welches um so länger dauert, als der Organismus erschöpft ist, aber dasselbe unveränderte Verlangen oder Abscheu tritt auch mit gleicher Intensität wieder ein, weil in den Verhältnissen der Aussenwelt und des Individuums durch diese fruchtlosen Manifestationen nichts verändert ist.

b) Dasselbe hat statt, wenn in einzelnen Theilen durch das Gemeingefühl Abscheu erregt ist, ohne daß das animale Leben sich im Stande fühlt, den Organismum zweckmäßig abzuändern. Alle Symptome des Typhus und des Erysipelas kommen mit jenen Aeußerungen des thierischen Lebens bey unbefriedigtem Verlangen oder Abscheu für Gegenstände der Aussenwelt überein, wenn dabey die (§. 204) bestimmten Bedingungen der Intensität der Vorstellungen in Anschlag gebracht werden.

§. 203.

3) Jedes Verlangen oder Abscheu, wenn es plötzlich ohne deutliche Vorstellungen ins Leben eintritt, erregt Schreck, d, h. eine Unbestimmtheit des Bewußtseyns, wo alle Sinne sich ohne Einheit bestreben, den Gegenstand zur bewußten Vorstellung zu bringen, eben dadurch aber das Bewußtseyn immer mehr schwächen, weil sie nicht durch die Einheit verglichen werden.

a) Der höchste Grad kann auf diese Art alle Lebensäußerungen aufhören machen, indem er die Einheit, durch welche sie bestimmt werden, ganz aufhebt (Apoplexia). Das bringt ein Gegenstand des Verlangens oder des Abscheu's (große Freude, große Furcht) in der Aussenwelt hervor, und dasselbe bringt im Gemeingefühl ein hoher Grad von Ansteckung (z. B. oft bey der Pest), von Störungen in einzelnen Organen, in den Nervenknoten, Gicht, Hämorrhoiden, Indigestion u. s. w. hervor.

b) Oder der Schreck hebt alle thierische Lebensäußerungen auf, weil die Sinne mit der höchsten Anstrengung, aber ohne Einheit streben, eine bewußte Vorstellung hervorzubringen. Der Erschrockene ist ganz Auge, Ohr und Gefühl für die erste Aperception des Gegenstandes, aber er kann sie nicht zur klaren Vorstellung bringen, weil das Leben nicht die dazu nothwendigen Rückerinnerungen und Vergleichungen zugleich erregen kann. Die Muskeln bleiben in derselben Stellung, worin sie der Schreck traf, weil keine vollkommne Vorstellung in ihnen Willen erregt, der Laut wird abgebrochen, die Respiration stockt so weit, wie sie vom Willen unterstützt wird (Ecstasis).

Dieselben Erscheinungen erregt eine plötzliche Erregung im Gemeingefühl und in den Nervenknoten, nach seiner Intensität bald im ganzen Organismus (Ecstasis), oder in einzelnen Organen (Spasmus tonicus).

c) In diesem Zustande, wo das Bewußtseyn der Gegenwart aufgehoben ist, kann die Rückerinnerung

Vorstellungen machen, wie im Traum, und kann durch diese auf einzelne Organe einwirken, die entweder

α) Mit der Aussenwelt in gar keiner Verbindung stehen. Mehrere Muskeln werden mit der größten Anstrengung, wie im schweren Kampfe und Ringen bewegt, ohne allen Zusammenhang mit der Gegenwart (Epilepsia, Spasmus clonicus).

β) Oder der Traum ist mit einem geringen Bewußtseyn der Gegenwart verbunden, so daß letztere in Bezug des Traums apercipirt werden kann, ohne jedoch den Gegenstand des Schrecks zum vollkommnen Bewußtseyn zu bringen. Das Thier beißt, schlägt, läuft, klettert, fliegt u. s. w., ohne einen bestimmten Zweck.

Dasselbe geschieht durch Erregung im Gemeingefühl beym Menschen, wo der Traum selbst mehr oder weniger deutlich hervortritt, mit der Aussenwelt so weit in Verbindung steht, daß er die Gegenstände erkennen kann, aber keine Vergleichung mit der Besonnenheit (§. 6) statt hat. Mania, Chorea st. Viti.

Beym Menschen (nicht beym Thier) muß sich aber dieses unvollkommne Bewußtseyn und Traumvorstellung auch mit der Besonnenheit in Verbindung setzen können. Die Traumgestalt wird dadurch zu einer Person, welche die äußere Außenwelt erkennen, selbst in der Rückerinnerung sich vorstellen, aber mit dem eigenen Bewußtseyn und Besonnenheit nicht vergleichen kann. Der höchste Grad dieser Erscheinung ist den Aerzten unter dem Namen Traumwandeln (Somnambulismus) bekannt, geringere Abstuffungen, wo die Aussenwelt und die Besonnenheit immer deutlicher hervortreten, nur mit einer Traumidee verbunden sind, erscheinen in den verschiedenen Arten der Melancholie.

γ) Oder die Anstrengung, den Schreck zur vollkommnen Vorstellung zu bringen, macht, daß das Individuum den Gegenstand des Schrecks selbst aufsucht, ohne die Gefahr in Anschlag bringen zu können, Fascinatio, die wir nicht bloß bey Schlangen und Raubthieren beobachten, wodurch sie ihren Raub aus der Ferne sich annähern, sondern bey jedem Thiere, wenn der Schreck heftig ist, z. B. bey Feuersgefahr, wo die Hausthiere mit Gewalt ins Feuer laufen, oft auch bey Menschen, in welchen die Oberherrschaft des humanen Levens nicht groß ist, z. B. Kindern, ungebildeten Frauenzimmern u. s. w.

Im Gemeingefühl bringt diese Furcht vor Vernichtung beym Menschen die eigene Krankheit Selbstmord hervor.

§. 204.

Ein wesentlicher Unterschied findet aber zwischen dem durch Aperception in der Aussenwelt, und durch Aperception im Gemeingefühl verursachten Schreck statt. Bey Ersterem kann der Gegenstand des Schrecks zur vollkommnen Wahrnehmung vollkommen ins Bewußtseyn gebracht werden, aber nicht bey Letzterem. So wie sich beym Schreck in der Aussenwelt die heftigen Lebensanstrengungen erschöpft haben, tritt Bewußtseyn und Besonnenheit wieder ein, und die Sinne sind nun im Stande, den Gegenstand richtig zu apercipiren; nach dieser Aperception kann auch derselbe Gegenstand nicht mehr denselben Schreck erregen. Zum zweiten oder dritten Male wird das erschrockene Pferd vor dem Schuß nicht wild werden, die zarte Jungfrau nicht in Ohnmacht fallen. Die unvollkommne Aperception im Gemeingefühl kann aber nicht berichtigt werden. Daher werden zwar die heftigen Zufälle, eben so wie beym Schreck in der Aussenwelt, nicht anhaltend seyn, die Ohnmacht, Manie, Veitstanz u. s. w. werden nachlassen, der Kranke momentan wieder zum vollkommnen Bewußtseyn und Besonnenheit kommen, werden aber auch wieder eintreten, so wie die unvollkommne Vorstellung im Gemeingefühl wieder die Obermacht erhält. Das ist das Periodische in diesen Krankheiten, das sich nicht nach dem Wechselverhältniß des animalischen und vegetativen Lebens im Wachen und Schlaf und in Fiebern, sondern nach der Natur des Reitzes, der die unvollkommne Vorstellung hervorbringt, und nach der Erschöpfung des Organismus zugleich richtet, und daher bald siderisch, bald pünktlich periodisch (oft im Somnambulismus und Veitstanz), und bald ganz erratisch ist, aber einen Wechsel der verschiedenen Lebensmanifestationen, ein Zunehmen, Abnehmen und Aufhören stets beybehält, und selbst bey der oft am längsten dauernden Melancholie nicht verkennen läßt, wenn diese nicht zugleich mit Blödsinn verbunden ist.

§. 205.

Das vollkommne Bewußtseyn der Gegenwart wird nicht durch einen Sinn, Gesicht, Gehör u. s. w. allein hervorgebracht, sondern ist das Resultat aller

Sinne, des Gemeingefühls und der Rückerinnerungen: die durch die Sinne apercipirte Aussenwelt muß mit dem ganzen Gemeingefühl und den Rückerinnerungen vereinigt werden, um das Individuum in Ort und Zeit bewußt zu machen.

Jede allgemeine Anstrengung des thierischen Lebens, den Organismum zu verändern, wodurch beschleunigte Circulation, beschleunigtes Athmen und vermehrte Destruction und Reproduction (Fieber) veranlaßt wird, muß das Gemeingefühl in Rücksicht der Aussenwelt stören, weil dieses dann mehr auf den eigenen Organismum verwandt ist, ohne daß die äußeren Sinne schlafen. Die Folge in der Erscheinung ist aber dieselbe: Beym Ankämpfen gegen den Schlaf beobachten wir, daß momentan das Bewußtseyn der Gegenwart aufhört, und wieder zurückkehrt, so wie eine stärkere Erregung in der Aussenwelt, ein lauterer Ton, ein interessanteres Gespräch u. s. w. eintritt, dadurch werden Halbträume, aus Gegenwart, Vergangenheit und Zukunft gemischte Vorstellungen hervorgebracht, die aber wie der Traum selbst zu schwach sind, bestimmtes Verlangen und Abscheu, und dadurch Willen zu erwecken; so spricht der Schlaftrunkene, halb zur Gegenwart gehörige, halb ihr fremde Sachen, in dem Verhältniß mehr fremd, als der Schlaf die Oberhand gewinnt. Dieselbe Erscheinung hat in Fiebern statt, Fiebertraum (Delirium febrile), welcher sich dem Nosologen in manchen Abstuffungen in Verhältniß der größern Erregung des thierischen Lebens (heftigere Fieber), und der geringern oder größern

Bestimmtheit des Bewußtseyns zeigt, und wonach er oft die mehr oder mindere Gefahr dieser Störung des Gemeingefühls beurtheilen kann, die aber stets, mit Rücksicht auf alle Störungen des Organismus im individuellen Falle, nie nach allgemeinen Ansichten der größern oder geringern Empfindlichkeit, Reizbarkeit u. s. w. beurtheilt werden können, worin Hippocrates den Aerzten ein Vorbild gesetzt hat, wie Herodot dem Geschichtschreiber.

§. 206.

Einen höchst gefährlichen Zustand und nahen Tod muß es anzeigen, wenn das Gemeingefühl in der Gegenwart gänzlich aufhört, und nur noch in der Rückerinnerung sich mit den vollkommen wachen Sinnen zu Vorstellungen verbindet. Der Kranke appercipirt dann die Aussenwelt, wie ein bereits Abgeschiedener, hat kein individuelles Interesse, desto stärker wirken aber die Rückerinnerungen auf seine ganze Besonnenheit, er erhält dadurch den Character eines überirdischen, aus dieser Zeitlichkeit bereits abgeschiedenen Wesens, er erkennt die Aussenwelt ohne Leidenschaft in der Vergangenheit und Gegenwart richtig, ist ganz Liebe und Zärtlichkeit für seine Freunde, sieht ohne Vorurtheil in die Zukunft nach seinen Anlagen und Kenntnissen, die sehr leicht hervorgerufen und combinirt werden, richtig, spricht von sich selbst ohne Theilnahme, weil er keinen Schmerz und kein Wohlbehagen mehr fühlt, und Todesfurcht ihm fremd ist. Von den ältern Aerzten und Philosophen ist dieser Zustand bereits öfterer beobachtet *), und dem aufmerksamen Arzte erscheint er zuweilen als eine lieblichere Gestalt des Friedensbotens **).

§. 207.

Ein entgegengesetzter Zustand ist, wenn nach einem längern Halbschlummer der Sinnesorgane und des Gemeingefühls (Delirio) das animalische Leben plötzlich mit großer Kraft sich hebt, um den Organismus zu reproduciren (eine Crise zu machen). Der Kranke kömmt dann in einen Zustand, dem ähnlich, wenn ein Schlafender plötzlich durch äußern Schreck erweckt wird; er ist nicht im Stande, die Aussenwelt sogleich richtig aufzufassen und mit seiner Individualität zu vergleichen, nur die aufschreckende Idee steht als ein unbekannter Feind in der Aussenwelt vor ihm und bringt Willen hervor. Dieser Wille ist aber weder durch die momentane Aussenwelt, noch durch seine Besonnenheit bestimmt (wahnsinnig). Der durch Feuer Aufgeschreckte springt vielleicht selbst ins Feuer, schreyt, schlägt u. s. w. In demselben Zustande, nach mannigfachen individuellen Modificationen, befindet sich der Kranke, dessen thierisches Leben auf einmal aufgeschreckt wird. Aus dem Zustande des Delirs (des nächsten

*) Aretaeus De causis et signis morborum acut. II. 4. Cicero De divinatione I. 30.

**) So sah Reil seinen würdigen Lehrer scheiden, Fieberlehre B. IV., und ich bey dem Beginnen meiner ärztlichen Laufbahn einen geliebten Freund, Versuch über die Lebenskraft p. 205, Pathologie Abschn. V. C. 6; ich habe in meiner 45jährigen Praxis etwa drey Fälle dieser Art gesehen.

Verwandten des Traumes), der vielleicht mehrere Wochen gedauert hat, geht er plötzlich in den Zustand des Wahnsinns über, nach allen oben genannten Gradationen, und bleibt darin, bis das thierische Leben den Organismum so weit wieder hergestellt hat, daß er Bewußtseyn haben kann, oder unter der Anstrengung erliegt. In den meisten Fällen ist Ersteres der Fall, und bey Fiebern ist dieser plötzlich eintretende Wahnsinn gewöhnlich von guter Bedeutung.

§. 208.

Eine große Klasse von Heilmitteln (Narcotica) erhöhen deutlich das thierische Leben, und beschleunigen Destruction und Reproduction. Der beschleunigte Kreislauf, die vermehrte Arteriosität des Bluts, häufigere Respiration, größeres Gemeingefühl und vermehrter thierischer Wille, ohne verhältnißmäßige äußere Erregung *), zeigen deutlich, daß sie den Organismum in einen ähnlichen Zustand versetzen, als wenn durch äußere Erregung vermehrtes Verlangen und Abscheu hervorgebracht wird, also auch denselben dem Zustande schneller zuführen, wo das animalische Leben vermindert werden muß, um der Vegetation Gelegenheit zur vollkommnen Reproduction zu geben (Schlaf). Da aber hier das Gemeingefühl mehr als die äußern Sinne und die Muskeln in erhöhetes animalisches Leben versetzt ist, dadurch der Wille vermehrt (das Individuum egoistischer geworden ist), so ist der Kampf zwischen Schlaf und Wachen stärker, jede geringe Vor-

*) S. Pathologie Abschn. V. C. 5.

stellung durch die äußeren Sinne weckt wieder und bringt eine Reihe von associirten Traumvorstellungen hervor. Der Betrunkene wie der Schlaftrunkene sieht undeutlich, hört und fühlt so, seine Muskelbewegungen sind schwankend, aber er unterscheidet sich vom Schlaftrunkenen, daß Jenes Gemeingefühl und Wille nicht in demselben Maaß aufgeregt sind, jede Miene, das leiseste Wort weckt den Trunkenen wieder zum Wollen, er handelt, statt daß der Schlaftrunkene und Delirirende nur träumen, bis die animalische Destruction noch mehr die Oberhand erlangt, und nun auch das Gemeingefühl dem vegetativen Leben weichen muß; der Betrunkene fällt dann in einen Schlaf, der durch seine große Intensität, tiefes Athmen, vermehrten Kreislauf, völlige Unerregbarkeit der äußern Sinne u. s. w. beweiset, daß das Bedürfniß dazu größer war, als beym gewöhnlichen Schlaf, und oft erst dann eintritt, wenn die Reproduction nicht mehr im Stande ist, das in seinen Wechselwirkungen zu sehr gestörte animalische und vegetative Leben wieder in Harmonie zu bringen. Einzelne partielle Anstrengungen des Einen und des Andern, profuse Absonderungen und partielle Muskelbewegungen ohne Bewußtseyn (Convulsionen) zerstören dann den Organismum völlig, und der Tod tritt unter der schrecklichsten Gestalt eines völligen Aufruhrs im Organismo ein, die Leichen zeigen ein vorhanden gewesenes Uebermaaß des animalischen Lebens, Uebermaaß an Blutbereitung (wie bey zu Tode gejagten Thieren), und schnellen Uebergang in Fäulniß *).

*) Gmelin Geschichte der Pflanzengifte. Nürnberg 1803. p. 743.

§. 209.

Wein und Opium scheinen vorzüglich die beyden Substanzen zu seyn, welche am meisten das ganze thierische Leben erhöhen, ohne einzelne Functionen, Geschmack, Verdauung, äußere Sinne (wie Belladonna die Augen) u. s. w. besonders zu afficiren. Selbst in diesen beyden Substanzen ist nach ihrer Bereitung, nach Clima und Boden u. s. w. eine bedeutende Verschiedenheit: Der Rausch von Portwein oder Bier ist sehr verschieden von dem des Champagners, weil die Verdauungsorgane anders afficirt werden, und ihre Affection sich in das Delir eindrängt. Die Orientalen finden im Opium noch einen größern Unterschied. Noch mehr aber wird dieses activere Delir (wie Traum und Delir selbst) von dem obersten Regulator, dem humanen Leben bestimmt, ohne daß wir sagen können, daß dieses durch das narcotische Mittel afficirt wird: Der würdige Prälat trinkt, bis die stieren, gefüllten Augen die Gegenstände nur halb sehen, die müden Ohren nur einzelne Sentenzen vernehmen, welche die lallende Zunge oft wiederholt, um sich wach zu erhalten, oder die des Würdigen Bewußtseyn ganz falsch deutet, weil sich immer Traumbilder dazwischen drängen. Seine Würde weckt ihn aber stets wieder auf, und hält ihn ab, sich einer Traumvorstellung ganz hinzugeben und darnach zu handeln. Der rohe Mensch und der unerfahrne Jüngling, bey dem noch kein moralisches Bewußtseyn einer bestimmten Art sich durch lange Uebung befestigt hat, giebt sich der ersten der besten Traumidee hin, und will sie gegen die Ueberzeugung der schwachen, oft den Dienst versagenden

Sinne, mit seinem vermehrten Willen wahr machen, er ist Held, Liebhaber, Lustigmacher u. s. w., und der ist sein Feind, der ihn vom Gegentheil überzeugen will. Nur der rohe Muhamedaner, der von Jugend auf den höchsten Lohn dafür erwartet hat, wenn er für den Islam und seinen Tyrannen das Leben opfert, kann durch Opium zur Tollkühnheit gebracht werden, der rachsüchtige Javaner in den schrecklichen Zustand eines Freund und Feind nicht schonenden wüthenden Thiers (Hamuk) *); alles Opium des Orients würde nicht hinreichen, einen christlichen europäischen Landmann dazu umzuwandeln. Mit Recht sagt man, daß man im Rausch am besten den Character eines Menschen kennen lerne, nicht weil der Character afficirt wird, sondern weil er so lange wie möglich dem verworrenen Halbtraume entgegenstrebt, aber die Vorstellungen, welche ihm am wenigsten entgegenstreben, auch am wenigsten wecken. Der Liebevolle wird zärtlicher, der leicht Beleidigte zanksüchtiger u. s. w., weil seine Träume dieser Art weniger Widerstand finden.

§. 210.

Es ist schwer zu sagen, was der Psycholog sich als Seele vorstellen soll, weil im Unbegrenzten überhaupt keine Objectivität statt findet. Soll etwas ein Object seyn, so muß es Grenzen im Raum und in der Zeit haben, wodurch es von andern Objecten unterschieden werden kann; ein unbegrenztes Object ist ein Dreieck ohne Linien, durch Begrenzung manifestirt

*) Kaempfer Amoenit. exoticae p. 649.

sich das Leben (begrenzt sich). Nennen wir alle Ursache, welche diese Begrenzung zu einer Individualität (beym Menschen zu einer Person) verursacht, Seele, wie wir sie bisher Leben genannt haben, so müssen wir auch jeder Pflanze eine Psyche zuschreiben; ist es das Bewußtseyn der Verhältnisse der Aussenwelt mit der Individualität, und das Vermögen darnach die Individualität umzuändern (Ichheit), so ist sie jedem Thiere eigen; ist es aber jener göttliche Odem, der die Menschen zum höhern Urquell alles Seyns, zur Gottheit emporhebt, in ihnen die Neigung, das Ganze zu erfassen, verursacht, und ihnen dadurch einen Theil der begrenzten Welt zum freyen Eigenthum giebt, so ist sie dem Menschen allein eigen.

§. 211.

Diese menschliche Seele kann wohl selbst nicht krank werden, eben so wenig als das Leben überhaupt krank werden kann, nur Erregungen aller Art (§. 6—19) in einzelnen Organen können das Leben veranlassen, nicht zur vollkommnen Darstellung einer Einheit sich zu manifestiren, und je nachdem wir diese Unvollkommenheit in einer oder der andern Manifestation vorzüglich bemerken, nennen wir sie Krankheit der Vegetation, z. B. Weichselzopf, Krebs, Warzen u. s. w., oder Nervenkrankheiten, (Krankheiten des thierischen Lebens), z. B. der Sinnesorgane, des Gemeingefühls u. s. w., oder Seelenkrankheiten (psychische Krankheiten), wenn die Störung diesen Odem Gottes hindert, sich zu manifestiren. Diese menschliche Seele kann das Sonnenlicht nicht sehen, kann also die ihm durch dieses offenbarte Aussenwelt nicht in den Kreis seines momentanen Schaffens ziehen, wenn der äußere Sinn verschlossen ist, sie kann nicht mit den Händen schaffen, wenn diese gelähmt sind, und wird unrichtige, d. h. in Ort und Zeit nicht passende Combinationen und Abstractionen machen, wenn das Bewußtseyn unvollkommen ist, wenn sich zwischen das Bewußtseyn in der Gegenwart nicht zu unterscheidende Traumbilder von Vergangenheit und Zukunft drängen, überall ist da unvollkommne Vegetation oder unvollkommnes animalisches Leben das Hinderniß. Krank könnte man nur die Seele nennen, wenn bey *vollkommnen* Bewußtseyn und bey vollkommner Vegetation die Besonnenheit inhuman geworden wäre, d. h. wenn das Individuum in Gottesverehrung, Staat, Familie und Wissenschaft die Einheit verkennt, wodurch das Menschengeschlecht der Gottheit näher gebracht wird. Dieses nennen wir aber nicht mehr Krankheit, sondern Verbrechen, Bosheit, Sünde. Die Mittel, diesen Zustand zu heilen oder ihm zuvorzukommen, sind *göttliche und menschliche Gesetze*, die vegetativen und animalischen Lebensäußerungen zu moderiren, so daß sie das Bewußtseyn nicht stören, sind *Arzneymittel*.

§. 212.

Aber wie die Vegetation das animale Leben zum Theil zur Thätigkeit bestimmt, wie Fieber, Schmerz, vermehrtes thierisches Leben entsteht, wenn die Vegetation durch Ansteckung, epidemische Einflüsse (διάθεσιν) oder Fortpflanzung (ἕξιν) veranlaßt wird, abnorm zu leben, so wird das humane Leben durch das thierische und vegetative in seiner Thätigkeit mit bestimmt. Ursprünglich kann dieses humane Leben nicht krank seyn, d. h. kein Verbrecher oder Boshafter wird als solcher geboren, in seinem vegetativen und animalischen Leben müssen Ursachen seyn, die die Manifestation des humanen Lebens gehindert haben, in gewisser Rücksicht ist also jeder Verbrecher auch ein physisch Kranker. Rechtspflege und Arzneykunde kommen hier also auf einer Grenzscheide zusammen, die von einer oder der andern Seite gar leicht überschritten wird, da sie ihrer Natur nach nicht ganz genau bezeichnet werden kann. Es ist höchst wahrscheinlich, ja gewiß, daß jedes Verbrechen, in so fern es einen Mangel an Besonnenheit voraussetzt, auch seine Ursachen im Körper hat. Es ist nicht unmöglich, daß schon Mancher gehangen ist, weil er ursprünglich Askariden im Mastdarm, unregelmäßigen Blutumlauf im Pfortadersystem u. s. w. hatte, seine Besonnenheit wurde geschwächt, weil das Leben in diesen Theilen vermehrt war. Aber diese Besonnenheit wird durch Lehre und Gebot gestärkt und befestigt, dazu sind die Gesetze, nicht überredend, sondern streng befehlend: Du sollst nicht, ruft ihm das Gesetz zu, wie die hohe Würde dem Abt bey der Flasche (§. 209), dazu wird er in diesem Gesetze von Jugend auf erzogen, wird durch Leitung der Aeltern darin gestärkt, daß diese Besonnenheit und der durch diese erregte freye Wille der Hauptregulator seines Lebens sey. In dieses Du sollst nicht darf sich die Arzneykunde mit ihren unvollkommnen Kenntnissen von der vegetativen und animalischen Thätigkeit der einzelnen Organe nicht mischen, sie darf höchstens bedauern, daß die Hindernisse, welche der vollkommnern Entwickelung und Gewöhnung der humanen Besonnenheit im Wege standen, durch sie nicht weggeschafft werden konnten, und eben weil es für diesen freyen Willen, Du sollst, nicht Du magst, heißen muß, darf auch der Rechtspfleger sich auf diese körperlichen Ursachen nicht einlassen, er darf nur das Eine, das Gesetz vor Augen haben *). Nur da, wo der

*) In keinem Lande ist vielleicht für die Erziehung der Verbrecher eifriger gesorgt, als in den Nordamerikanischen Staaten; zweckmäßige Arbeit, Gelegenheit durch diese etwas zu verdienen, um nach ausgestandener Strafe wieder ins bürgerliche Leben eintreten zu können, zweckmäßiger Unterricht, Trennung der verschiedenen Classen der Verbrecher, und später Ausschließung der kleinern Verbrechen von diesen Strafanstalten, um moralische Ansteckung zu vermeiden u. s. w., wurden in den Gefängnissen in Neu-York und Auburn mit großen Kosten des Staats eingerichtet, um die Verbrecher zu bessern. Ein Bericht der Committee für Criminalgesetze und Beschäftigung der Verurtheilten bey den Canälen vom 5ten März 1822 giebt das Resultat von zwanzigjährigen Erfahrungen: Daß diese Mittel bisher von sehr geringem Nutzen gewesen sind, daß sich im Staate von Neu-York nicht nur die Zahl der Verbrecher auf eine beunruhigende Art vermehrt (wovon allerdings die Ursachen wohl in den von mir Cap. V. angegebenen Umständen, wie in England, zum Theil liegen dürften), sondern die Individuen, welche einmal in der Strafanstalt gewesen, bey aller anscheinenden Besserung häufiger zurückkehren. Daß daher — alle Strafanstalten mehr als ein ernstes Schreckmittel, als wie eine Erziehungsanstalt zu behandeln seyn dürften, und die Committee trägt daher darauf an: alle Einrichtungen zur Beschäftigung und Arbeit der Züchtlinge aufzugeben, die immer dem Staate mehr kosten, als einbringen, für jeden Züchtling eine getrennte Wohnung einzurichten, welches zu Auburn bereits mit großer Ersparung geschehen, und sie da ihrer Langenweile bey dürftiger Nahrung zu überlassen, dagegen aber die Zeit der Gefangenschaft abzukürzen. Erfahrung muß lehren, in wie weit dieses Mittel das Du sollst nicht bes-

Arzt mit Sicherheit beweisen kann. Er konnte nicht, wo eine epidemische Krankheit, eine angeerbte Cachexie u. s. w. (§. 203—205) das vegetative und animale Leben so vorherrschend, und zugleich uneinig wirkend gemacht haben, daß kein Bewußtseyn in der Gegenwart, und also auch keine Besonnenheit möglich war, tritt der Kranke wieder aus dem Gebiete des Gesetzes in die Pflege des Arztes. Das muß aber durch die Thatsachen in der Gegenwart, und durch den ganzen Verlauf des kranken Zustandes bewiesen, nicht durch einzelne Affecte oder durch einzelne Angaben des Kranken selbst vermuthet werden. Der moralische Mensch wird im höchsten Affect, bey bedeutender Störung des Bewußtseyns, noch vor jeder widergesetzlichen That zurückschrecken, der unmoralische durch geringe Affecte sich dazu verleiten lassen.

§. 213.

Wie das Gesetz den freyen Willen durch das Du sollst bestimmt, und ihn dadurch über das animalische und vegetative Leben zum Herrn macht, so kann auch der Arzt sich an das humane Leben wenden, dieses aufregen und veranlassen, daß es auf das vegetative und animalische Leben einwirkt. Unverkennbar ist das humane Leben, bis auf eine gewisse, nur individuell zu bestimmende Grenze, der Regulator des thierischen und dadurch des vegetativen Lebens. Der Betrunkene kann durch kräftige Erinnerung an seine

---

ser befördert, als die freilich stets gefährliche und unvollkommne Erziehung in diesen Strafanstalten.

Pflichten plötzlich nüchtern werden, eben so kann der Wahnsinnige durch kräftige humane Ansprache seine kranke Vorstellung unterdrücken, der Gelähmte erhält (wie Crösus Sohn) den Gebrauch seiner Muskeln wieder, der Beängstigte wird heiter, und selbst eigentlich anomale Vegetationen können durch diesen Einfluß des freyen Willens berichtigt werden. Es ist ein Hauptstudium des Arztes, diesen Grundsatz auf die individuellen Fälle anzuwenden, es kann ihn nicht gelehrt werden, sondern es ist das Resultat seiner humanen Liebe für den Kranken, diese kann den Kranken selbst nach und nach dahin bringen, sein eigener Arzt, und Meister über seine kranken Lebensäußerungen zu werden *). Aber allein darf er nicht dabey stehen bleiben, bey allen Krankheiten der vegetativen und animalischen Lebensäußerungen kann er durch zweckmäßige Erregungen, durch Diät und Arzney mildern und heilen. Wie er diese Mittel in Diät- und Arzneyvorrath finden soll, wird seine Liebe in allen Arten des menschlichen Wissens, sowohl in indischer Theorie, wie in griechischer Logik, in arabischer Tradition, und selbst im ästhetischen Wissen nachforschen, ohne sich der einen Art allein hinzugeben. Das ist wahre Empirie. Wenn er nach einer Art des Wissens, nach einem Systeme heilt, verhält er sich zum

---

*) Gern erinnere ich dabey an eine der geistreichsten Abhandlungen, welche aus der Feder des Königsberger Philosophen gekommen sind. Ueber die Macht des Willens, krankhafte Gefühle zu bemeistern. In Hufelands Journal für pr. Aerzte, Bd. V. St. 4. Sie verdient von Jedem oft gelesen zu werden.

wahren Arzt, wie der gedruckte Rechenknecht zum fertigen Kopfrechner, ist ein Druckfehler in den Zahlen, so wird das ganze Facit falsch! Aber wir gebrauchen auch diese Tafeln, um zu lernen.

Vom humanen Leben aus alle Krankheiten heilen zu wollen, führt auf unnützes Lehren und Predigen, oder gar zu einem Charlatanismus, der vom Anbeginn der menschlichen Gesellschaft, in Tempeln, Höhlen, auf Gräbern, und neuerlich — in Magnetisirbuden unnütz geübt, und manchen Arzt fast kränker als seine zu Heilenden gemacht hat *).

---

*) Noch im vorigen Sommer sah ich von einem bekannten Magnetiseur in Berlin eine Verordnung, für eine am Veitstanz leidende Kranke in Hamburg, welche ihm ganz unbekannt war. Ein junger, kräftiger, blühender Myrthenbaum, und ein ähnlicher blühender Rosenbaum, sollten vor einen Spiegel, der im Kreise zu drehen sey, gestellt werden, zwey rothe wollene Fäden sollten die Kranke mit den Bäumen verbinden, und so sollte sie diese in dem gedrehten Spiegel beschauen!! Entweder die Menschheit hat sich seit fünftausend Jahren vergeblich bemühet, etwas zu wissen, oder diese Verordnung ist Unsinn. So wird Indier, Grieche und Araber urtheilen, und selbst der Aesthetiker wird sich durch die Blumen nicht irren lassen.

Druckfehler.

Seite.	Zeile.	
15	9 v. o.	statt ενθεορσσιά lies ενθεος-σσιά.
16	1 v. u.	st. einfachen l. einfacher.
20	12 v. o.	st. ξωον l. ζωον.
59	11 v. u.	st. Makrigi l. Makrizi.
60	16 v. u.	st. Beine Christi l. Leinen Christi.
68	1 v. o.	st. dem Herrn l. dem Heere.
—	6 v. u.	st. diese l. dieser.
74	2 v. u.	st. cavs l. cors.
77	22 v. o.	st. Diescorides l. Dioscorides.
79	14 v. u.	st. Lespiern l. Lesgiern.
86	1 v. u.	st. nun l. nur.
96	7 v. o.	st. Hypocrisis l. Hypocrisie.
102	1 v. o.	st. nun l. nur.
123	15 v. o.	st. Lust l. List.
125	11 v. o.	st. Bombage l. Bombago.
127	4 v. u.	st. Clegero l. Cleyero.
166	8 v. u.	st. Artembores l. Artembares.
167	6 v. o.	st. * l. **.
—	12 v. u.	st. ** l. *.
171	13 v. o.	st. kleinen l. kleine.
188	3 v. o.	st. Moritagium l. Maritagium.
235	14 v. o.	st. geschebenen l. gesehenen.
250	12 v. o.	st. eine andere l. einer andern.
267	6 v. o.	st. Lackmans l. Lockmans.
—	11 v. u.	st. Aboullaradi l. Aboulfaragi.
271	15 v. u.	st. Fatomitische l. Fatimitische.
273	4 v. u.	st. Algazele l. Algazel.
282	12 v. o.	st. Ch'ol l. Ch'al.
—	—	st. onch'io l. anch'io.
283	1 v. o.	st. Geschäfte l. Geschichte.
292	13 v. o.	st. Combinationrn l. Combinationen.
294	19 v. o.	st. sieta l. siete.
—	—	st. pecciolelta l. picciolelta
—	20 v. o.	st. seguitie l. seguiti.

Tab. 1.

Frankreich hat taxirte Grundbesitzungen

7,897110	mit Abgaben von	21	Franken und weniger.
704871	— — —	21 — 30	— — —
699637	— — —	31 — 50	— — —
594048	— — —	51 — 100	— — —
459937	— — —	101 — 500	— — —
40773	— — —	500 — 1000	— — —
17745	— — —	1001 und darüber.	
Sa. 10,414121.			

Diese sind im Besitz von 4,833000 Individuen. Jedes Individuum als Familienhaupt auf 5 Personen berechnet, bestimmt Duc de Gaeta die Zahl:

14,479830	begüterter Einwohner.
4,945000	Tagelöhner, die durch Feldarbeit ihr Brod verdienen.
4,309000	Tagelöhner in Fabriken, ohne Eigenthum.
5,270000	Capitalisten, Kaufleute, Manufacturisten, Staatsdiener und ihre Bediente.
Sa. 29,003830	

Aus Duc de Gaeta Memoires sur les Cadastres. Paris 1818. 4to.

Tab. 2.

Großbrittannien und Irland hat

385,000	freye Gutsbesitzer von der größern Art mit ihren Familien und ihrer Dienerschaft.
1,050000	von geringerer Art mit ihren Familien und ihrer Dienerschaft.
1,540000	Pächter, die ihr versatiles Vermögen in ihren nicht eigenen Grundstücken benutzen, also nicht eigentlich in die Klasse der Grundeigenthümer gehören.
2,654142	Tagelöhner auf dem Lande beym Ackerbau.
500,000	= beym Bergbau.
770,000	= auf dem Wasser bey Kaufleuten, Fischereyen, Flüssen und Canälen.
4,343389	= in Fabriken und allerley Handarbeiten.
6,207469	Kaufleute, Manufacturisten, Staatsdiener und Capitalisten.
Sa. 17,150000	

Aus Edinburgh Review No. LXVII.

P r

	Regierungs-Bezirke	Eigenthümer, Erbpä ter oder Erbzinsleu mit Gütern		
		über 300 Morgen	von 15 bis 300 Morgen einschließlich	unte 15 Morg
		1.	2.	3.
1.	Königsberg . . .	716	23,050	6,78
2.	Gumbinnen . . .	251	29,824	4,62
3.	Danzig	301	6,184	3,26
4.	Marienwerder . .	479	10,760	4,6
5.	Posen	440	8,256	11,27
6.	Bromberg . . .	342	5,437	3,99
7.	Berlin u. Potsdam	578	18,801	13,96
8.	Frankfurt	626	22,921	26,92
9.	Stettin	289	6,798	4,35
10.	Köslin	367	5,284	3,21
11.	Stralsund . . .	118	187	78
12.	Breslau	579	10,543	34,20
13.	Oppeln	396	15,527	30,52
14.	Reichenbach . . .	258	9,804	27,65
15.	Liegnitz	538	10,438	37,38
16.	Magdeburg . . .	311	16,611	18,30
17.	Merseburg . . .	284	16,468	32,46
18.	Erfurt	77	11,689	18,64
19.	Münster	149	10,249	16,16
20.	Minden	97	13,418	19,78
21.	Arensberg . . .	126	15,090	25,37
22.	Köln	es	sind	kei-
23.	Düsseldorf . . .	32	6,969	17,46
24.	Kleve	47	6,112	9,98
25.	Koblenz	17	9,762	44,90
26.	Trier	102	12,369	30,86
27.	Aachen	29	7,977	27,18
	Summe vom Preuß. Staat ohne den Reg. Bezirk Kölln	7,549	310,528	474,73

Durch die Güte des Herrn Geheimenraths Ho

e n.

…andere … Gütern				
unter 15 Morgen	Zahl aller Privat-Wohnhäuser in sämmtlichen Städten	Summe der in den vorstehenden Kolonnen 1 bis mit 7 gegebenen Grundbesitze	Zahl aller Civil-Einwohner zu Ende des Jahres 1816	Auf einen nach Kolonne 8 angegebenen Grundbesitz kommen Menschen
6.	7.	8.	9.	10.
306	15,390	50,819	523,104	10,293
232	4,062	40,099	351,058	8,755
1,087	9,243	21,712	233,058	10,734
1,977	8,739	34,636	325,184	9,389
11,233	20,073	58,332	570,758	9,785
2,943	8,181	23,451	243,190	10,370
1,083	28,436	65,766	688,300	10,460
1,314	21,372	75,361	565,876	7,509
767	12,119	28,640	310,952	10,857
1,659	6,736	23,502	234,421	9,975
988	5,656	9,252	125,988	13,617
635	11,552	57,858	581,906	8,329
3,167	9,151	60,446	498,130	8,241
585	10,147	48,622	450,185	9,259
755	12,492	62,002	483,872	7,804
955	24,022	61,357	460,405	7,504
1,222	21,995	73,461	485,531	6,609
1,009	12,714	45,147	234,477	5,194
7,331	13,722	49,078	347,537	7,081
1,673	11,113	46,380	335,609	7,236
2,977	15,417	60,440	374,713	6,200
tizen	ein=	ge=	gangen	die Berechnung fällt hier weg
4,554	14,536	45,490	377,775	8,305
2,146	10,376	30,971	210,147	6,785
1,921	9,231	66,881	337,478	5,[illegible]46
2,497	7,855	54,219	288,289	5,317
3,219	4,274	44,140	307,324	6,962
58,235	328,604	1,238062	9,845267	7,952

…aus amtlichen Berichten erhalten.

Tab. 4.

Volkszahl im Königreiche Dännemark am 1. Februar 1801.

Stände	
Kirchen- und Schulbediente	16415
Civilbediente	13192
Land-Militäre	13863
See-Etat	10790
Guts- und größere Landbesitzer	4460
Hofbesitzer	231397
Käthner mit Land	142980
Käthner ohne Land	76917
Insten auf dem Lande	22828
Müller, Krüger, Höker	21884
Handwerker, Künstler und Gehülfen	63114
Fabrikanten mit ihren Gehülfen	9222
Kaufleute mit ihren Gehülfen	10414
Seefahrende	17562
Kapitalisten	2542
Pensionisten	7589
Dienstboten	149712
Tagelöhner	50882
Arme	28416
Andre nicht rubricirte	1930
Summa	926109

Die Zahl der Einwohner auf dem platten Lande ist 739000.

Tab. 5.

Volkszahl

nach den verschiedenen Ständen in den Herzogthümern Schleswig und Holstein für das Jahr 1803.

A. In den Landdistrikten.

Stände	
Kirchenbediente und Schullehrer	8051
Civilbediente	1838
Gutsbesitzer und Pächter	3057
Hufenbesitzer	125250
Käthner mit Land	67710
Käthner ohne Land	17481
Müller, Krüger, Höker	13689
Handwerker und Künstler	68048
Fabrikanten	1537
Seefahrende	16325
Kapitalisten	1217
Pensionisten	1015
Insten	36283
Dienstboten	58397
Tagelöhner	57684
Arme	12899
Andere nicht specificirte	9157
Summa	499638

B. In den Städten.

Kirchenbediente und Schullehrer	1153
Civilbediente	1727
Militärpersonen	7880
Bürgerliche Nahrung Treibende	45917
Seefahrende	6633
Kapitalisten	1144
Pensionisten	991
Dienstboten	10451
Tagelöhner	9522
Arme	4436
Andre nicht rubricirte	14793
Summa	104447

Tab. 6.

Der Verbrecher und ihrer Strafen in Frankreich.

	Im Jahre					
	1813	1814	1815	1816	1817	1818
Individuen vor den Assisen peinlich-angeklagt	8042	5482	6537	9890	14146	9722
Davon verurtheilt	5343	3402	4376	6807	9431	6712
Freigesprochen oder nicht weiter verfolgt	2699	2083	2175	3083	4715	3010
Davon waren						
1) Verbrecher gegen den Staat .	191	174	319	546	438	166
2) = = einzelne Personen	1130	902	1206	1589	1638	1262
3) = = das Eigenthum	4573	2831	3111	4722	7056	5547
Zum Tode verdammt	307	183	256	414	588	324
Zwangsarbeit auf Lebenszeit . .	346	247	326	458	511	393
= auf unbestimmte Zeit	1401	867	1080	1534	2605	1992
= mit Infamie . . .	184	96	96	110	278	184
Einsperrung	1916	1198	1511	2217	2774	2116
Gefängniß und Schadenersatz . .	1133	780	1014	1906	2629	1619
Deportation	—	—	—	57	52	6
Pranger	6	1	3	8	4	4
Verbanung	7	5	53	66	12	2
Bürgerliche Degradation	3	—	1	2	2	5

Tab. 7.

Der Verbrecher und ihrer Strafen in England.

	Im Jahre					
	1813	1814	1815	1816	1817	1818
Angeklagte	7164	6390	7818	9091	13932	
Verurtheilte	4422	4025	4883	5797	9056	
Freigesprochen oder nicht verfolgt	2742	2365	2935	3294	4876	
Zum Tode verurtheilt	713	558	553	890	1302	1254
Transportation auf Lebenszeit .	50	53	38	60	103	
= auf 14 Jahre .	95	78	94	133	157	
= auf 7 Jahre . .	922	625	826	861	1474	
Gefängniß	2759	2574	3218	3663	5700	
Ausgepeitscht und Strafgeld . .	183	137	154	190	320	
Von den Todesurtheilen sind executirt	120	70	57	95	115	97

Tab. 8.

Uebersicht
der im Jahre 1816 in der Preußischen Monarchie begangenen Verbrechen.

	Regierungs-Bezirke	Morde	Raub	Gatten	Kinder	Eltern	Todschlag	Brandstiftungen	Straßenraub	Gewaltsamer Einbruch	Bedeutende Diebstähle
			Morde								
1	Königsberg . . .	3	1	1	3	—	3	3	1	26	104
2	Gumbinnen . . .	2	1	1	2	—	1	4	2	5	60
3	Danzig	1	1	1	1	—	5	1	1	19	245
4	Marienwerder . .	3	—	1	4	1	1	2	1	3	63
5	Posen	1	2	1	3	—	3	8	1	1	35
5	Bromberg	3	—	—	8	—	9	6	4	10	85
7	Berlin und Potsdam	1	—	—	4	—	1	3	3	13	606
8	Frankfurt	—	1	—	—	—	1	1	3	22	106
9	Stettin	—	—	—	1	1	2	—	—	4	142
10	Köslin	1	—	—	4	—	1	—	—	4	16
11	Stralsund	—	—	—	2	—	—	—	—	5	82
12	Breslau	3	1	3	2	—	5	—	8	39	584
13	Oppeln	1	—	1	3	—	1	2	5	21	172
14	Reichenbach . . .	1	—	—	2	—	1	11	2	20	55
15	Liegnitz	2	1	2	2	—	1	3	6	25	110
16	Magdeburg excl. 4. Qrt.	—	—	—	1	—	1	10	—	17	160
17	Merseburg . . .	1	—	1	9	1	2	—	4	28	294
18	Erfurt	—	—	—	3	—	2	2	4	28	228
19	Münster	1	1	—	1	—	2	3	1	52	328
20	Minden	2	—	1	4	—	2	3	—	18	163
21	Arensberg	3	—	—	2	—	2	—	5	16	134
22	Köln	—	2	—	3	—	—	11	9	49	238
23	Düsseldorf . . .	2	—	—	—	—	1	2	13	66	231
24	Kleve	—	—	—	—	—	—	1	5	22	83
25	Koblenz	—	1	1	8	1	1	4	6	40	238
26	Trier	—	1	—	1	—	8	5	2	21	194
27	Aachen	—	1	—	4	—	—	3	2	18	139
	Summe vom Preußischen Staate	31	14	14	77	4	56	88	88	592	4895

Anmerkung. Daß dieses Jahr überhaupt für die preußischen Staaten in Rücksicht der Verbrecher eins der nachtheiligsten seyn mußte, ist begreiflich. Vorzüglich fällt aber die große Zahl in Schlesien in den Districten Breslau und Oppeln auf. Der Herr Geheimerath Hofmann hatte die Güte auf meine Anfrage folgende Aufklärung darüber zu geben:

„Diese Zahl ist, wie Herr B. mit Recht bemerkt, allerdings „unverhältnißmäßig groß; es sind aber in der That nur wirkliche Diebe „und weder Accise=Defraudanten, noch Menschen, die an einem „— mir überhaupt in solcher Ausdehnung gar nicht bekannten — „Aufruhr Theil genommen haben möchten, darunter begriffen, und „es hat nur ein besonderer Umstand zur Vermehrung der Diebstäle „im gedachten Jahre Anlaß gegeben. Das Jahr 1816 nahm über„haupt eine besondere Aufmerksamkeit der Polizeybehörden in An„spruch. Aus dem Kriege kam eine Menge Menschen zurück, die „von einem stillen arbeitsamen Leben entwöhnt, nicht sogleich wieder „Beschäftigung und rechtlichen Erwerb fanden, und deren Verlegen„heit durch die Mißerndte im Jahr 1816 vermehrt wurde. Diese „Umstände waren zwar allen Provinzen gemein, sie wirkten aber „vorzüglich stark in Schlesien. Diese Provinz hatte selbst, in Ver„hältniß ihrer großen Bevölkerung, die meisten Leute für die schnelle „Bewaffnung im Jahr 1813 geliefert, wo Breslau der Aufenthalt „des Hofes, der Mittelpunct war, aus welchem sich die Bewegun„gen entfalteten. Der Hauptnahrungszweig Schlesiens, die Lein„weberey, schien noch im Jahr 1816 rettungslos verloren; die Zahl „der brodtlosen Menschen wurde daher vorzüglich groß, und es war „ihnen geglückt, förmliche und zahlreiche Diebsbanden zu organisi„ren. Wären diese nach und nach zerstört worden, so hätte die Zahl „der dadurch veranlaßten Untersuchungen sich auf einige Jahre ver„theilt und wäre in dem einzelnen Jahre nicht so auffallend gewor„den. Aber die Wachsamkeit der Polizey und Gensd'armerie erfaßte „das Uebel gleich an der Wurzel, die entstandenen Banden wurden „mit einem Male aufgehoben, und so war das Jahr 1816 durch die „Zahl der zur Untersuchung gekommenen Diebstäle ausgezeichnet."

Auch wird man in diesen Listen das größere Verhältniß von Verbrechern in den neu organisirten Staaten nicht verkennen.

Tab. 9.

Dännemark

im Jahre 1816.

	Hehler von Diebst.	Diebstahl.	Diebstahl mit Einbruch.	Mörderischer Ueberfall.	Kindermord.	Brand-stiftung.	Betrug.	Verfälschung.	Delicta carnis.
Kopenhagen . . .	25	295	5	4	3	—	30	41	2
Amt Kopenhagen .	—	88	1	4	—	—	6	—	—
= Friedrichsburg	1	37	3	8	—	—	8	—	—
= Kronenburg .	3	38	3	3	2	—	1	—	—
= Soröe . . .	4	26	—	1	2	3	—	—	—
= Prästöe (mangeln 3 Quartale).	1	10	2	1	—	3	—	—	—
= Holbeck . .	2	39	3	—	—	—	3	—	—
Stift Wallöe . .	—	—	—	—	2	—	—	—	—
In den Patrimonial-Gerichten . . .	—	2	—	—	—	—	—	—	—
Laaland und Falster (mangeln 2 Quartale).	—	43	—	6	1	—	—	—	—
Langeland . . .	—	4	—	—	—	—	—	—	—
Fühnen (mangeln 2 Quartale). . .	5	30	—	—	—	—	—	—	—
Amt Aalburg . .	—	16	1	4	3	2	—	—	—
= Ribe	1	16	—	1	—	—	—	—	—
= Hiöring . .	1	12	—	—	1	—	1	1	—
= Thiestedt . .	2	9	2	—	2	—	1	—	—
= Randers (mangeln 2 Quartale).	1	13	—	—	—	1	1	—	—
Patrimonialgerichte.	5	26	—	—	—	2	—	—	—
Summe von 1816	51	644	20	32	16	11	51	42	2

Diese Tabelle habe ich aus nicht ganz vollständigen Acten gezogen, so daß die Zahl der Verbrecher leicht noch um 50 größer seyn dürfte.

Tab. 10.

Dånnemark

im Jahre 1822.

	Hehler.	Diebstahl.	Diebstahl mit Einbruch.	Gewaltsamer Ueberfall.	Kindermord.	Brand-stiftung.	Betrug.	Verfälschung.	Delicta carnis.
Kopenhagen . .	15	88	10	5	1	—	7	8	6
Amt Kopenhagen .	12	26	2	3	—	2	3	—	2
= Friedrichsburg u. Kronenburg .	5	35	11	—	1	—	2	—	—
= Soröe . . .	5	31	4	2	1	—	1	—	11
= Prästöe . .	6	38	7	—	1	—	2	—	—
= Holbeck . .	5	31	4	2	—	—	1	—	—
Stift Wallöe . .	—	4	—	—	—	—	—	—	—
Patrimonial-Gerichte	1	10	—	—	—	—	—	—	1
Insel Bornholm .	2	9	1	—	—	—	—	—	—
Amt Odensee . .	6	18	3	—	1	—	3	1	1
Svendborg . . .	6	20	2	4	—	—	—	4	—
Patrimonial-Gerichte mit Langeland .	1	14		7	1	—	—	—	—
Laaland und Falster	—	24	1	—	—	—	1	1	—
Patrimonial-Gerichte	—	10	—	—	—	—	1	—	—
Amt Aalburg . .	—	10	2	—	—	—	—	—	—
= Thiestedt . .	1	23	3	3	—	—	—	—	—
= Hiöring . .	4	13	2	2	—	—	—	2	2
= Viborg . . .	3	7	—	1	—	—	—	1	1
= Aarhuus . .	—	28	3	3	—	1	—	11	—
= Randers . .	2	23	—	1	1	1	4	3	—
= Ribe . . .	1	7	2	—	—	4	4	—	—
= Weile . . .	—	10	1	—	—	3	1	4	1
= Ringkiöping .	1	3	—	1	—	—	—	1	—
Patrimonial-Gerichte	—	1	—	—	—	—	—	—	—
Island	—	3	—	—	—	—	—	—	9
Ferröer	—	1	—	—	—	—	—	—	—
Summe	76	486	58	34	7	11	30	36	34

Herr Justizrath Möller hat die Güte gehabt, mir diese Tabelle aus vollständigen Acten mitzutheilen.

Ta

Herz

Hol

	Im			
	1816 2tes Sem.	1817	1818	1819
1) Betteley und verbotenes Vagabondiren mit gelegentlichem Stehlen und Hehlen . . .	—	—	—	—
2) Verfälschung von Pässen . .	—	—	—	—
3) Vergehen gegen die Obrigkeit und andere Gewaltthätigkeiten	—	—	—	—
4) Culpöse Tödtung	—	—	—	—
5) Verheimlichte Schwangerschaft und Kindermord	—	—	—	—
6) Delicta carnis	—	—	—	—
7) Verfälschung von Documenten	—	—	—	—
8) Betrug und Meineid . . .	—	—	—	—
9) Entwendung und kleine Dieberey	—	—	—	—
10) Diebstahl	—	—	—	—
11) Holzdiebstahl mit Gewaltthätigkeit	—	—	—	—
12) Feld- und Vieh-Diebstahl .	—	—	—	—
13) Qualificirter Diebstahl . .	—	—	—	—
14) Hehlerey und Unterstützung von Diebesbanden	—	—	—	—
15) Brandstiftung	—	—	—	—
16) Quacksalberey und Trunkenheit	—	—	—	—
	56	300	188	144

Die Jahre 1816 von Juli an bis 1819 sind der
Etatsrath Niemann gegeben, und ich habe sie daher u
brechen nicht zu meinem Zweck gehören.

Tab. 12.

m Herzogthum

n. Schleswig.

1823	1824 1stes Sem.	1816 2tes Sem.	1817	1818	1819	1820	1821	1822	1823	1824 1stes Sem.
		Im Jahre								
14	24	—	—	—	1	10	7	12	14	8
13	—	—	—	—	—	5	4	7	9	6
9	10	—	—	—	—	4	7	11	6	2
2	—	—	—	—	—	1	—	2	2	—
10	—	—	—	—	—	2	2	3	1	1
4	2	—	—	—	—	—	4	3	10	1
4	1	—	—	—	—	3	2	2	5	2
14	9	—	—	—	—	9	5	2	7	5
—	—	—	—	—	—	24	13	1	3	2
42	24	—	—	—	—	48	48	68	83	38
—	—	—	—	—	—	2	—	—	—	—
25	8	—	—	—	—	5	2	2	1	2
45	16	—	—	—	—	31	22	22	15	12
—	—	—	—	—	—	4	3	2	4	4
2	—	—	—	—	—	7	4	4	—	4
1	—	—	—	—	—	1	1	2	4	1
185	84	51	154	190	201	156	124	143	154	88

ens und Falks Staatsbürgerlichem Magazin von Herrn speciell aufgeführt, da die einzelnen Umstände der Ver=

FSC
www.fsc.org
MIX
Papier | Fördert gute Waldnutzung
FSC® C083411

Zeitfracht Medien GmbH
Ferdinand-Jühlke-Straße 7
99095 Erfurt, Deutschland
produktsicherheit@kolibri360.de